Ernst Probst

Wiesbaden vor 600.000 Jahren

Die Fossilien der Mosbach-Sande

Widmung

*Dem Naturhistorischen Museum Mainz,
dem Museum Wiesbaden,
dem Landesamt für Denkmalpflege Hessen in Wiesbaden,
dem Hessischen Landesmuseum Darmstadt,
dem Senckenberg-Museum in Frankfurt am Main
sowie dem Verschönerungs- und Verkehrsverein Biebrich
am Rhein e. V. / Heimatmuseum Biebrich
gewidmet, die mich bei meinen Büchern
unterstützt haben.*

Impressum:
Wiesbaden vor 600.000 Jahren.
Die Fossilien der Mosbach-Sande
1. Auflage als Print-Book: November 2022
Autor: Ernst Probst
Im See 11, 55246 Mainz-Kostheim
Telefon: 06134/21152
E-Mail: ernst.probst (at) gmx.de
Herstellung: Amazon Distribution GmbH, Leipzig
Alle Rechte vorbehalten
ISBN: 979-8-363-70601-1

*Blick auf die Mosbach-Sande bei Wiesbaden im Jahre 2008.
Foto: Landesamt für Denkmalpflege Hessen, Abteilung
Archäologie und Paläontologie, Schloss Biebrich, Wiesbaden*

Inhalt

Vorwort
Zeitweise Verhältnisse wie in Afrika / Seite 13

Die Mosbach-Sande
Eine Fossilienfundstelle ersten Ranges / 15

Jaguar-Konkurrenz
Der Europäische Jaguar *Panthera gombaszoegensis* / 53

Mosbacher Löwe
Die riesige Raubkatze *Panthera fossilis* / 69

Falscher Leopard
Der Leopard *Panthera pardus* / 85

Kein Irbis
Der Schnee-Leopard *Panthera uncia* / 95

Der Menschenfresser
Die Säbelzahnkatze *Homotherium* / 99

Schnellstes Landtier
Der Gepard *Acinonyx pardinensis* / 121

Der Issoire-Luchs
Der Luchs *Lynx issiodorensis* / 131

Kein Puma
Der Eurasische Puma *Panthera pardoides* / 141

Mosbacher Wolf
Vier Wolfsarten in den Mosbach-Sanden / 145

Erster Fuchsfund
Der Fuchs *Vulpes* sp. / 155

Mosbacher Bär
Der Deninger-Bär *Ursus deningeri* / 163

Kleinstes Raubtier
Das Mauswiesel *Mustela nivalis* / 177

Viele Mardernamen
Der Waldiltis *Mustela putorius* / 183

Lautloser Jäger
Der Vielfraß *Gulo schlosseri* / 187

Mosbacher Grimbart
Der Dachs *Meles meles* / 193

Der Wassermarder
Der Fischotter *Lutra sp.* / 203

Hyänen-Wirrwarr
Tüpfelhyäne und Streifenhyäne in Mosbach / 207

Malteser Geier, Waldbison, Mosbach-Pferd und Mosbacher Löwe. Ausschnitt aus einem Gemälde von Fritz Wendler (1941–1995) für das Buch „Deutschland in der Urzeit" (1986) von Ernst Probst

Waldnashorn, Gepard, Hundsaffe (Macaca) und Frühmenschen. Ausschnitt aus einem Gemälde von Fritz Wendler (1941–1995) für das Buch „Deutschland in der Urzeit" (1986) von Ernst Probst

Maulwurf im Wasser
Der Bisamrüssler *Desmana moschata mosbachensis* / 227

Graben mit einer Hand
Die Maulwürfe *Talpa minor* und *Talpa europaea* / 233

Fragliche Glattnase
Die Fledermaus *Plecotus* sp. / 241

Hasen-Rätsel
Der Hasenartige *Lepus* sp. / 247

Fraglicher Pfeifhase
Der Steppenpfeifhase *Ochotona pusillus* / 253

Kein Monsterbiber
Trogontherium cuvieri und *Castor fiber* / 259

Bekannter Wühler
Der Feldhamster *Cricetus cricetus* / 275

Ein Insektenfresser
Die Rotzahnspitzmaus *Sorex* sp. / 283

Die Wasserratte
Die Schermaus *Arvicola mosbachensis* / 287

Schädlicher Wühler
Die Wühlmaus *Pitymys schmidtgeni* / 299

Kleinohrige Maus
Die Wiesenmaus *Microtus* / 303

Rötlicher Schimmer
Die Rötelmaus *Myodes* / 313

Kein Selbstmörder
Der Lemming *Lemmus* sp. / 319

Echter Elefant
Der Europäische Waldelefant *Palaeoloxodon antiquus* /327

Der König der Tiere
Das Steppenmammut *Mammuthus trogontherii* / 337

Zwei Nashorn-Arten
Stephanorhinus etruscus und *Stephanorhinus kirchbergensis* / 347

Frühes Wildschwein
Das Wildschwein *Sus scrofa* / 367

Hippos im Ur-Main
Das Alt-Flusspferd *Hippopotamus antiquus* / 375

Seltener Hirsch
Der Steppenhirsch *Praemegaceros verticornis* / 391

Wie in Vogtstedt
Der Steppenhirsch *Praemegaceros* sp. / 397

Hirsch ohne Krone
Der Rothirsch *Cervus acoronatus* / 401

Der kleine Hirsch
Cervus reichenaui und/oder *Dama (Praedama) reichenaui?* / 411

Größter Elch
Der Breitstirnelch *Cervalces latifrons* / 415

Noch ein Elch
Der Elch *Alces sp.* / 423

Süßenborner Reh
Das Reh *Capreolus suessenbornensis* / 427

Kaltzeit-Zeuge
Das Rentier *Rangifer arcticus stadelmanni* / 437

Früher Bison
Der Steppenwisent *Bison priscus* / 445

Kleiner Waldwisent
Der Waldwisent *Bison schoetensacki* / 457

Mutiger Schafochse
Der Moschusochse *Praeovibos schmidtgeni* / 465

Größtes Wildpferd
Das Mosbach-Pferd *Equus mosbachensis* / 473

Seltener Hundsaffe
Ein Oberkieferfragment von Macaca / 483

Der Malteser Geier
Gyps cf. *melitensis* und andere Vögel / 499

Singender Schwan
Der Singschwan cf. *Cygnus cygnus* / 509

Größte Schwimm-Ente
Die Stockente *Anas platyrhynchos* / 515

Unsichere Spießente
Die Spießente *Anas* cf. *acuta* / 521

Mosbach-Mensch?
Umstrittene Funde aus den Mosbach-Sanden / 527

Der Autor / 541

Dank / 542

Bücher von Ernst Probst / 545

Wiesbadener Paläontologe Thomas Keller neben einem in Fundlage eingegipsten Fossil in den Mosbach-Sanden bei Wiesbaden.
Foto: Landesamt für Denkmalpflege Hessen, Abteilung Archäologie und Paläontologie, Schloss Biebrich, Wiesbaden

Vorwort

Zeitweise Verhältnisse wie in Afrika

Wiesbaden vor 600.000 Jahren ist das Thema des gleichnamigen Buches des Wiesbadener Wissenschaftsautors Ernst Probst. Im Mittelpunkt stehen Tierarten, deren Knochen und Zähne in Flussablagerungen des Ur-Mains und Ur-Rheins gefunden wurden. Die nach dem ehemaligen Dorf Mosbach zwischen Wiesbaden und Biebrich benannten Mosbach-Sande gelten als eine der bedeutendsten Fossilienfundstätten Europas. Teilweise erinnert die dort überlieferte Tierwelt aus einer Warmphase mit Löwen, Geparden, Hyänen, Flusspferden, Waldelefanten, Waldnashörnern und Affen an Verhältnisse wie in Afrika. Andererseits stammen Steppenmammute, Moschusochsen und Rentiere aus einer Kaltphase des von starken Klimaschwankungen geprägten Eiszeitalters.

*Dorf Mosbach zwischen Wiesbaden und Biebrich
auf einem Bild von 1815.
Bild: Verschönerungs- und Verkehrsverein Biebrich am Rhein e. V.
/ Heimatmuseum Biebrich*

Die Mosbach-Sande

Eine Fossilienfundstelle ersten Ranges

Die Mosbach-Sande bei Wiesbaden gelten in der Paläontologie, der Lehre vom Leben in der Urzeit, als eine der berühmtesten Fundstellen in Europa mit Resten fossiler Tiere aus dem Eiszeitalter (Pleistozän). Dabei handelt es sich um Flussablagerungen des Ur-Mains, der damals weiter nördlich und westlich als heute in den Ur-Rhein mündete, und des Ur-Rheins sowie von Bächen im Taunus. Der Name Mosbach-Sande erinnert an das einst zwischen Wiesbaden und Biebrich liegende, 991 erstmals erwähnte Dorf Mosbach. Dort entdeckte man schon 1845 in etwa 10 Meter Tiefe erste Großsäuger-Reste aus dem Eiszeitalter.
Unter dem Begriff Mosbach-Sande versteht man Ablagerungen des Ur-Mains und Ur-Rheins aus dem Alt- und Mittelpleistozän im damaligen untersten Maintal und Main-Mündungsgebiet. Sie erreichen eine durchschnittliche Mächtigkeit von 14 bis 15 Metern und eine maximale Mächtigkeit bei Kriftel von 25 Metern. Die Mosbach-Sande und -Kiese liegen gegenwärtig etwa 35 bis 60 Meter höher als die heutigen Flussbette von Main und Rhein. Der Main mündet jetzt einige Kilometer weiter südlich bei Mainz-Kostheim in den Rhein. 1970 wies man durch schwermineralogische Untersuchungen nach, dass die grobbraunen Sande und Kiese ehemalige Ablagerungen des Ur-Mains und die graugrünen Mittelsande einstige Ablagerungen des Ur-Rheins sind.
Zu den ersten Funden aus den Mosbach-Sanden gehören Knochen und Zähne von Tieren aus dem Eiszeitalter, die

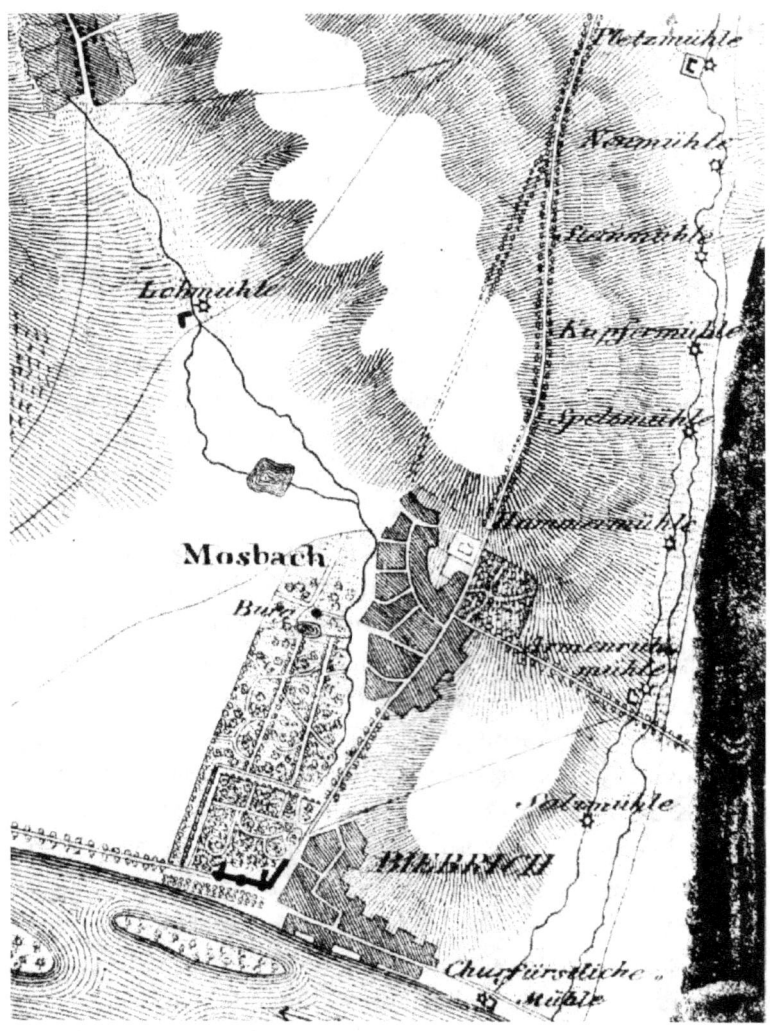

Dorf Mosbach auf einem Plan von 1819.
Bild: Verschönerungs- und Verkehrsverein Biebrich am Rhein e. V. / Heimatmuseum Biebrich

von Sandgrubenbesitzern und deren Arbeitern entdeckt wurden. Diese Fossilien stammen aus Gruben beidseits der Biebricher Allee (Bereich Adolfshöhe) und im südlichen Salzbachtal. Die Aufsammlung von Wirbeltier-Resten in den Mosbach-Sanden begann bereits in der ersten Hälfte des 19. Jahrhunderts. Der berühmte Frankfurter Wirbeltierpaläontologe Hermann von Meyer (1801–1869) berichtete schon 1841 in „Neues Jahrbuch für Mineralogie, Geognosie, Geologie und Petrefakten-Kunde" unter der Überschrift „Hippopotamus im Mosbacher Sand bei Wiesbaden" über einen Flusspferd-Fund.
Etliche der frühen Funde aus Mosbach gelangten ab Mitte des 19. Jahrhunderts in das Naturhistorische Museum in Wiesbaden. Als Erster sammelte August Römer (1825–1899) für Fridolin Sandberger (1826–1898), Direktor (Inspektor) des Wiesbadener Naturhistorischen Museums von 1851 bis 1855 in den beiden großen Sandgruben zur linken und rechten Seite an der von Wiesbaden nach Mosbach-Biebrich führenden Chausee systematisch Fossilien aus den Mosbach-Sanden. Römer war von 1886 bis 1899 Präparator und Konservator im Museum Wiesbaden. Die von ihm aufgebaute Mosbach-Sammlung wurde vom Museum Wiesbaden angekauft. 1895 veröffentlichte Römer ein „Verzeichniss von im Díluvialsande von Mosbach vorkommenden Wirbelthiere".
Ab 1806 gehörte der Flecken Mosbach-Biebrich zum neugegründeten Herzogtum Nassau. Das Biebricher Schloss am Rhein war von 1806 bis zum Bau des Wiesbadener Stadtschlosses 1841 die Residenz der Herzöge von Nassau. 1840 hatte Mosbach-Biebrich etwa 3000 Einwohner. Ab 1850 waren die Dörfer Mosbach und Biebrich zusammen-

*Frankfurter Wirbeltierpaläontologe
Hermann von Meyer (1801–1869).
Bild: Lithographie von C. J. Allemagne von 1837*

Fridolin Sandberger (1826–1898), Direktor (Inspektor) des Wiesbadener Naturhistorischen Museums von 1851 bis 1855. Foto: Nassauischer Verein für Naturkunde

*Unternehmer Wilhelm Gustav Dyckerhoff (1805–1894),
Gründer des ersten deutschen Zementwerks
in Amöneburg bei Biebrich.
Foto: Wikimedia Commmons,
Lizenz: gemeinfrei (Public domain)*

gewachsen und haben sich danach in Richtung Osten entwickelt. Nach der Annexion des Herzogtums Nassau durch das Königreich Preußen 1866 gehörte Biebrich ab 1867 zum Landkreis Wiesbaden. Seit der Einweihung des neuen Rathauses 1876 in Biebrich sprach man von der Stadt Biebrich-Mosbach. Diesen Titel hat man 1882 amtlich anerkannt. 1891 erhielt der rund 11.000 Einwohner zählende Flecken Biebrich-Mosbach das Stadtrecht gemäß der Preußischen Städteordnung. Danach gewann Biebrich eine solche Dominanz, dass man 1893 den Begriff Mosbach aus dem Doppelnamen Biebrich-Mosbach strich und nur noch von Biebrich sprach.

1926 schied die mit 1,6 Millionen Reichsmark verschuldete Stadt Biebrich aus dem Landkreis Wiesbaden aus und wurde in die Stadt Wiesbaden eingemeindet. Am 31. Dezember 2012 war Biebrich mit 38.758 Einwohnern größter Stadtteil von Wiesbaden mit insgesamt 278.950 Einwohnern.

In Mosbach befanden sich von der Mitte des 19. Jahrhunderts bis etwa um 1905 zu beiden Seiten der Biebricher Allee – ungefähr beim heutigen Landesdenkmal – zahlreiche kleine Gruben (Sandkauten), in denen man Sande, Kiese und Kalke abgebaut hat. Aus diesen Gruben und aus dem südlichen Salzbachtal stammen die ersten Fossilfunde der Mosbach-Sande. Der dortige feine Sand diente nicht nur für Bauvorhaben, sondern wurde auch gerne von Hausfrauen zum Scheuern von Holzfußböden verwendet.

Später hat man die Abbauflächen erweitert und nach Südosten verlagert. Der Abbau verschob sich noch im 19. Jahrhundert von Mosbach in den Südosten Wiesbadens.

Am 4. Juni 1864 gründete der Unternehmer Wilhelm Gustav Dyckerhoff (1805–1894) mit seinen Söhnen Rudolf

Englischer Geologe Clement Reid (1853–1916)
Erstbeschreiber des Cromer-Forest-Bed bei Cromer
in Norfolk (Ostengland).
Foto um 1910: Elliot & Fry

(1842–1917) und Gustav (1838–1923) in Amöneburg bei Biebrich die „Portland-Cementfabrik Dyckerhoff & Söhne". 1871 erwarb die Firma Dyckerhoff den Steinbruch Biebrich (Dyckerhoff-Steinbruch). In Biebrich, Amöneburg (ab 1908 Mainz-Amöneburg) und Kastel (ab 1908 Mainz-Kastel) erfolgten der Abbau von Sand und darunter von Kalk für die Zementherstellung. An der Ostseite des Steinbruchs Mainz-Kastel eröffnete man in den 1990er Jahren den Steinbruch Ostfeld auf dem Rheingauer Feld. Dort wurde zunächst nur Sand oberhalb den nach der Wattschnecke *Hydrobia* benannten kalkigen Hydrobien-Schichten abgeräumt. Bis Ende 2005 baute man in den Steinbrüchen Kalkofen, Mainz-Kastel und Ostfeld großflächig Kalke und Sande für das erste deutsche Zementwerk großflächig ab. Dann stellte man den Kalkabbau ein und gewann im Steinbruch Ostfeld nur noch Mosbach-Sande als Rohstoff.

Beim Abbau der Mosbach-Sande kommen immer wieder Überreste von Wirbeltieren zum Vorschein, die zum größten Teil aus dem nach einem englischen Fundort bezeichneten Cromer-Komplex (etwa 800.000 bis 480.000 Jahre) stammen. Die charakteristische Cromer-Forest-Bed-Abfolge in Norfolk (Ostengland) wurde 1882 von dem englischen Geologen Clement Reid (1853–1916) beschrieben. Als Typuslokalität gilt West Runton bei der Stadt Cromer (heute: 7800 Einwohner) mit einem Alter von ca. 700.000 Jahren. 1937 erkannte der deutsch-britische Geologe und Paläontologe Frederick Everard Zeuner (1905–1963), eigentlich Friedrich Eberhard Zeuner, die Ähnlichkeit der Fauna von Mosbach 2 und Mauer bei Heidelberg mit der Tierwelt aus dem Cromer-Komplex von Ostengland (East Anglia). Dies

*Deutsch-britischer Geologe und Paläontologe
Frederick Everard Zeuner (1905–1963),
eigentlich Friedrich Eberhard Zeuner.
Foto von 1937: Privatbesitz Diana Zeuner,
Schwiegertochter von Frederick Everard Zeuner,
Cocking, Midhurst, England*

hatte die Einstufung der Faunen von Mosbach 2 und Mauer in den Cromer-Komplex zur Folge. Der in Berlin geborene Zeuner emigrierte im Mai 1934 mit seiner jüdischen Ehefrau Henrietta und seinem kleinen Sohn Wolfgang nach England. Zunächst arbeitete er am Britischen Museum in London und von 1936 bis zu seinem Tod am Institute of Archaeology der University of London. 1946 wurde er Professor. 1951 rühmte Otto Heinrich Schindewolf (1896–1971), Direktor des Paläontologischen Institutes der Universität Tübingen seinen deutsch-britischen Kollegen: „Zeuner darf wohl bedenkenlos als der ideen- und auch erfolgreichste der gegenwärtig lebenden Geologen-Paläontologen Deutschlands bzw. deutscher Abkunft gelten".
Das Klima im Cromer-Komplex war nicht einheitlich. Einerseits gab es sehr milde, andererseits aber auch kühle Abschnitte. Es fand ein ständiger Wechsel von warm zu kalt und von kalt zu warm sowie umgekehrt statt. In Mitteleuropa wird der Cromer-Komplex in 4 Warmzeiten und 4 Kaltzeiten gegliedert.
In der Literatur werden 3 Gliederungsmodelle der Mosbach-Sande erwähnt. Das 1. Modell von 1978 stammt von dem Mainzer Paläontologen Herbert Brüning (1911–1983) und das 2. Modell von 2007 von dem Wiesbadener Paläontologen und Geologen Thomas Keller. Das 3. lithostratigraphische Modell basiert auf dem Wiesbadener Geologen Christian Hoselmann (2018).
Zur Gliederung von Brüning (1978) gehören – von unten nach oben – das Grobe Mosbach (Mosbach I), Mosbach II, das Graue Mosbach (Mosbach III) und das Rostrote Mosbach (Mosbach IV). Laut dem Geologen Christian Hoselmann sind Mosbach I und Mosbach II dem Altpleistozän

*Mainzer Paläontologe,
Professor Dr. Herbert Brüning (1911–1983),
Direktor des Naturhistorischen Museums Mainz
von 1963 bis 1983.
Foto: Naturhistorisches Museum Mainz /
Landessammlung für Naturkunde Rheinland-Pfalz*

zuzurechnen und älter als 773.000 Jahre. Mosbach III gehört zum Mittelpleistozän und ist jünger als 773.000 Jahre.
Die Gliederung von Keller (2007) umfasst das Grobe Mosbach (Sequenz I, Sequenz II) sowie das Graue Mosbach (Sequenz 1, Sequenz 2, Sequenz 3, Sequenz 4).
Die Gliederung der Mosbach-Sande-Formation von Hoselmann (2007, 2018) gilt nur für das Rheingauer Feld. Zuunterst befindet sich die Mosbach-Hauptterrassen-Subformation (entspricht Mosbach I und Mosbach II von Brüning). Es folgt die Haupt-Mosbach-Subformation (entspricht dem Grauen Mosbach (Mosbach III von Brüning). Zuoberst legt die Mosbach-Mittelterrassen-Subformation (entspricht dem Rostroten Mosbach (Mosbach IV) von Brüning).
Nur die früheste Cromer-Warmzeit I (Cromer-Interglazial I/ Osterholz-Warmzeit) wird dem Unterpleistozän zugerechnet und ist somit älter als 773.000 Jahre. In diese Zeit fällt die fossilarme warmtemperierte Mosbach 1-Fauna vor etwa 1 Million Jahren, die ähnlich alt wie die Fossilien aus dem Leichenfeld im Flussbett der Ur-Werra bei Untermaßfeld nahe Meiningen in Thüringen ist. In fluviatilen Hochflutablagerungen des Groben Mosbachs bei Wiesbaden wurde 1974 durch den Prager Geophysiker Alois Kocí der paläomagnetische Jaramillo-Event gemessen. Hierüber berichtete 1978 der Kölner Geologe Wolfgang Boenigk im „Mainzer Naturwissenschaftlichen Archiv". Das Jaramillo-Event war eine kurze Zeit mit normaler Polarität des Erdmagnetfeldes von 1,071 Millionen bis vor 990.000 Jahren.
Den größten Teil des Cromer-Komplexes rechnet man dem Mittelpleistozän vor etwa 773.000 bis 125.000 Jahren zu. Dazu zählen die Cromer-Warmzeiten II, III, IV und die dazwischen liegenden Kaltzeiten.

Die Gliederung des Eiszeitalters ist immer mehr verfeinert worden. Eine erste Einteilung durch Albrecht Penck (1858–1945) von 1909 enthielt 4 Kaltzeiten und 3 Warmzeiten. 1993 waren laut dem amerikanischen Ökologen, Physiker und Botaniker David Murray Gates (1921–2016) 10 größere und 40 kleinere Kaltzeiten bekannt, 1995 laut dem Klimaforscher Christian-Dietrich Schönwiese bis zu 23 Warmzeiten und Kaltzeiten. 2000 teilte der Geograph Jürgen Herget mit, in den letzten 2,6 Millionen Jahren hätte es 51 Warmzeiten und 52 Kaltzeiten gegeben. Die Übergänge von einer Kaltzeit zu einer Warmzeit und von einer Warmzeit zu einer Kaltzeit sollen rasch und intensiv erfolgt sein. Auf der Internetseite geographic-diplom.de heißt es, in Warmzeiten des Cromer-Komplexes hätten die mittleren Julitemperaturen bei ungefähr 20 Grad Celsius gelegen und in Kaltzeiten bei 10 bis 13 Grad. Der Beginn des Eiszeitalters ist umstritten. Mal ist von 3 Millionen, mal von 2,7 Millionen, mal von 2,6 Millionen, mal von 2,3 Millionen, mal von 1,8 Millionen Jahren die Rede.
Geologische Zeugen für ein kaltes Klima sind zum Beispiel Driftblöcke in den Mosbach-Sanden. Darunter versteht man zentner- oder sogar tonnenschwere Gesteinsblöcke aus ortsfremden Sandsteinen des Buntsandsteins oder Kalksteinen des Muschelkalks, die nicht mit Flusskraft allein transportiert werden konnten. Sie mussten in mündungsfernen Abschnitten des kaltzeitlichen Ur-Mains in Eisschollen eingefroren, flussabwärts transportiert worden sein, bis das Eis im Unterlauf des Ur-Mains schmolz und der Block auf den Grund fiel. Im Cromer I (Mosbach 1) beobachtete man 1976 Driftblöcke aus Spessartgranit mit einem Durchmesser von 1,10 Meter.

Zwischen Cromer II und Cromer III herrschte – laut dem niederländischen Geologen Waldo H. Zagwijn (1928–2018) eine längere Kaltphase. In diesem Abschnitt fiel die mittlere Sommertemperatur schätzungsweise unter plus 5 Grad Celsius. Die Jahresmitteltemperatur lag unter dem Gefrierpunkt. Und die Mitteltemperatur des kältesten Monats betrug bei bzw. unter minus 8 Grad Celsius. Dies spricht für eine Tundra bzw. Kaltsteppe und einen Dauerfrostboden. Ehemaliger Dauerfrostboden ließ sich in den Mosbach-Sanden durch in 4 bis 5 Meter Tiefe reichende Eiskeilpseudomorphosen nachweisen. Das sind nach unten spitz zulaufende, keilförmige Spalten, die jetzt nicht mehr mit Eis, sondern mit Löss oder Lehm gefüllt sind.
Vor etwa 773.000 Jahren ist im Cromer-Komplex eine Umpolung des Erdmagnetfeldes nachweisbar. Sie wird nach den Geophysikern Motonori Matuyama (1884–1958) und Bernhard Brunhes (1867–1910) als Matuyama-Brunhes-Grenze bezeichnet. In der Matuyama-Epoche von etwa 2,595 Millionen bis 773.000 Jahren war die Magnetisierung entgegengesetzt wie heute (invers polarisiert). Ab der vor rund 773.000 Jahren begonnenen und noch andauernden Brunhes-Epoche ist die Magnetisierung wie in der Gegenwart (normal polarisiert).
In den Mosbach-Sanden hat man 3 Säugetierfaunen (auch Fundkomplexe genannt) festgestellt: Mosbach 1, Mosbach 2 und Mosbach 3.
Laut einer 1987 von den Paläontologen Wighart von Koenigswald und Heinz Tobien (1911–1993) veröffentlichten Artenliste für die Mosbach-Sande hat man unter anderem folgende Arten in der Säugetierfauna Mosbach 1 gefunden: Bisamrüssler *Desmana moschata mosbachensis*, Großbiber

Mainzer Paläontologe Professor Dr. Heinz Tobien (1911–1993).
Foto: Naturhistorisches Museum Mainz /
Landessammlung für Naturkunde Rheinland-Pfalz

Trogontherium cuvieri, Mosbacher Bär *Ursus deningeri*, Hyäne *Hyaena* sp., Südmammut *Mammuthus meridionalis*, Steppenmammut *Mammuthus trogontherii*, Wildpferd *Equus* sp., Flusspferd *Hippopotamus amphibius antiquus*, Wildschwein *Sus scrofa*, Breitstirnelch *Praemegaceros verticornis*, Hirsche *Cervus acoronatus* und *Cervus elaphoides*, Elch *Cervalces latifrons* und Reh *Capreolus* sp.

Zur Säugetierfauna Mosbach 2 (Mosbachium) gehören 65 Arten, die man hier nicht alle mit Gattungs- und Artnamen aufzählen kann. Unter anderem sind dies: Europäischer Jaguar, Mosbacher Löwe, Leopard, Säbelzahnkatze, Gepard, Hyäne, Luchs, Wolf, Fuchs, Mosbacher Bär, Marder, Maulwurf, Hase, Biber, Maus, Hirsch, Bison, Wildschwein, Nashorn, Europäischer Waldelefant, Steppenmammut, Wildpferd, Flusspferd, Moschusochse und Hundsaffe. Unter den nachgewiesenen Vogel-Arten sind Geier, Singschwan, Stockente und Spießente.

Zur Säugetierfauna Mosbach 3 zählen unter anderem: Rotzahnspitzmaus (*Sorex* sp.), Bisamrüssler (*Desmana moschata mosbachensis*), Maulwurf (*Talpa minor, Talpa europaea*), Vielfraß (*Gulo gulo*), Steppenmammut (*Mammuthus trogontherii*, primigenoid), Hirsch (*Cervus* sp.), Reh (*Capreolus* sp.) und Rentier (*Capreolus arcticus stadelmanni*).

Zwischen den Fundkomplexen Mosbach 1 und Mosbach 2 fehlen – laut den Paläontologen Wighart von Koenigswald und Heinz Tobien – Flussablagerungen aus einer Zeitspanne von mehr als 200.000 Jahren. Entweder wurden Sande und Kiese nie abgelagert, weil der Fluss sich verlagert hat. Oder die Flussablagerungen wurden wieder ausgeräumt. Eine kontinuierliche Ablagerung ist selten, erst recht in Flussgebieten. Flüsse wechseln ihren Lauf. Das

kann kleinräumig sein und braucht keine große Veränderung in der Landschaft zu bedeuten.
Die fossilreiche Mosbach 2-Fauna aus dem Mittelpleistozän und die ähnlich alten Sande von Mauer bei Heidelberg gehören entweder in die ältere Cromer-Warmzeit III (auch älteres Cromer-Interglazial III genannt) oder in die jüngere Cromer-Warmzeit IV (Cromer-Interglazial IV).
Die Ablagerungen der mittleren Stufe der Mosbach-Sande sind bis zu 12,50 Meter mächtig. Sie bestehen vor allem aus kalkreichen, hellgrauen Sanden, die von 3 bis 4 maximal 0,50 Meter starken Kiesbändern durchzogen werden. Die unteren 6 Meter der Sande enthalten zahlreiche Säugetierfossilien.
In der Literatur heißt es oft, in der etwa 600.000 Jahre alten Hauptfundschicht (Graues Mosbach, Fundkomplex Mosbach 2) lägen die Reste zweier Lebensgemeinschaften vor, die einer ausgehenden Warmzeit und einer heraufziehenden Kaltzeit innerhalb des Cromer-Komplexes entsprächen. Während der Warmzeit sollen der Europäische Waldelefant, das Alt-Flusspferd, das Wildschwein, der Gepard und der Europäische Jaguar existiert haben. Im klimatisch kontinental geprägten Zeitabschnitt sollen das Steppenmammut, der Steppenbison, der Steppenhirsch und das Reh existiert haben. In der Kaltzeit dagegen sollen das riesige Steppenmammut, der Steppenbison, der Vielfraß und das Rentier vorgekommen sein.
Nach Forschungen des Wiesbadener Paläontologen und Geologen Thomas Keller, die er von 1991 bis 2012 in den Mosbach-Sanden unternahm, gibt es keine Hauptfundschicht. Denn fast alle Schichten enthalten nach seinen Beobachtungen Fossilien. Außerdem vermutet er eher einen

Wechsel von einer ausgehenden Kaltzeit zu einer beginnenden Warmzeit.
2005 berichteten Volker Wilde (Frankfurt/Main), Thomas M. Kaiser (damals Greifswald) und Thomas Keller (Wiesbaden) im „Geologischen Jahrbuch Hessen" über erste Funde von Blättern aus dem Fundkomplex Mosbach 2 der Mosbach-Sande. Zwei Reste ähneln Blättern heutiger Pappel- bzw. Espen-Arten, zwei andere gehören vermutlich zu einer Ulme. Heutige Pappeln, Espen und Ulmen gedeihen vorwiegend in gemäßigten Breiten der Nordhalbkugel. Einige der in den Mosbach-Sanden nachgewiesenen Warmphasen wurden von dem Mainzer Paläontologen Herbert Brüning mit Lokalnamen belegt. Nämlich Biebrich-Warmzeit (innerhalb von Mosbach 2), Heßler-Warmzeit (innerhalb von Mosbach 3) und Hambusch-Warmzeit (innerhalb von Mosbach 3).
Die Mosbach 3-Fauna ist merklich jünger als die Mosbach 2-Fauna. Zu ihr gehören kältevertragende Tierarten wie der Vielfraß *(Gulo gulo)* und das Rentier *(Rangifer arctus stadelmanni)*.
Der Lauf des Ur-Rheins und Ur-Mains hat sich vom Obermiozän vor etwa 10 Millionen Jahren bis zur Ablagerung der Mosbach-Sande im Eiszeitalter vor ungefähr 890.000 bis 480.000 Jahren stark verändert. Vor rund 10 Millionen Jahren strömte der Ur-Rhein ab dem Raum Worms quer durch Rheinhessen über Eppelsheim, Beimersheim, den Wißberg bei Sprendlingen (Rheinland-Pfalz) auf die Binger Pforte zu. Die Gegend von Oppenheim, Nierstein, Nackenheim, Mainz und Wiesbaden hat dieser Ur-Rhein nicht berührt. Im Obermiozän vor ca. 8 bis 5 Millionen Jahren sank der nördliche Oberrheingraben tief ab. Da-

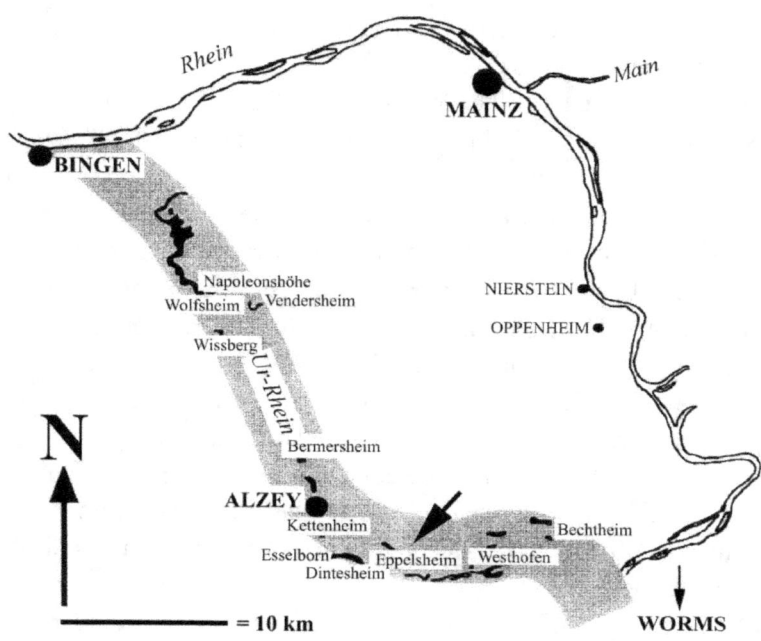

Dinotheriensand-Fundorte und Rekonstruktion des Verlaufes des Ur-Rheins vor etwa 10 Millionen Jahren in Rheinhessen. Zeichnung von Christine Hemm-Herkner nach einer Vorlage des Paläontologen Jens Lorenz Franzen (1937–2018) (zum Teil nach Heinz Tobien (1911–1993) von 1980 und Joachim Bartz (1910–1998) von 1936).
Die Ablagerungen des Ur-Rheins werden als Dinotheriensande bezeichnet, weil sie häufig Zähne und Knochen des riesigen Rüsseltieres Deinotherium giganteum enthalten. In der Literatur findet man auch die Schreibweise Dinotherium.

durch verlagerte sich der Rhein – dem tiefsten Niveau folgend – in östliche Richtung.
Ursprünglich floss der im Fichtelgebirge entspringende Ur-Main nach Südwesten in Richtung Rhonetal. Irgendwann im frühen Eiszeitalter vor etwa 1,5 Millionen bis 800.000 Jahren erfolgte die erste Verbindung von Ur-Main und Ur-Rhein in der Gegend von Mainz. Der Ur-Main (auch Bamberger Main genannt) verband sich mit dem westwärts strömenden Aschaffenburger Main und erhielt so Anschluss an den Ur-Rhein.
Der Ur-Main erreichte den Ur-Rhein weiter nördlich und westlich als heute. Seine Fließgeschwindigkeit war im Vergleich zum Ur-Rhein merklich geringer. Häufig ereignete sich ein Rückstau des Ur-Main-Wassers. Nach der weiten Verbreitung der Mosbach-Sande zu schließen, dürfte der Mündungsbereich des mäandrierenden Ur-Mains vor dem Ur-Rhein ungefähr bis zu 20 Kilometer breit gewesen sein. Ein derart breites Flusstal ist heute im Zeitalter der Zähmung der Flüsse durch Begradigung, Eindämmung und Abtreppung durch Schleusen kaum vorstellbar, schrieb 1994 der Wiesbadener Paläontologe und Geologe Thomas Keller in seiner Publikation „Die eiszeitlichen Mosbach-Sande bei Wiesbaden".
Durch Senkung des Oberrheingrabens und des Untermaingebietes erfolgten verstärkt Ablagerungen. Bei einer anschließenden Hebung entstanden noch heute sichtbare Terrassen. Dies waren ideale Voraussetzungen für eine imposante Fossilienfalle im Mündungsbereich des Ur-Mains. Die in den Ur-Main geratenen fragmentierten Tierkadaver blieben im Schwemmfächer liegen. An den meisten Knochen sind geringe Abrollspuren erkennbar. Das

deutet darauf hin, dass Tiere in unmittelbarer Nähe ums Leben kamen. Verbiss- und Verwitterungsspuren stammen von dort lebenden Raubtieren und Aasfressern.
In den wärmeren Abschnitten des Cromer-Komplexes behaupteten sich Eichenmischwälder mit Eiben und Erlen. Merklich spärlicher gab es Hasel und Hainbuche. Während der kühlen Phasen dehnten sich Nadelmischwälder aus, in denen Kiefern überwogen. Birken wuchsen zu Beginn und gegen Ende des Cromer-Komplexes häufig.
In Deutschland lebten im Cromer-Komplex bei zeitweise warmem, mitunter aber auch kühlem Klima zwar keine Mastodonten (Rüsseltiere mit 3 Backenzähnen in jeder Kieferhälfte) und Tapire mehr, jedoch weiterhin wärmeorientierte Europäische Waldelefanten *(Palaeoloxodon antiquus)* und das Alt-Flusspferd *(Hippopotamus antiquus)*. Neu waren in Deutschland die Steppenhirsche *(Praemegaceros verticornis)*, deren breitschaufeliges Geweih dem von Damhirschen ähnelt, sowie der Mosbacher Bär *(Ursus deningeri)* als Vorfahre des Höhlenbären *(Ursus spelaeus)* aus dem Jungpleistozän.
Zu den bekanntesten Fundorten mit fossilen Faunen aus dem Cromer-Komplex in Deutschland zählen die Mosbach-Sande bei Wiesbaden, die aber auch ältere und jüngere Ablagerungen aus dem Eiszeitalter enthalten, die Mauerer Sande von Mauer bei Heidelberg und das Mittelmain-Cromer mit den Fundstellen Marktheidenfeld, Karlstadt, Erlabrunn, Würzburg-Schalksberg, Randersacker, Volkach und Goßmannsdorf, Voigtstedt im Harzvorland und Weimar-Süßenborn. Umstritten ist die Zuordnung der Faunenreste aus den Tonen von Jockgrim in der Pfalz zum Cromer.-Komplex

Ab ungefähr 1850 wurden in den Mosbach-Sanden entdeckte Tierreste aus dem Eiszeitalter im am 31. August 1829 eröffneten Naturhistorischen Museum in Wiesbaden abgeliefert. Unter den Funden aus den Flusssanden des Ur-Mains und Ur-Rheins waren keine zusammenhängenden Skelette, sondern ausschließlich einzelne Knochen und Zähne. Deswegen kann man diese Relikte oft nicht optisch wirkungsvoll in einem Museum ausstellen.
Im Laufe der Zeit wuchs die Sammlung mit Mosbach-Fossilien des Naturhistorischen Museums in Wiesbaden auf etwa 1090 Exemplare an. Diese Fossilien stammen von mindestens 53 Säugetier-Arten. Am häufigsten sind Fossilien vom Breitstirnelch, Steppenwisent, Mosbach-Pferd, Steppenmammut, kronenlosen Rothirsch, Europäischen Waldelefanten, Mosbacher Bär, Etruskischen Nashorn, Großbiber und Süßenborner Reh. Dank der Initiative des Kurators Fritz Geller-Grimm wurden von Carles Schouwenburg alle Stücke per elektronischer Datenverarbeitung erfasst und zudem digital fotografiert. Diese Dokumentation ermöglicht es Wissenschaftlern/innen, leicht auf das Material zurückzugreifen und Interessenten/innen die Datenbank und die Digitalfotografien zu erwerben. Inzwischen ist der Paläontologe Dr. Eric Otto Walliser für die Paläontologie und speziell für die Mosbach-Sammlung verantwortlich.
81 Jahre später als das Naturhistorische Museum in Wiesbaden hat man 1910 das Naturhistorische Museum Mainz eröffnet. Dieser „Tempel der Wissenschaft" besitzt mit mehr als 25.000 Funden aus den Mosbach-Sanden bei Wiesbaden die größte Sammlung von Tieren aus dem Eiszeitalter des Rhein-Main-Gebietes. Die dort aufbewahrten

Mainzer Naturforscher Wilhelm von Reichenau (1847–1925).
Foto vor 1877: Darwin Correspondence Project,
Emil Rade (1832–1931) (via Wikimedia Commons),
Lizenz: gemeinfrei (Public domain)

Fossilien stammen von 65 Säugetier-Arten, 4 Vogel-Arten sowie 152 Schnecken- und Muschel-Arten.
Ein Glücksfall für das Naturhistorische Museum Mainz war dessen erster Direktor Wilhelm von Reichenau (1847–1925). Er begann bereits um 1900 seine Sammlungstätigkeit für das spätere Naturhistorische Museum Mainz, machte sich um die Erforschung der Mosbach-Sande verdient und und beschrieb als Erster drei große Säugetier-Arten aus Mosbach: das Mosbacher Pferd, den Mosbacher Bären und den Mosbacher Löwen. 1910 bedauerte er, die einst berühmten, aber niemals mit der ihnen gebührenden Sorgfalt ausgebeuteten Sandgruben an der Biebricher Chaussee existierten nicht mehr.
Nachfolger von Wilhelm von Reichenau als Direktor des Naturhistorischen Museums Mainz war der Paläontologe Otto Schmidtgen (1879–1938). Er leitete von 1914 bis 1938 dieses Museum und machte sich ebenfalls um die Erforschung der Mosbach-Sande bei Wiesbaden verdient. Als Erster beschrieb er den Bisamrüssler *Desmana moschata mosbachensis* und die Schermaus *Arvicola mosbachensis*. 1913 entdeckte er den ersten fossilen Rest eines Europäischen Jaguars *Panthera gombaszoegensis* in den Mosbach-Sanden. Andere Paläontologen ehrten Schmidtgen bei der Namensgebung der Wühlmaus *Pitymys schmidtgeni* und des Moschusochsen *Praeovibos schmidtgeni*.
Herbert Brüning, der damalige Direktor des Naturhistorischen Museums Mainz, stellte 1980 auf Basis von seinerzeit rund 15.000 Fossilien aus den Mosbach-Sanden im Mainzer Museum eine Statistik über die Fundhäufigkeit der unterschiedlichen Säugetier-Familien auf. 29,6 Prozent stammten von Geweihträgern (Cervidae), 16,4 von Wild-

pferden (Equidae), 16,2 von Hornträgern (Bovidae), 0,7 Prozent von Wildschweinen (Suidae), 7,5 von Nashörnern (Rhinocerotidae), 7,4 von Elefanten (Elephantidae), 4,1 von Bären (Ursidae), 3,3 von Bibern (Castoridae), 1,2 von Flusspferden (Hippopotamidae), 0,5 von Katzen (Felidae), 0,3 von Wildhunden (Canidae), 0,2 von Hyänen (Hyaenidae) und 12,6 Prozent von Sonstigen.
Eine solche Statistik wurde auch für die Mosbach-Fossilien im Naturhistorischen Museum in Wiesbaden erarbeitet. Dort stammen 20,5 Prozent von Geweihträgern, 15,6 von Wildpferden, 12,7 von Hornträgern, 0,4 von Wildschweinen, 9,2 von Nashörnern, 21,6 von Elefanten, 5,7 von Bären, 2,3 von Bibern, 0,8 von Flusspferden, 0,6 von Katzen, 0,4 von Wildhunden, 0,3 von Hyänen, 9,9 von Sonstigen. Maßgeblich für die wissenschaftliche Bearbeitung der Mosbach-Sande waren kontinuierliche und über längere Zeit hinweg stattfindende Profildokumentationen sowie systematische Fossil-Aufsammlungen. Hierbei machten sich der Mainzer Museumsdirektor, Professor Dr. Herbert Brüning, und Dr. Thomas Keller, der Leiter der Paläontologischen Denkmalpflege / Landesamt für Denkmalpflege Hessen in Wiesbaden, verdient.
Herbert Brüning baute nach dem Zweiten Weltkrieg (1939–1945) in seinem Geburtsort Magdeburg unter schwierigen Bedingungen 3 Museen wieder auf: Kunstmuseum, Naturmuseum und Heimatmuseum. Trotz Erfolgen als Wissenschaftler und Museumsleiter verließ er 1956 nach sachlichen Auseinandersetzungen und persönlichem Druck seine Heimatstadt Magdeburg. Danach war er mit Forschungsaufträgen und Gutachten für verschiedene Institutionen beschäftigt. Einer rein akademischen Laufbahn am Geogra-

phischen Institut in Göttingen zog er 1963 die Berufung nach Mainz als Direktor des Naturhistorischen Museums vor. Brüning verschaffte dem im Zweiten Weltkrieg zerstörten Museum mit wenig gerettetem Sammlungsgut wieder wissenschaftliche Bedeutung und Anerkennung und machte sich um die Erforschung der Mosbach-Sande verdient.
Der Frankfurter Wirbeltierpaläontologe Hermann von Meyer verwendete bereits 1841 in „Neues Jahrbuch für Geognosie, Geologie und Petrefakten-Kunde" die Formulierung „Mosbacher Sand bei Wiesbaden". 1885 formulierte der Frankfurter Lehrer und Naturforscher Oscar Boettger (1844–1910) im „Nachrichtenblatt der Deutschen Malakozoologischen Gesellschaft" die Überschrift „Ostdeutsche Arten im Mosbacher Sande". Ob jemand früher „Mosbacher Sande" oder „Mosbach-Sande" schrieb, ist mir nicht bekannt. Laut einer Empfehlung der „Deutschen Stratigraphischen Kommission" von 1977 spricht man heute von Mosbach-Sande statt von Mosbacher Sanden.
Heute umfassen die Mosbach-Sande ein großes Fundgebiet in Mainz-Kastel, das bis 1945 zu Mainz gehörte und danach Wiesbaden zugeordnet wurde, am Heßlerhof, in Biebrich Ost, im Dyckerhoff-Steinbruch sowie im Salzbachtal.
Zum Fundgut aus den Mosbach-Sanden gehören unter anderem Reste vom herdenweise vorkommenden Mosbach-Pferd *(Equus mosbachensis)*, Steppen- bzw. Alt-Riesenhirsch *(Praemegaceros verticornis)*, Breitstirnelch *(Cervalces latifrons)*, Waldwisent *(Bison schoetensacki)* und Mosbacher Bären bzw. Deninger-Bären *(Ursus deningeri)*.
Als eine der größten Raritäten aus den Mosbach-Sanden gilt der Fund eines Oberkiefer-Fragments eines Makaken *(Macaca sp.)*. Dieses wissenschaftlich wertvolle Fossil wird im

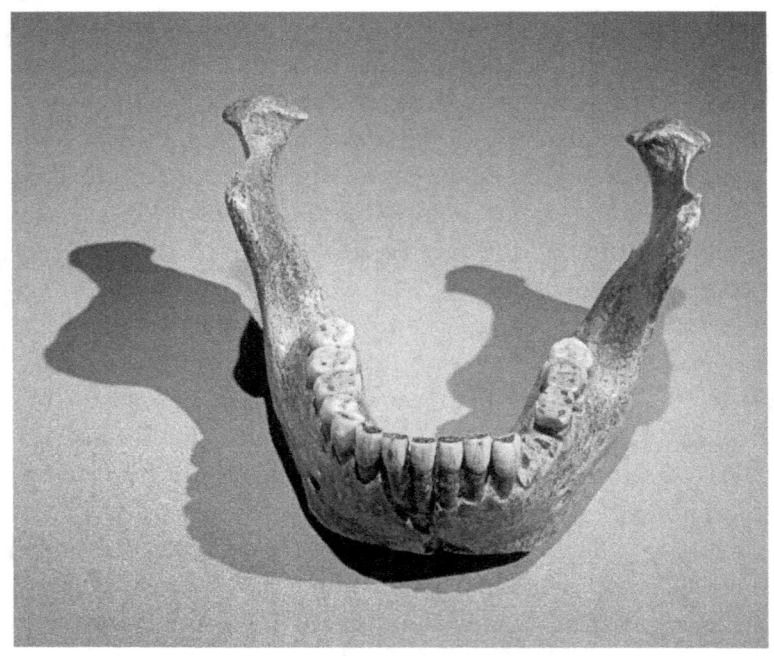

1907 entdeckter Unterkiefer des Heidelberg-Menschen (Homo heidelbergenis) von Mauer bei Heidelberg. Foto: Gerbil / CC BY 3.0 (via Wikimedia Commons), lizensiert unter Creative Commons-Lizenz by-3.0, https://creativecommons.org/licenses/by/3.0/legalcode

Frankfurter Senckenberg-Museum aufbewahrt. Die Abkürzung sp. oder spec. für das lateinische Wort species wird als Zusatz nach dem Gattungsnamen für eine nicht näher bezeichnete Spezies (Art) verwendet. Der *Macaca*-Fund belegt, dass vor ungefähr 600.000 Jahren im Rhein-Main-Gebiet noch Affen lebten.
Einige der in den Mosbach-Sanden nachgewiesenen Tierarten bekamen einen populären Namen oder einen wissenschaftlichen Namen, der an den Fundort Mosbach erinnert. Dies sind beispielsweise das 1903 erstmals beschriebene Mosbach-Pferd *(Equus mosbachenseis)*, 1904 der Mosbacher Bär *(Ursus deningeri)*, 1906 der Mosbacher Löwe *(Panthera fossilis)* und 1925 der Mosbacher Wolf *(Canis mosbachensis)*.
Relikte einer Tierwelt, die an heutige Verhältnisse in Afrika erinnert, kommen aus Schichten ans Tageslicht, die aus einer Warmzeit des Cromer-Komplexes vor ungefähr 600.000 Jahren stammen. Ein ähnliches Alter haben Ablagerungen des Neckar in Mauer bei Heidelberg, in denen am 21. Oktober 1907 der massive Unterkiefer des Heidelberg-Menschen *(Homo heidelbergensis)* zum Vorschein kam.
Im Fundgut der Archäologischen Denkmalpflege Hessen aus den Mosbach-Sanden sind Mosbacher Bären *(Ursus deningeri)* – nach den Beobachtungen des Paläontologen und Geologen Thomas Keller – die am häufigsten vertretenen Raubtiere. Der Artname dieses 1904 nach einem Fund aus Mosbach beschriebenen Bären erinnert an den in Mainz geborenen Geologen Karl Julius Deninger (1878–1917). Unter den im Naturhistorischen Museum Mainz aufbewahrten Fossilien aus den Mosbach-Sanden überwiegen bei den Raubtieren dagegen die Wölfe. Man kennt etliche Formen:

*Mosbacher Löwe (Panthera fossilis)
mit einer Gesamtlänge bis zu 3,60 Metern,
von der 1,20 Meter auf den Schwanz entfallen.
Zeichnung: Shuhei Tamura, Kanagawa (Japan)*

den kleinen Mosbacher Wolf *(Canis mosbachensis)*, die dort seltene Großform *Xenocyon lycaeonoides*, die Art *Cuon priscus*, die ein Vorfahre des heutigen Alpenwolfes sein dürfte, sowie eine kleine primitivere Vorform *(Cuon* cf. *priscus)*. Die Abkürzung cf. verwendet man für das lateinische Wort confer (deutsch: vergleichbar).

Zu den größeren Raubtieren zählen außerdem die Streifenhyäne *(Hyaena perrieri)*, die Tüpfelhyäne *(Crocuta crocuta praespelaea)*, der Luchs *(Lynx issiodorensis)*, der riesige Mosbacher Löwe *(Panthera fossilis)*, der Europäische Jaguar *(Panthera gombaszoegensis)*, der Gepard *(Acinonyx pardinensis)* und die löwengroße Säbelzahnkatze *(Homotherium crenatidens)*.

Das Auftreten der Überreste von Tieren aus unterschiedlichen Biotopen in den Mosbach-Sanden kennzeichnet – nach Ansicht des Paläontologen und Geologen Thomas Keller – eine Grabgemeinschaft. Die meisten Hirschartigen, Wildschweine *(Sus scrofa)*, der Waldwisent *(Bison schoetensacki)*, der Europäische Waldelefant *(Palaeoloxodon antiquus)*, das Waldnashorn *(Stephanorhinus kirchbergensis)* und der Mosbacher Bär *(Ursus deningeri)* waren enger an den Lebensraum Laubwald gebunden. Auch die sehr seltenen Affenreste *(Macaca sp.)* müssen aus diesem Bereich stammen. Der Lebensraum Wasser wird durch Reste von Fischen und Vögeln repräsentiert sowie durch Alt-Flusspferd *(Hippopotamus antiquus)*, Bisamspitzmaus, Fischotter *(Lutra lutra)* und zahlreiche Biber *(Castor fiber, Trogontherium cuvieri)*. Andere Tiere sind eher Bewohner einer baumlosen Tundra oder Steppe. Das Steppenmammut *(Mammuthus trogontherii)*, der Steppenwisent *(Bison priscus)*, große Raubkatzen (der Löwe *Panthera fossilis*, die Säbelzahnkatze *(Homotherium crenatidens)*, der Europäische Jaguar *(Panthera gombaszoegensis)*, der Gepard *(Acinonyx pardinensis)* und Wölfe (der kleine Mosbacher Wolf *(Canis mosbachensis)* sind typisch für eine offenere Landschaft.

Zahlreiche Knochen wurden vor ihrer Einbettung fragmentiert und sind jahrelang verwittert. Aasfressende Hyänen haben Tierkadaver verschleppt, zerlegt und längere Zeit auf der Erdoberfläche liegen gelassen., bevor sie durch periodische Hochwasser des Ur-Mains im Flussbett transportiert wurden. Bei nachlassender Strömungsgeschwindigkeit des Flusses sind Knochen abgesetzt worden. Nach Erkenntnissen von Thomas Keller traten in Mosbach 2 zunächst klimatisch anspruchsvolle Tierarten auf, die nicht ohne weiteres in kalten Zonen leben konnten. Dazu gehört das Alt-Flusspferd, dessen Anwesenheit auf ein mildes Klima mit im Winter weitgehend eisfreien Gewässern hindeutet. Andererseits gibt es sehr seltene Funde von Säugetieren, die an deutlich kaltzeitliche Bedingungen angepasst gewesen sind wie das Rentier und der Moschusochse. Dieser Gegensatz ist bisher nicht befriedigend zu erklären. „Nach allen bisherigen Überlegungen kann die Säugetierfauna von Mosbach 2 jedoch als eine überwiegend an mehr warmzeitliche Bedingungen angepasste Lebensgemeinschaft aufgefasst werden", so Keller.

Literatur
BITTMANN, Felix / BÖRNER, Andreas / DOPPLER, Gerhard / ELLWANGER, Dietrrich / HOSELMANN, Christian / KATSCHMANN, Lutz / SPRAFKE, Tobias / STRAHL, Jacqueline / WANSA, Stefan / WIELANDT-SCHUSTER, Ulrike: & Subkommission Quartär der Deut-

schen Stratigraphischen Kommission (2018): Das Quartär in der Stratigraphischen Tabelle von Deutschland 2016. In: Zeitschrift der Deutschen Gesellschaft für Geowissenschaften, PrePub-Article: DOI: https://doi.org/10.1127/zdgg/2018/0123; Stuttgart 2018.

BOENIGK, Wolfgang: Zur petrographischen Gliederung der Mosbacher Sande im Dyckerhoff-Steinbruch Wiesbaden/Hessen. In: Mainzer Naturwissenschaftliches Archiv 16: S. 91–126, Mainz 1978

BOETTGER, Oscar: Ostdeutsche Arten im Mosbacher Sande. In: Nachrichtenblatt der Deutschen Malakozoologischen Gesellschaft 17: S. 80–92, Frankfurt am Main 1885.

BOHATÝ, Jan: Das paläontologische Bodendenkmal „Mos-bach-Sande, Steinbruch Ostfeld" (Wiesbaden) und die lithostratigraphische Neugliederung der pleistozänen Mosbach-Sande-Formation sensu Hoselmann. In: Jahrbücher des Nassauischen-Vereins für Naturkunde 139: S. 51–65, Wiesbaden 2018.

BOHATÝ, Jan: Die ehemaligen Dyckerhoff-Steinbrüche Wiesbadens im Mainzer Sedimentbecken – drei paläontologische Bodendenkmäler von überregionaler Relevanz. In: Jahrbücher des Nassauischen Vereins für Naturkunde 139: S. 65–72, Wiesbaden 2018.

BRÜNING, Herbert: Die eiszeitliche Tierwelt im Rhein-Main-Gebiet, Mosbacher Sande. In: Museumsführer Nr. 4, Naturhistorisches Museum Mainz, 1972.

BRÜNING, Herbert: Vom Eiszeitalter im Mainzer Becken. In: Museumführer Nr. 3, Naturhistorisches Museum Mainz, 1973.

BRÜNING, Herbert: Die eiszeitliche Tierwelt von Mosbach. Ihre Umwelt – ihre Zeit. In: Museumsführer Nr. 6, Rheinische Naturforschende Gesellschaft zu Mainz in Ver-

bindung mit dem Naturhistorischen Museum Mainz, 1980.
FABER, Rolf: Moskebach – Biebrich-Mosbach 991–1971. Chronik von Dr. Rolf Faber im Auftrag des Verschönerungs- und Verkehrsvereins Biebrich am Rhein e. V., Wiesbaden-Biebrich 1991.
FISCHER, Nicole / AIGLSTORFER, Manuela / HERKNER, Bernd (Autoren): Wilde Welten der Urzeit,. Herausgegeben vom Naturhistorischen Museum Mainz,. Oppenheim am Rhein 2022.
GELLER-GRIMM, Fritz: Museum Wiesbaden. Naturhistorische Sammlungen: Paläontologie. Die Mosbach-Sammlung, 15. Oktober 2001.
https://www.mwnh.de/samm022.html
HOPPE, Andreas / HOPPE, Dorothea: Aus dem Geologen-Archiv Freiburg. Geowissenschaftler und ihr Judentum im deutschen Sprachraum des 19. und 20. Jahrhunderts. In: Z. Dt. Ges. Geowiss. (German. J. Geol.) 169(1): S. 73--95, Stuttgart 2018.
HOSELMANN, Christian (2007): Haupt-Mosbach-Subformation In: Litho-Lex [Online-database], Hannover: BGR. Last updated 7. 7. 2009 [cited26.10.2022]Record No1000001. Available from: http://www.bgr.bund.de/litholex.
HOSELMANN, Christian (2021): 5.2 Quartär – In: Hessisches Landesamt für Naturschutz, Umwelt und Geologie (Herausgeber): Geologie von Hessen; S. 416–461, Stuttgart 2018.
KAHLKE, Hans-Dietrich: Die Eiszeit, Leipzig 1994.
KELLER, Thomas: Die eiszeitlichen Mosbach-Sande bei Wiesbaden. Paläontologische Denkmäler in Hessen 3, Wiesbaden 1994.

KELLER, Thomas: Die eiszeitlichen Mosbach-Sande bei Wiesbaden: alt- und mittelpleistozäne Ablagerungen des Ur-Maines. (= Paläontologische Denkmäler in Hessen. Band 3). Landesamt für Denkmalpflege Hessen, Wiesbaden 1994.

KELLER, Thomas: Halt 2 – Pleistozäne Ablagerungen der Mosbach-Sande im Dyckerhoff-Steinbruch, Wiesbaden, S. 317–325. In: KELLER, Thomas / RADTKE, Gudrun: Quartäre (Mosbach-Sande) und kalktertiäre Ablagerungen im NE Mainzer Becken (Exkursion I. am 14. April 2007). – Jahresberichte und Mitteilungen des Oberrheinischen Geologischen Vereins, N. F. 89: S. 307–333, Stuttgart 2007.

KOENIGSWALD, Wighart von: Lebendige Eiszeit, Stuttgart 2002.

LEHMANN, Ulrich: Paläontologisches Wörterbuch. Stuttgart 1964.

MEYER, Hermann von: Mittheilung, an Professor Bronn gerichtet (28. März 1842). In: Neues Jahrbuch für Mineralogie, Geognosie, Geologie und Petrefakten-Kunde. S. 579–590, Stuttgart 1843.

NEUFFER: Fr. Otto: Herbert Brüning. In: Mainzer Naturwissenschaftliches Archiv 21: S. 1–3, Mainz 1983.

PROBST, Ernst: Deutschland in der Urzeit. Von der Entstehung des Lebens bis zum Ende der Eiszeit. München 1986.

PROBST, Ernst: Deutschland in der Steinzeit. Jäger, Fischer und Bauern zwischen Nordseeküste und Alpenraum. München 1991.

PROBST, Ernst. Der Ur-Rhein. Rheinhessen vor zehn Millionen Jahren. München 2009.

PROBST, Eiszeitliche Raubkatzen in Deutschland. Mit

Zeichnungen von Shuhei Tamura. München 2011.
REID, Clement: The geology of the country around Cromer. In: Memoirs of the Geological Survey of England and Wales. S. 1–143, London 1882.
RÖMER, August: Verzeichnis der im Diluvialsande von Mosbach vorkommenden Wirbelthiere. In: Jahrbücher des Nassauischen Veriens für Naturkunde 48: S. 185–199, Wiesbaden 1895.
RÖMER, August: Nachtrag zu dem im vorigen Band der Jahrbücher erschienenen Verzeichnisse fossiler Wirbelthiere von Mosbach. In: Jahrbücher des Nassauischen Veriens für Naturkunde 49: S. 232, Wiesbaden 1896.
RUTTE, Erwin: Die Fundstelle altpleistozäner Wirbeltiere von Randersacker bei Würzburg. In: Geologisches Jahrbuch, 73:_ S. 737–754, Hannover 1958.
SANDBERGER, Fridolin: Über die geognostische Zusammensetzung der Umgebung von Wiesbaden (vorgetragen am 31. 8. 1848). In: Jahrbücher des Vereins für Naturkunde im Herzogtum Nassau 6: S. 1–37, Wiesbaden 1850.
SANDBERGER, Fridolin: Die Land- und Süsswasser-Conchylien der Vorwelt. Wiesbaden 1870–1875.
SCHMIDT, Robert Rudolf / KOKEN, Ernst / SCHLIZ, Alfred: Die diluviale Vorzeit Deutschland, Stuttgart 1912.
SELDEN, Paul / NUDDS, John: Fenster zur Evolution. Berühmte Fossilienfundstellen der Welt, München 2007.
WIKIPEDIA (Online-Lexikon): Clement Reid. https://de.wikipedia.org/wiki/Clement_Reid
WIKIPEDIA (Online-Lexikon): Cromer. https://de.wikipedia.org/wiki/Cromer

WIKIPEDIA (Online-Lexikon): Cromer-Komplex.
https://de.wikipedia.org/wiki/Cromer-Komplex
WIKIPEDIA (Online-Lexikon): Dyckerhoffbruch.
https://de.wikipedia.org/wiki/Dyckerhoffbruch
WIKIPEDIA (Online-Lexikon): Mosbacher Sande.
https://de.wikipedia.org/wiki/Mosbacher_Sande
WIKIPEDIA (Online-Lexikon): Frederick Everard Zeuner.
https://de.wikipedia.org/wiki/Frederick_Everard_Zeuner
WILDE, Volker / KAISER, Thomas M. / KELLER, Thomas: Erste Funde von Blättern aus dem Bereich der mittelpleistozänen Mosbach-Sande von Wiesbaden-Biebrich (Hessen): In: Geologisches Jahrbuch Hessen 132: S. 131–138, Wiesbaden 2005.
WOLF, Heinrich: Museologe aus Leidenschaft. Prof. Dr. Herbert Brüning zur Vollendung seines 60. Lebensjahres. In: Mainzer Naturwissenschaftliches Archiv 10: S. 213–221, Mainz 1971.
WOLF, Joachim: Wilhelm von Reichenau (*1847–†1925). Leben und Wirken. In: Mainzer Naturwissenschaftliches Archiv 47: S. 129–137, Mainz 2009.
WÜRZ, Markus: 175 Jahre Rheinische Naturforschende Gesellschaft und 100 Jahre Naturhistorisches Museum Mainz. In: Mainzer Naturwissenschaftliches Archiv 47: S. 35–88. Mainz 2009.
ZAGWIJN, Waldo H.: Variations in climate as shown by pollen analysis, especially in the lower Pleistocene of Europe. In: Ice Ages: Ancient and modern. S. 137–152, Liverpool 1975.

Europäischer Jaguar (Panthera gombaszoegensis).
Zeichnung: Shuhei Tamura, Kanagawa (Japan)

Jaguar-Konkurrenz
Der Europäische Jaguar *Panthera gombaszoegensis*

Der Jaguar war im Eiszeitalter viele 100.000 Jahre lang die einzige in Europa heimische Pantherkatze. Nach den Fossilfunden zu schließen, existierten zeitlich aufeinanderfolgend der Toskanische Jaguar (*Panthera toscana*) und der Europäische Jaguar (*Panthera gombaszoegensis*).
Den Toskanischen Jaguar (früher irrtümlich auch Toskana-Löwe genannt) hat 1949 der Basler Lehrer und Paläontologe Samuel Schaub (1882–1962) nach einem Fund aus der Toskana (Italien) beschrieben. Der Europäische Jaguar wurde bereits 1938 von dem Budapester Paläontologen Miklós Kretzoi (1907–2005) nach einem Fund vom slowakischen Fundort Gombasek (Gombaszök) beschrieben. In der Fachwelt wird darüber diskutiert, ob es sich beim Toskanischen Jaguar und beim Europäischen Jaguar um ein und dieselbe Form handeln könnte. Wenn dies zuträfe, gilt für beide Formen der wissenschaftliche Name *Panthera gombaszoegensis*. Manche Autoren halten diese beiden Jaguare für Arten und nennen sie deswegen *Panthera toscana* und *Panthera gombaszoegensis*. Andere Experten betrachten die beiden Jaguare als Unterarten und sprechen von *Panthera onca toscana* und *Panthera onca gombaszoegensis*.
Der Toskanische Jaguar kam im Eiszeitalter vor mehr als 1,6 Millionen Jahren in Italien (Olivola) vor. In den Niederlanden (Tegelen) existierte er ebenfalls zu dieser Zeit. Ähnlich alt könnten Reste des Toskanischen Jaguars vom Eingang der Bärenhöhle bei Sonnenbühl-Erpfingen in Baden-Württemberg sein.

*Budapester Paläontologe Miklós Kretzoi (1907–2005).
Foto: Péter Papp, Geologe, Magyar Állami Földtani Intézet /
Geological Institute of Hungary, Budapest*

Vor etwas mehr als 1 Million Jahren ist der Europäische Jaguar in Rheinland-Pfalz (bei Neuleiningen unweit von Grünstadt) belegt. Ein Zeitgenosse von ihm war die Säbelzahnkatze *(Homotherium crenatidens)*. In Thüringen (bei Untermaßfeld nahe Meiningen) lebte der Europäische Jaguar – nach Gebissresten zu schließen – vor ungefähr 1 Million Jahren. Dort sind auch der Gepard *(Acinonyx pardinensis)*, die Säbelzahnkatze *(Homotherium crenatidens)*, die Dolchzahnkatze *(Megantereon cultridens adroveri)* und der Puma *(Puma pardoides)* durch Funde nachgewiesen.
Aus der Gegend von Rotterdam (Maasvlakte) in den Niederlanden kennt man einen etwa 800.000 bis 900.000 Jahre alten Oberkieferrest des Europäischen Jaguars. Ähnlich alt ist der Oberkieferrest eines Europäischen Jaguars aus Georgien vom Fundort Akhalkalaki.
Erst vor rund 700.000 Jahren bekam der Jaguar in Europa Konkurrenz durch den Mosbacher Löwen *(Panthera fossilis)* und fast zur selben Zeit durch den Leoparden *(Panthera pardus)*. In Hessen (Mosbach-Sande bei Wiesbaden) sowie Bayern (Rabenstein bei Waischenfeld, Würzburg-Schalksberg) existierte der Europäische Jaguar vor etwa 600.000 Jahren. Ein ähnlich alter Jaguarrest wird von Alain Argant, Jacqueline Argant, Marcel Jeannet und Margarita Erbajeva aus Hundsheim in Niederösterreich erwähnt.
Der Europäische Jaguar gehörte in den Mosbach-Sanden bei Wiesbaden zum Fundkomplex Mosbach 2. Auffallenderweise sind dort viele Reste von Mosbacher Löwen, aber wenige von Europäischen Jaguaren gefunden wurden. Auch von Säbelzahnkatzen *(Homotherium crenatidens)* und Geparden *(Acinonyx pardinensis)* liegen aus den Mosbach-Sanden nicht viele Funde vor.

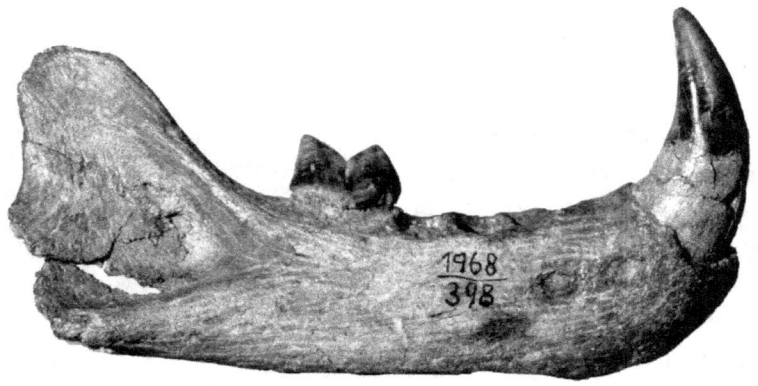

*Unterkiefer des Europäischen Jaguars (Panthera gombaszoegensis)
aus den Mosbach-Sanden bei Wiesbaden
im Naturhistorischen Museum Mainz. Fund von 1968.
Foto: Naturhistorisches Museum Mainz /
Landessammlung für Naturkunde Rheinland-Pfalz*

Im Sommer 1913 entdeckte der Mainzer Paläontologe Otto Schmidtgen (1879–1938) in den Mosbach-Sanden ein rechtes Unterkiefer-Bruchstück mit gut erhaltenem Backenzahn von einer Raubkatze. Schmidtgen deutete das Bruchstück zunächst, obwohl es ihm dafür eigentlich etwas zu klein erschien, als Rest eines Mosbacher Löwen. Bei späteren Vergleichen gelangte er zu der Überzeugung, dass es sich um einen „Panther" handeln müsse, der bis dahin noch nicht aus Mosbach bekannt war. Weil der Backenzahn des Mosbacher „Panthers" merklich abgekaut war, musste es sich um ein altes Tier handeln. Der bemerkenswerte Fund wurde im Naturhistorischen Museum Mainz aufbewahrt. 1968 glückte in den Mosbach-Sanden der zweite Nachweis des Europäischen Jaguars. Dabei handelte es sich um einen Unterkiefer-Rest, den 1969 der Zoologe Helmut Hemmer und die Paläontologin Gerda Schütt (1931–2007) identifizierten. Die Gesamtlänge des nicht ganz vollständigen Unterkiefers dürfte etwa 16,5 bis 17 Zentimeter betragen haben. Dieses Maß entspricht den Extremwerten heutiger afrikanischer Leoparden (*Panthera pardus*). Es erreicht aber nicht die Variationsbreite kleiner Löwinnen, die bei etwa 19 Zentimetern beginnt. Der Eckzahn (Fangzahn) des im Naturhistorischen Museum Mainz aufbewahrten Jaguar-Unterkiefers aus Mosbach ragt etwa 3,5 Zentimeter aus dem Knochen.
Bei ihrer Veröffentlichung von 1969 weisen Hemmer und Schütt darauf hin, dass das 1913 von Schmidtgen entdeckte Unterkiefer-Bruchstück mit Backenzahn von einem Europäischen Jaguar stammt.
Am 24. April 1998 gelang Anne Sander bei einer von der Abteilung Archäologische und Paläontologische Denkmal-

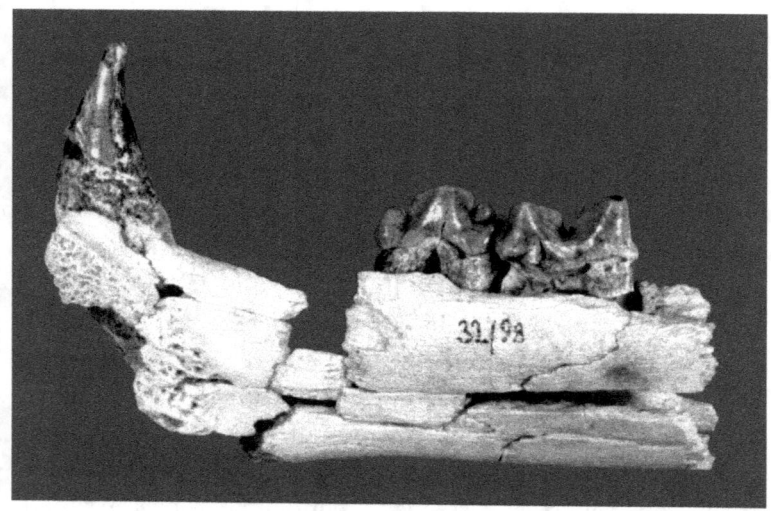

Unterkiefer des Europäischen Jaguars (Panthera gombaszoegensis) aus den Mosbach-Sanden bei Wiesbaden. Fund von 1998.
Foto: Landesamt für Denkmalpflege Hessen,
Abteilung Archäologie und Paläontologie, Schloss Biebrich, Wiesbaden

pflege des Landesamtes für Denkmalpflege Hessen veranlassten Kontrollbegehung des Tagebaus Ostfeld bei Wiesbaden der dritte Nachweis eines Europäischen Jaguars in den Mosbach-Sanden. Frau Sander entdeckte Fragmente des rechten Unterkieferastes von einem vermutlich weiblichen Jaguar. In der Folgezeit barg sie zusammen mit dem ebenfalls am Landesamt für Denkmalpflege in Wiesbaden tätigen Paläontologen Thomas Keller weitere Kiefer- und Zahnfragmente, bis am 18. Juni 1998 insgesamt 54 Bruchstücke des Unterkiefers vorlagen. Im Juli 2001 wurde der Fund dem Mainzer Zoologen Helmut Hemmer zur Bestimmung übergeben. Erfahrene Präparatoren der Forschungsstation für Quartärpaläontologie der Senckenbergischen Naturforschenden Gesellschaft, Weimar fügten die Bruchstücke zu einem 10,8 Zentimeter langen Unterkieferfragment zusammen. Der komplette Unterkiefer dürfte schätzungsweise 18 Zentimeter lang gewesen sein. Von den erhaltenen 4 Zähnen konnten nur 3 in Position eingefügt werden, weil für den vorderen Vorbackenzahn ein Halt gebendes Knochenstück fehlte. Das Lebendgewicht dieses Jaguars wird auf bis zu 140 Kilogramm geschätzt. Die Mosbacher Jaguarfunde gehören zu den geologisch jüngsten dieser Raubkatze, die schon vor mehr als 1,6 Millionen Jahren im Eiszeitalter in Europa vorkam. Vielleicht war der Europäische Jaguar wie der heutige Jaguar in Amerika „eng ans Wasser" gebunden und bevorzugte ebenfalls Wald- und Buschgebiete.
Mosbacher Löwe und Jaguar kamen auch in Westbury-sub-Mendip (England), Château (Frankreich), Vértesszölös (Ungarn) und Petralona (Griechenland) zusammen in der gleichen geologischen Fundschicht vor.

In der Spaltenfüllung 11 des Kalksteinbruches bei Neuleiningen unweit von Grünstadt in Rheinland-Pfalz entdeckte der Fossilien-Experte Ulrich H. J. Heidtke aus Niederkirchen (Pfalz) neben spektakulären Funden der Säbelzahnkatze *(Homotherium crenatidens)* auch einen Unterkiefer einer unbekannten Raubkatze. Dieser Fund wurde 2009 durch den Mainzer Katzenspezialisten Helmut Hemmer als Europäischer Jaguar identifiziert. Der Wiesbadener Autor Ernst Probst hatte bei Recherchen für sein Taschenbuch „Säbelzahnkatzen" (2009) von Heidtke erfahren, dass sich unter dessen Funden aus Neuleiningen auch ein bisher unbestimmtes Fossil einer Raubkatze befand und einen Kontakt zu Hemmer vermittelt. Jaguarfossilien hat man außer in Deutschland auch in Spanien, Frankreich, Italien, Belgien, den Niederlanden, England, Österreich, Ungarn, Tschechien, der Slowakei, Rumänien, Bulgarien, Griechenland, Georgien und in der Ukraine geborgen. Bei einer Ausgrabung am französischen Fundort Château in Burgund entdeckten die Paläontologen Alain Argant und Jacqueline Argant sogar Teile eines fast kompletten Skelettes mit Schädel von *Panthera gombaszoegensis*.

Alain Argant, Jacqueline Argant, Marcel Jeannet (alle drei aus Frankreich) und Margarita Erbajeva (Russland) haben 2007 in der Publikation „Courier Forschungs-Institut Senckenberg" zahlreiche Fundorte des Europäischen Jaguars erwähnt:

Frankreich: L'Escale, Château, La Nauterie, Artenac, Vallonnet, Cénac-et-Saint-Julien Grotte XIV, Villereversure, Azé-Aiglons, Marignat

Spanien: Atapuerca Gran Dolina, Huéscar I

Italien: Olivola, Val d'Arno, Perugia
England: Westbury-sub-Mendip
Belgien: Sprimont/Belleroche
Niederlande: Maasvlakte bei Rotterdam, Nordsee
Deutschland: Mosbach bei Wiesbaden, Würzburg-Schalksberg, Untermaßfeld bei Meiningen, Weimar-Süßenborn, Rabenstein bei Waischenfeld
Österreich: Hundsheim
Tschechien: Koneprusy, Stránská Skála, Holsteijn 1/Chlum 6,
Slowakei: Gomsbasek (Gombaszög)
Ungarn: Vértesszölös II, Villány 3, Somssichhegy 2, Kövesvárad, Uppony 1
Rumänien: Betfia
Bulgarien: Slivnica
Griechenland: Volos, Gerakou 1, Petralona
Georgien: Akhalkalaki
Ukraine: Zimbal

Panthera gombaszoegensis dürfte spätestens in der süddeutschen Mindel-Kaltzeit (Mindel-Eiszeit) bzw. in der gleichaltrigen norddeutschen Elster-Kaltzeit (Elster-Eiszeit) vor etwa 460.000 bis 400.000 Jahren ausgestorben sein. Sein Verschwinden ist wohl durch die Kälte und die Konkurrenz durch Löwen bewirkt worden. Früher hat man den Europäischen Jaguar unter zahlreichen Artnamen beschrieben.
Wie Begegnungen von Frühmenschen *(Homo heidelbergenis)* mit Europäischen Jaguaren im Eiszeitalter verliefen, weiß man nicht genau. Aus heutiger Zeit liegen Berichte über Angriffe von Jaguaren auf Menschen vor. Dabei sollen die Jaguare aber stark gereizt oder in die Enge getrieben worden

*Heutiger Jaguar (Panthera onca)
im Milwaukee County Zoological Garden (Wisconsin).
Foto: Churnett / CC BY-SA 3.0 (via Wikimedia Commons),
lizensiert unter Creative Commons-Lizenz by-sa-3.0-de
http://creativecommons.org/licenses/by-sa/3.0/legalcode*

sein. Es handelte sich also nur um Verteidigungsangriffe, die meistens ohne Todesopfer ausgingen.

Der Europäische Jaguar wird – laut Internet-Lexikon „Wikipedia" – als Ahne des Jaguars *(Panthera onca)* in Nord- und Südamerika diskutiert. Die Vorfahren des Jaguars wanderten ostwärts und über die Beringstraße nach Nordamerika ein. Im Eiszeitalter existierten Jaguare in Nordamerika noch nördlich bis zum Bundesstaat Washington. In der Gegenwart gilt der Jaguar nach dem Tiger und dem Löwen als die drittgrößte Raubkatze der Welt. Auf dem amerikanischen Doppelkontinent ist er sogar die größte Raubkatze. Das äußere Erscheinungsbild des Jaguars in der Neuen Welt ähnelt dem Leoparden der Alten Welt. Heutige Jaguare erreichen eine Kopf-Rumpf-Länge von etwa 1,50 Metern, in Ausnahmefällen sogar bis zu 1,80 Metern. Hinzu kommt ein 40 bis 70 Zentimeter langer Schwanz, was im Extremfall eine Gesamtlänge bis zu 2,50 Metern ergibt. Die Schulterhöhe beträgt durchschnittlich 70 Zentimeter. Jaguare sind kräftiger und massiver gebaut als Leoparden. Das Lebendgewicht liegt bei Weibchen bei rund 70 Kilogramm, bei Männchen bei ungefähr 110 Kilogramm.

Auch das Fell heutiger Jaguare unterscheidet sich von demjenigen der Leoparden. Grundfarbe des Jaguarfells ist ein kräftiges Goldgelb, das mitunter ins Rötliche übergeht. Das Körperfell ist mit schwarzen Ringflecken übersät, die gelegentlich kleine Tupfen umschließen. Die Ringflecken bei Jaguaren sind merklich größer als bei Leoparden. Wie bei Leoparden haben auch Jaguare oft ein gänzlich schwarzes Fell. Schwarze Jaguare werden ebenso wie schwarze Leoparden als Panther bezeichnet.

Die in der Gegenwart im Regenwald heimischen Jaguare sind kleiner und meistens dunkler gefärbt als diejenigen in offenen Savannen oder Sümpfen.

Heutige Jaguare leben als Einzelgänger. Meistens nähern sie sich nur in Paarungsstimmung dem anderen Geschlecht. Sie sind nachts aktiv und verbringen bis zur Hälfte des Tages ruhend. Wegen ihres schweren Körperbaus sind sie keine guten Kletterer. Dagegen schwimmen sie oft und gut.

Bei der Jagd schleichen sich Jaguare langsam an Beutetiere heran und lauern im Hinterhalt. Nach einem kurzen Spurt reißen sie die Beute mit einem Prankenschlag nieder und zu Boden. Jaguare gelten als die einzigen Großkatzen, die ihre Beutetiere töten, indem sie ihnen ihre Eckzähne in den Schädel schlagen. Zu ihrer Beute gehören heute Hirsche, Pekaris, Tapire, Carpybaras, Pakas, Gürteltiere und Agutis. Baumtiere wie Affen oder Faultiere bringen sie selten zur Strecke. In Gewässern erbeuten sie auch Fische und sogar kleine Kaimane. Ihre Beute fressen sie an einem geschützten Ort und vergraben dort die Reste.

Nach einer Tragzeit von rund 100 Tagen bringen weibliche Jaguare meistens im April oder Juni 1 Junges bis zu 4 Junge zur Welt. Die Neugeborenen sind blind und werden mit wolligem, deutlich geflecktem Fell geboren. Um die Aufzucht der Jungtiere kümmert sich vor allem die Mutter, gelegentlich auch der Vater. Nach etwa 6 Wochen ist der Nachwuchs etwa so groß wie eine heutige Hauskatze und folgt fortan seinen Eltern auf Streifzügen. Ab einem Alter von etwa 1 Jahr bis zu 2 Jahren verlassen die Jungtiere ihre Eltern. Die Geschlechtsreife beginnt mit etwa 3 Jahren. In der Wildnis beträgt die Lebensdauer der Jaguare durchschnittlich 10 bis 12 Jahre.

In der Gedankenwelt der Indianer in Amerika spielte der Jaguar eine wichtige Rolle. Die Maya verehrten einen Gott in Jaguargestalt als Beherrscher der Unterwelt. Bei den Maya schmückten sich Könige mit Jaguarfellen und adlige Familien machten den Jaguar zum Bestandteil ihres Namens. Bei den Azteken hüllte sich eine der obersten Kriegerkasten in Jaguarfelle.

Literatur
HEIDTKE, Ulrich: Eine Großsäuger-Fauna aus dem älteren Pleistozän der Pfalz (Spaltenfüllung Neuleiningen 11). In: Mitteilungen der Pollichia 67: S. 135–141, Bad Dürkheim 1979.
HEMMER, Helmut: Die Feliden aus dem Epivillafranchium von Untermaßfeld. In: KAHLKE, Ralf-Dietrich (Herausgeber): Das Pleistozän von Untermaßfeld bei Meiningen (Thüringen). Teil 3. Monographien des Römisch-Germanischen Zentralmuseums 40/3: S. 699–782, Mainz 2001.
HEMMER, Helmut: Pleistozäne Katzen Europas – eine Übersicht. Cranium, Amsterdam 2004.
HEMMER, Helmut / HEIDTKE, Ulrich H. J.: Die Pfalz – eine frühe Station auf dem langen Weg des Jaguars, *Panthera onca* (LINNAEUS, 1758), nach Südamerika. In: Jahresberichte und Mitteilungen des Oberrheinischen Geologischen Vereins, N. F. 95: S. 373–390, Stuttgart 2013.
HEMMER, Helmut / KAHLKE, Ralf-Dietrich / KELLER, Thomas: *Panthera onca gombaszoegensis* aus den frühmittelpleistozänen Mosbach-Sanden (Wiesbaden, Hessen, Deutschland). Ein Beitrag zur Kenntnis der

Variabilität und Verbreitungsgeschichte des Jaguars. In:
Neues Jahrbuch für Geologie und Paläontologie,
Abhandlungen, 229(1): S. 31–60, Stuttgart 2003.
HEMMER, Helmut / KAHLKE, Ralf-Dietrich / VEKUA,
Abesalom K.: The Jaguar – *Panthera onca gombaszoegensis*
(KRETZOI, 1938) (Carnivora: Felidae) in the late Lower
Pleistocene of Akhalkalaki (South Georgia; Transcaucasia)
and its evolutionary and ecological significance. In:
Géobios 34(4): S. 475–486, Villeurbanne 2001.
HEMMER, Helmut / KAHLKE, Ralf-Dietrich / VEKUA,
Abesalom K.: The Old World puma – *Puma pardoides*
(Owen, 1946) (Carnivora: Felidae) – in the lower Villafran-
chian (Upper Pliocene) of Kvabesi (East Georgia, Trans-
caucasia) and its evolutionary and biogeographical signi-
ficance. In: Neues Jahrbuch für Geologie und Paläonto-
logie, Abhandlungen 233 (2): S. 197–321, Stuttgart 2004.
HEMMER, Helmut / KAHLKE, Ralf-Dietrich: Nachweis
des Jaguars (*Panthera onca gombaszoegensis*) aus dem späten
Unter- oder frühen Mittelpleistozän der Niederlande. In:
Deinsea, Annual oft the Natural History Museum Rotterdam, S. 47–57, Rotterdam 2005.
HEMMER, Helmut / SCHÜTT, Gerda: Ein Unterkiefer
von *Panthera gombaszoegensis* (KRETZOI, 1938) aus den
Mosbacher Sanden. In: Mainzer Naturwissenschaftliches
Archiv 9: S. 132–146, Mainz 1969.
KAHLKE, Ralf-Dietrich (Herausgeber): Das Pleistozän
von Untermaßfeld bei Meiningen (Thüringen). Teil 1. In:
Monographien des Römisch-Germanischen Zentralmuse-
ums, Mainz 1997.
KAHLKE, Ralf-Dietrich (Herausgeber): Das Pleistozän
von Untermaßfeld bei Meiningen (Thüringen). Teil 2. In:

Monographien des Römisch-Germanischen Zentralmuseums, Mainz 2001.1

KAHLKE, Ralf-Dietrich (Herausgeber): Das Pleistozän von Untermaßfeld bei Meiningen (Thüringen). Teil 3. In: Monographien des Römisch-Germanischen Zentralmuseums, Mainz 2001.

KRETZOI, Miklós: Die Raubtiere von Gombaszök nebst einer Übersicht der Gesamtfauna. In: Annales historico-naturales Musei Nationalis Hungarici, Pars Mineralogica, Geologica, Paleontologica 31: S. 88–157, Budapest 1938.

PROBST, Ernst: Deutschland in der Urzeit. Von der Entstehung des Lebens bis zum Ende der Eiszeit. München 1986.

SANDER, Anne: Ein Jaguar-Neufund aus den mittelpleistozänen Mosbach-Sanden. In: Hessen Archäologie 2003, herausgegeben von der Archäologischen und Paläontologischen Denkmalpflege des Landesamtes für Denkmalpflege Hessen, S. 17–19, Wiesbaden 2003.

SCHAUB, Samuel: Revision de quelques Carnassiers villafranchiens du Niveau des Etouaires (Montage de Perrier, Puy de Dôme). In: Eclogae geologicae Helvetiae 42(2): S. 492–506, Basel 1949.

SCHMIDTGEN, Otto: *Felis pardus* spec. L. aus dem Mosbacher Sand. In: Sonderdruck aus „Jahrbücher des Nassauischen Vereins für Naturkunde", Jahrgang 74: S. 51–58, München und Wiesbaden 1922.

SCHÜTT, Gerda: *Panthera pardus sickenbergi* n. subsp. aus den Mauerer Sanden. In: Neues Jahrbuch für Geologie und Paläontologie, Monatsheft, S. 299–310, Stuttgart 1969.

*Mosbacher Löwe (Panthera fossilis)
mit einer Gesamtlänge bis zu 3,60 Metern,
von der 1,20 Meter auf den Schwanz entfallen.
Zeichnung: Shuhei Tamura, Kanagawa (Japan)*

Mosbacher Löwe

Die riesige Raubkatze *Panthera fossilis*

Ein Fall für das berühmte Guiness-Buch der Rekorde ist der riesige Mosbacher Löwe *(Panthera fossilis)* aus dem Eiszeitalter, der nach dem ehemaligen Dorf Mosbach zwischen Wiesbaden und Biebrich benannt wurde. Er gilt mit einem geologischen Alter von ungefähr 600.000 Jahren als der früheste und mit einer Gesamtlänge von der Nasen- bis zur Schwanzspitze von maximal 3,60 Metern als der größte Löwe in Europa.
Die meisten Fossilien dieser imposanten Großkatze kennt man aus den Mosbach-Sanden bei Wiesbaden. Vom Mosbacher Löwen liegen aus dem Fundkomplex Mosbach 2 der Mosbach-Sande Schädelreste, Unterkiefer oder Teile davon sowie einige Skelettknochen und wenige isolierte Zähne vor. Ganze Skelette oder komplette Schädel jener Großkatze hat man bisher in den Ablagerungen des Ur-Rheins und Ur-Mains aus dem Esizeitalter noch nicht entdeckt.
Die erste wissenschaftliche Beschreibung des Mosbacher Löwen *(Panthera leo fossilis)* von 1906 stammt von dem Mainzer Naturforscher Wilhelm von Reichenau (1847–1925). Er hatte Funde aus Mosbach bei Wiesbaden und Mauer bei Heidelberg untersucht und sie einer fossilen Unterart des Löwen namens „*Felis leo fossilis*" zugeordnet. Die heutige gültige Bezeichnung lautet *Panthera leo fossilis* oder *Panthera fossilis*.
Der in Dillenburg geborene Wilhelm von Reichenau war Offizier, gab diesen Beruf aber wegen einer Verletzung im

*Der Mainzer Naturforscher
Wilhelm von Reichenau (1847–1925) beschrieb 1906
als Erster wissenschaftlich
den Mosbacher Löwen (Panthera fossilis).
Foto: Naturhistorisches Museum Mainz /
Landessammlung für Naturkunde Rheinland-Pfalz*

Deutsch-Französischen Krieg 1870/1871 auf. Bis 1875 bewirtschaftete er ein Hofgut bei Miesbach in Oberbayern. Damals begann er als Autodidakt mit naturkundlichen Studien über Pflanzen und Tiere. Teile seiner Arbeit flossen 1874 in die 2. Auflage von Alfred Brehms Tierleben ein. 1875 zog Reichenau nach Mainz, wo er als Hilfsbibliothekar an der Stadtbibliothek arbeitete. Wegen Krankheit des Leiters der Stadtbibliothek Mainz war Reichenau von August/September 1878 bis Ende August 1879 interimistischer Bibliothekar und Leiter der Stadtbibliothek bis zur Wiederbesetzung der Stelle.
1879 wurde Reichenau Präparator der Rheinischen Naturforschenden Gesellschaft in Mainz, 1888 Konservator an deren naturkundlichem Museum, 1907 Ehrendoktor der Philosophie der Universität Gießen. Von 1910 bis 1913 fungierte er als erster Direktor des neuen Naturhistorischen Museum Mainz. Anlässlich der Museumseröffnung verlieh ihm 1910 Großherzog Ernst Ludwig von Hessen (1868–1937) den Professorentitel. Reichenau hat sich um die Erforschung der Mosbach-Sande verdient gemacht.
Der Mosbacher Löwe *(Panthera fossilis)* wurde oft von Wissenschaftlern untersucht und teilweise auch unter anderen Namen beschrieben. Einer dieser Experten – nämlich der Berliner Paläontologe Wilhelm Otto Dietrich (1881–1964) – nannte ihn 1968 *Panthera leo mosbachensis*, was sich aber nicht durchsetzte. Auch den Namen „Alt-Panther" für den Mosbacher Löwen liest man nicht oft.
Ein fast kompletter, etwa 43 Zentimeter langer Oberschädel eines Mosbacher Löwen wurde um 1885 in den Mauerer Sanden von Mauer bei Heidelberg entdeckt. Diesen Löwen-Oberschädel hat 1912 der Paläontologe

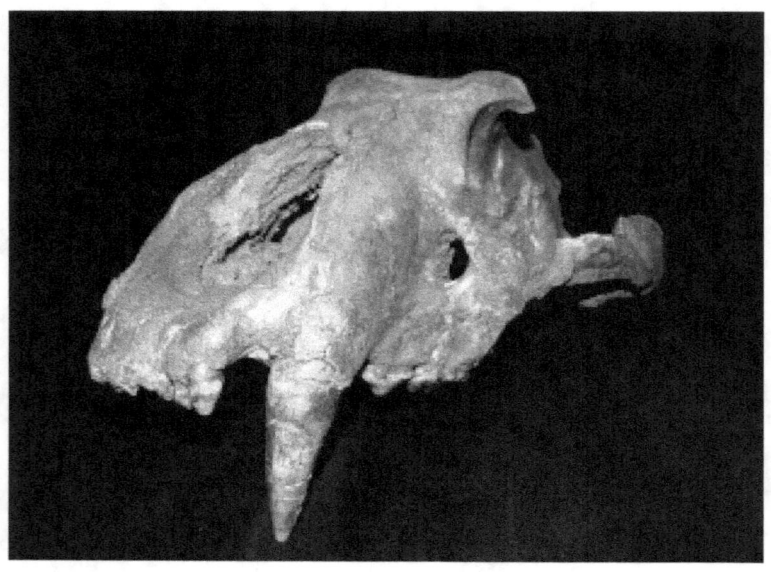

43 Zentimeter langer Oberschädel eines Mosbacher Löwen aus den Mauerer Sanden von Mauer bei Heidelberg, Original im Urgeschichtlichen Museum der Gemeinde Mauer. Foto: Homo heidelbergensis von Mauer e. V., Mauer bei Heidelberg

Adolf Wurm (1886–1968) beschrieben. Bei dem Fundort
handelte es sich um die Sandgrube Grafenrain, wo am 21.
Oktober 1907 der Unterkiefer des Heidelberg-Menschen
zum Vorschein kam. Dieser Frühmensch gilt mit einem
geologischen Alter von etwa 600.000 Jahren als der älteste
bekannte Mitteleuropäer. Der Unterkiefer des Heidelberg-
Menschen wird im Geologisch-Paläontologischen Institut
der Universität Heidelberg aufbewahrt. Dort lag früher
auch der Löwen-Oberschädel aus Mauer, bevor er 1982
anlässlich der 75. Wiederkehr der Entdeckung des
Heidelberg-Menschen dem Urgeschichtlichen Museum der
Gemeinde Mauer als Dauerleihgabe überlassen wurde.
Dass eine diesen ersten europäischen Löwen sehr nahe
stehende Form schon viel früher existierte, zeigt die
frappierende Formähnlichkeit eines Löwenunterkiefers aus
den Mosbach-Sanden in Deutschland mit dem rund 1,75
Millionen Jahre alten Unterkiefer eines Löwen aus der
Olduvai-Schlucht in Tansania (Afrika). Dieser frühe Löwe
aus dem „Schwarzen Erdteil" wird zur Unterart *Panthera leo
shawi* gerechnet, die 1948 der südafrikanische Arzt und
Paläontologe Robert Broom (1866–1951) beschrieben hat.
Noch mehr als die Mosbacher Teilfunde lässt der
Löwenschädel aus Mauer bei Heidelberg erkennen, dass
diese Tiere eine ursprünglichere Stufe der Hirnentwicklung
als die meisten heutigen Löwen aufwiesen. Das Hirn des
Mosbacher Löwen dürfte etwa dem des in freier Wildbahn
und in unvermischter Form auch in Gefangenschaft
ausgestorbenen Berberlöwen oder Atlaslöwen *(Panthera leo
leo)* und dem des Indischen Löwen *(Panthera leo goojratensis)*
oder Asiatischen Löwen *(Panthera leo persica)* entsprechen.
Letztere beiden Löwen besitzen weniger Hirnmasse als

Funde des Mosbacher Löwen aus den Mosbach-Sanden bei Wiesbaden im Naturhistorischen Museum Mainz / Landessammlung für Naturkunde Rheinland-Pfalz: 20 Zentimeter langer Unterkiefer (oben) und 11,5 Zentimeter langer Eckzahn (unten). Fotos: Naturhistorisches Museum Mainz / Landessammlung für Naturkunde Rheinland-Pfalz

Afrikanische Löwen *(Panthera leo)*. Es scheint, als ob Löwen mit der geringeren Hirnentwicklung auch in ihrem Sozialverhalten noch weniger entwickelt waren als gegenwärtige Afrikanische Löwen. Sie werden deshalb paarweise oder als Einzelgänger gelebt und gejagt haben. Sicherlich mussten sich die Großkatzen von Mosbach und Mauer wie die noch vor einigen Jahrzehnten im Atlasgebirge heimischen Berberlöwen auch bei Schnee, Frost und Eis behaupten.
Die Löwen aus den Mosbach-Sanden erreichten nach Berechnungen von Wissenschaftlern anhand von Skelettresten eine Kopf-Rumpf-Länge bis zu 2,40 Metern. Dazu muss noch ein mindestens 1,20 Meter langer Schwanz gerechnet werden. Die Großkatzen von Mosbach waren demnach bis zu 3,60 Meter lang. Das ist etwa ein halber Meter mehr als bei durchschnittlichen heutigen Löwen. Sie entsprachen damit dem Sibirischen Tiger *(Panthera tigris altaica)*, der größten Katze, die gegenwärtig auf Erden lebt, oder einem „Liger", der Kreuzung eines männlichen Löwen mit einem weiblichen Tiger.
Noch größer als die Mosbacher Löwen waren die Amerikanischen Höhlenlöwen *(Panthera atrox)*, die im Eiszeitalter vor etwa 100.000 bis 10.000 Jahren in Nord- und Südamerika lebten. Diese erreichten eine Kopf-Rumpf-Länge bis zu etwa 2,50 Metern und mit Schwanz eine Gesamtlänge von bis zu 3,70 Metern.
Die Urheimat der Löwen lag offenbar in Afrika. Dort sind die geologisch ältesten Löwen in den berühmten Fossilfundstellen um den Turkanasee – früher Rudolfsee genannt – in Kenia und in der Olduvai-Schlucht in Tansania entdeckt worden. Diese Löwenfunde auf dem „Schwarzen Erdteil" sind bis zu 2 Millionen Jahre alt.

*Rekonstruktion des Amerikanischen Höhlenlöwen
(Panthera atrox) durch den Künstler
Sergio De la Rosa Martinez aus Toluca in Mexiko.
Bild: Sergio De la Rosa Martinez, Toluca, Mexiko*

Nicht durchsetzen konnte sich die Vermutung einiger Wissenschaftler, dass rund 3,5 Millionen Jahre alte Fossilien aus Laetoli in Tansania (einem berühmten Vormenschen-Fundort) vom frühesten Löwen stammen. Dabei handelt es sich um Kieferbruchstücke und wenige Skelettreste.
In Europa tauchte der Löwe vor etwa 700.000 Jahren auf. So alt ist ein Fund des Mosbacher Löwen vom süditalienischen Fundort Isernia bei Molise. Aus Deutschland sind Mosbacher Löwen aus der Zeit vor etwa 600.000 Jahren vor allem in Mosbach bei Wiesbaden (Hessen) und Mauer bei Heidelberg (Baden-Württemberg) nachgewiesen. Weitere Mosbacher Löwen kennt man aus Atapuerca/Gran Dolina (Spanien) sowie Tautavel/Arago-Höhle und Château (Frankreich).
Besonders viele Raubkatzen-Funde kamen in Château (Burgund) zum Vorschein. Dort hatte man 1863 bei Straßenbauarbeiten viele Knochen von Bären und Löwen entdeckt. 1968 wurde diese alte Fundstelle wieder aufgespürt. Zwischen 1997 und 2002 nahm der Paläontologe Alain Argant Grabungen vor. Zum Fundgut von Château gehören Fossilien vom Mosbacher Bären *(Ursus deningeri)*, Etruskischen Wolf *(Canis etruscus)*, Mosbacher Wolf *(Canis mosbachensis)*, ein komplettes Skelett mit Schädel vom Europäischen Jaguar *(Panthera gombaszoegensis)* sowie 3 Schädel, 6 Kieferfragmente und 1 Fuß vom Mosbacher Löwen *(Panthera fossilis)*.
Die Löwen der Art *Panthera youngi* von Zhoukoudien (früher Choukoutien) bei Peking, dem berühmten Fundort des Peking-Menschen *(Homo erectus pekinensis)* in China vor etwa 500.000 Jahren, sind offenbar Vorfahren der Höhlenlöwen in Europa, Asien und Nordamerika. Löwen aus Vence und

Cajare in Frankreich dokumentieren den Übergang zwischen dem Mosbacher Löwen und dem Höhlenlöwen. Als eine Vereisungsphase den Meeresspiegel weltweit absinken ließ, wanderten Höhlenlöwen über die Landbrücke Beringia und die Beringbrücke auch nach Nordamerika. Beide Landbrücken werden heute von der Beringsee bedeckt, die nach dem dänischen Entdecker Vitus Janessen Bering (1741–1680) benannt ist. An der engsten Stelle ist die Beringstraße heute nur 85 Kilometer breit sowie 50 bis 90 Meter tief.
In Nordamerika verbreiteten sich die Höhlenlöwen rasch über den gesamten Halbkontinent und erreichten zudem das nördliche Südamerika. Fast gleichzeitig wie ihre Artgenossen in Europa sind sie dann dort vor etwa 10.000 Jahren zum Ende des Eiszeitalters ausgestorben.
In Deutschland jagten riesige Löwen – wie erwähnt – schon vor etwa 600.000 Jahren an den Ufern der Flüsse Neckar, Rhein und Main. Außerdem kennt man etwa 370.000 Jahre alte Löwenfunde aus Bilzingsleben in Nordthüringen und etwa 300.000 Jahre alte Löwenfossilien aus Steinheim an der Murr in Baden-Württemberg. An all diesen Plätzen lebten auch menschliche Vorfahren wie *Homo heidelbergenis, Homo erectus bilzingslebenensis* oder *Homo steinheimensis*. Begegnungen mit Mosbacher Löwen dürften vor rund 600.000 Jahren für unsere damaligen Vorfahren lebensgefährlich gewesen sein. Denn diese Frühmenschen verfügten – nach den Funden zu urteilen – noch über keine wirkungsvollen Waffen. Stoßlanzen und Wurfspeere standen vermutlich erst zwischen etwa 400.000 und 300.000 Jahren zur Verfügung, wie Funde von 8 etwa 1,80 bis zu 2,50 Meter langen Speeren im Baufeld Süd des Braunkohletage-

baus Schönfeld (Landkreis Helmstedt) in Niedersachsen belegen.
Spätestens zwischen etwa 400.000 und 300.000 Jahren also hat sich die Lage zugunsten der Menschen verändert. Nun gehörte der Löwe zur Jagdbeute von Frühmenschen, wie als Speiseabfälle gedeutete Reste bei Ausgrabungen in Bilzingsleben (Kreis Artern) in Thüringen bezeugen.
In der Literatur werden die Mosbacher Löwen mitunter auch als Höhlenlöwen bezeichnet, was vor allem Laien verwirren dürfte. In diesem Buch wird der Begriff Höhlenlöwe ausschließlich für die Art *Panthera spelaea* verwendet, die sich vor etwa 300.000 Jahren aus dem Mosbacher Löwen entwickelt hat.

Literatur
ARGANT, Alain: Les sites paléontologiques du Pleistocène moyen en Mâconnais. In: Bulletin de la Société Préhistorique Française 97(4): S. 609–623, Paris 2000.
ARGANT, Alain / ARGANT, Jacqueline / JEANNET, Marcel / ERBAJEVA, Margarita: The big cats of the fossil site Château Breccia Northern Section (Saône-et-Loire, Burgundy, France): stratigraphy, palaeoenvironment, ethology and biochronological dating. In: Courier Forschungs-Institut Senckenberg 259: S. 121–140, Frankfurt am Main 2007.
BROOM, Robert: Some South African Pliocene and Pleistocene Mammals. In: Annals of the Transvaal Museum 21: S. 47–49, Cambridge 1948.
BRÜNING, Herbert: Die eiszeitliche Tierwelt von Mosbach. Ihre Umwelt – ihre Zeit. In: Museumsführer Nr. 6, Rheinische Naturforschende Gesellschaft zu Mainz in

Verbindung mit dem Naturhistorischen Museum Mainz, 1980.
COX, Barry / DIXON, Dougal / GARDINER, Brian / SAVAGE R. J. G.: Die große Enzyklopädie der prähistorischen Tierwelt. Dinosaurier und andere Tiere der Vorzeit. S. 245, München 1989.
DIETRICH, Wilhelm Otto: Fossile Löwen im europäischen und afrikanischen Pleistozän. In: Paläontologische Abhandlungen, Abteilung A, Paläozoologie 3: S. 323–366, Berlin 1968.
DÖPPES, Doris / RABEDER, Gernot: Pliozäne und pleistozäne Faunen Österreichs. Ein Katalog der wichtigsten Fundstellen und ihrer Faunen (Endbericht des Forschungsberichtes Nr. 9320 des „Fonds zur Förderung der wissenschaftlichen Forschung") mit Beiträgen von Petra Cech, Doris Döppes, Thomas Einwögerer, Florian A. Fladerer, Christa Frank, Karl Mais, Doris Nagel, Marion Niederhuber, Martina Pacher, Rudolf Pavuza, Gernot Rabeder, Christian Reisinger, Harald Temmel, Gerhard Withalm. Mitteilungen der Kommission für Quartärforschung der Österreichischen Akademie der Wissenschaften, Band 10, Wien 1997.
HEMMER, Helmut: Fossilbelege zur Verbreitung und Artgeschichte des Löwen, *Panthera leo* (Linné, 1758). In: Säugetierkundliche Mitteilungen 15: S. 289–300, München 1967.
HEMMER, Helmut: Zur Kenntnis pleistozäner mitteleuropäischer Pantherkatzen (Pantherinae), Teil I. In: Veröffentlichungen der Zoologischen Staatssammlung, 1, S. 15–36, München 1971.
HEMMER, Helmut: Untersuchungen zur Stammesgeschichte der Pantherkatzen (Pantherinae), Teil III. Zur

Artgeschichte des Löwen *Panthera (Panthera) leo* (Linnaeus 1758). In: Veröffentlichungen der Zoologischen Staatssammlung München, Band 17: S. 167–280, München 1974.

HEMMER, Helmut: Die Feliden aus dem Epivillafranchium von Untermaßfeld. In: KAHLKE, Ralf-Dietrich (Herausgeber): Das Pleistozän von Untermaßfeld bei Meiningen (Thüringen). Teil 3. Monographien des Römisch-Germanischen Zentralmuseums, 40/3, S. 699–782, Mainz 2001.

HEMMER, Helmut: Pleistozäne Katzen Europas – eine Übersicht. Cranium, Amsterdam 2004.

KAHLKE, Hans-Dietrich: 28. *Panthera (Leo) leo fossilis* (WURM): In: Revision der Säugetierfaunen der klassischen Pleistozän-Fundstellen Süßenborn, Mosbach und Taubach. In: Geologie – Zeitschrift für das Gesamtgebiet der Geologie und Mineralogie sowie der angewandten Geophysik 10(4/5): S. 507, 1961.

KAHLKE, Ralf-Dietrich: Bedeutende Fossilvorkommen des Quartärs in Thüringen. Teil 5: Großsäugetiere. In: KAHLKE, Ralf-Dietrich / WUNDERLICH, Jürgen (Herausgeber): Tertiär und Quartär in Thüringen. In: Beiträge zur Geologie von Thüringen, Neue Folge 9: S. 207–232, Jena 2002

KOENIGSWALD, Gustav Heinrich Ralph von: Fossil cats from the Tegelen clay. In: Publicaties van het Naturhistorisch Genootschap in Limburg,12: S. 19–27, Limburg 1960.

MAI, Dieter Hans / NÖTZOLD, Tilo / TÖPFER, Volker / VLCEK, Emanuel / HEINRICH, Wolf-Dieter: Bilzingsleben II. *Homo erectus* – seine Kultur und Umwelt. In: Veröffentlichungen des Landesmuseums für Vorgeschichte Halle 36, Berlin 1983.

MANIA, Dietrich: Auf den Spuren des Urmenschen. Die Funde auf der Steinrinne bei Bilzingsleben, Berlin-Stuttgart 1990.

MANIA, Dietrich / HEINRICH, Wolf-Dieter / FISCHER, Karlheinz / BÖHME, Gottfried / TURNER, Alan / ERD, Klaus / MAI, Dieter Hans: Bilzingsleben V. *Homo erectus* – seine Kultur und Umwelt, Bad Homburg-Leipzig 1997.

PROBST, Ernst: Die größten Löwen der Erdgeschichte. In: Deutschland in der Urzeit. Von der Entstehung des Lebens bis zum Ende der Eiszeit. S. 318–329, München 1986.

PROBST, Ernst: Wie die Löwen die Welt eroberten. In: PREUSS, Karl-Heinz / SIMEN, Rolf H.: Geschichten, die die Forschung schreibt, Band 9, 60 Reisen durch die Wissenschaft, S. 71–73, Bonn 1990.

PROBST, Ernst: Deutschland in der Steinzeit. Jäger, Fischer und Bauern zwischen Nordseeküste und Alpenraum. München 1991.

PROBST, Ernst: Rekorde der Urzeit, München 2008.

REICHENAU, Wilhelm von: Beiträge zur näheren Kenntnis der Carnivoren aus den Sanden von Mauer und Mosbach. In: Abhandlungen der Großherzoglichen Hessischen Geologischen Landesanstalt zu Darmstadt, Band IV, Heft 2: S. 189–313, Darmstadt 1906.

RUTTE, Erwin: Die Fundstelle altpleistozäner Wirbeltiere von Randersacker bei Würzburg. In: Geologisches Jahrbuch 73: S. 737–754, Hannover 1958.

SCHÜTT, Gerda: Untersuchungen am Gebiß von *Panthera leo fossilis* (v. Reichenau 1906) und *Panthera leo spelaea* (Goldfuss 1810). Ein Beitrag zur Systematik der pleistozänen Großkatzen Europas. In: Neues Jahrbuch für Geologie und Paläontologie, Abhandlungen 134: S. 192–220, Stuttgart 1969.

SCHÜTT, Gerda / HEMMER, Helmut: Zur Evolution des Löwen (*Panthera leo* L.) im europäischen Pleistozän. In: Neues Jahrbuch für Geologie und Paläontologie, Monatshefte 4, S. 228–255, Stuttgart 1978.
TURNER, Alan / ANTON, Mauricio: The Big Cats and their fossil relatives. New York 1997.
WIKIPEDIA (Online-Lexikon): Wilhelm von Reichenau (Naturforscher).
http://de.wikipedia.org/wiki/Wilhelm_von_Reichenau_(Naturforscher)
WURM, Adolf: Beiträge zur Kenntnis der diluvialen Säugetierfauna von Mauer a. d. Elsenz (bei Heidelberg). I. *Felis leo fossilis*. In: Jahresberichte und Mitteilungen des Oberrheinischen Geologischen Vereins, NF 2: S. 77–102, Stuttgart 1912.

Leopard (Panthera pardus).
Zeichnung: Shuhei Tamura, Kanagawa (Japan)

Falscher Leopard

Der Leopard *Panthera pardus*

Frühe Leoparden sind in Deutschland durch 2 Funde aus den etwa 600.000 Jahre alten Mauerer Sanden von Mauer bei Heidelberg in Baden-Württemberg belegt. Im Urgeschichtlichen Museum im Rathaus von Mauer liegt der Oberkieferzahn eines Leoparden (*Panthera pardus*). Letztere Art wurde bereits 1758 durch den schwedischen Naturforscher Carl von Linné (1707–1778) aus Uppsala beschrieben. Im Staatlichen Museum für Naturkunde in Karlsruhe befindet sich der Unterkiefer eines Leoparden.

Von einem Leoparden sollte – wie erwähnt – angeblich auch ein rechtes Unterkiefer-Bruchstück mit Backenzahn stammen, das der Mainzer Paläontologe Otto Schmidtgen (1879–1938) im Sommer 1913 in den Mosbach-Sanden bei Wiesbaden entdeckte. Schmidtgen ordnete dieses Fossil trotz seiner geringen Größe zunächst fälschlicherweise einem Mosbacher Löwen *(Panthera fossilis)* zu. Später glaubte er irrtümlich, dass es sich um keinen Backenzahn eines Löwen, sondern eines Leoparden handelte. Hierüber berichtete Schmidtgen 1922 in „Jahrbücher des Nassauischen Vereins für Naturkunde". In jener Publikation ist der Fund vom Sommer 1913 abgebildet. Die inkorrekte Bildunterschrift lautet: „Rechtes Unterkieferbruchstück mit M 1 von *Felis pardus* spec. L aus dem Mosbacher Sand".

1914 erwähnte der Paläontologe Wolfgang Soergel (1887–1946) in einer Publikation einen Leopardenzahn aus den Mosbach-Sanden. Dabei handelte es sich um den erwähnten Backenzahn auf dem im Sommer 1913 entdeckten Un-

— 52 —

P 1 des Oberkiefers — so stark, dass ein Teil der Spitze dieses Zackens schon abgeschliffen ist. Auch am vorderen Teile des hinteren Zackens ist die Schliffazette des P 1 tief eingegraben. An beiden Stellen ist grossenteils kein Schmelz mehr vorhanden, sondern die Fazetten greifen, wie schon gesagt, tief in das Dentin ein. Am hinteren Abschnitte des hinteren Zackens ist deutlich die bis zum unteren Schmelzrande reichende Schlifffläche des M 1 des Oberkiefers zu sehen.

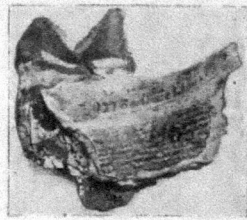

Innenseite.

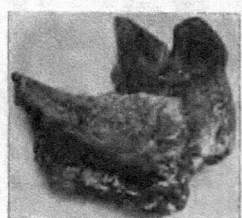

Aussenseite.

Rechtes Unterkieferbruchstück mit M 1 von Felis pardus spec. L. aus dem Mosbacher Sand.
Original: Naturhistorisches Museum, Mainz.

Vermeintliches rechtes Unterkiefer-Bruchstück eines Leoparden mit Backenzahn aus den Mosbach-Sanden bei Wiesbaden. Fund des Mainzer Paläontologen Otto Schmidtgen (1879–1938) vom Sommer 1913. Bild: Ausschnitt aus „Jahrbücher des Nassauischen Vereins für Naturkunde", S. 52, 1922. Heute gilt dieser Fund als fossiler Rest eines Europäischen Jaguars.

terkiefer-Bruchstück. Auf dieses Fossil war Soergel von seinem Freund Otto Schmidtgen aufmerksam gemacht worden. Soergel nahm den Leoparden in die Liste der Mosbacher Säugetierfunde auf. Weitere Leopardenfunde aus den Mosbach-Sanden sind danach nicht bekannt geworden.
1961 führte der Weimarer Paläontologe Hans-Dietrich Kahlke (1924–2017) den von Soergel erwähnten Leoparden aus den Mosbach-Sanden bei Wiesbaden in seiner „Revision der Säugetierfaunen der klassischen deutschen Pleistozän-Fundstellen Süßenborn, Mosbach und Taubach" auf. In folgenden Artenlisten anderer Autoren für die Mosbach-Sande erschien kein Leopard mehr!
1969 wiesen – wie erwähnt – der Zoologe Helmut Hemmer und die Paläontologin Gerda Schütt darauf hin, dass das 1913 von Schmidtgen entdeckte Unterkiefer-Bruchstück mit Backenzahn nicht von einem Leoparden, sondern von einem Europäischen Jaguar stammt. Es war der erste Nachweis des Europäischen Jaguars in den Mosbach-Sanden!
Herbert Brüning (1911–1983), der Direktor des Naturhistorischen Museums Mainz, erwähnte den Leoparden aus den Mosbach-Sanden nicht in einer 1978 veröffentlichten Artenliste und anderen Publikationen. Ernst Probst, der Autor von „Deutschland in der Urzeit" (1986), „Der Mosbacher Löwe" (2010) „Eiszeitliche Leoparden in Deutschland" (2011) und „Säbelzahnkatzen" (2015) verließ sich auf die Angaben in den Publikationen von Brüning und schrieb nur über die Leopardenfunde in Mauer bei Heidelberg, nicht aber über das angebliche Unterkiefer-Bruchstück mit Leoparden-Backenzahn von 1913 aus den Mosbach-Sanden.
In einer 1987 von dem damaligen Darmstädter Paläontologen Wighart von Koenigswald und dem Mainzer Paläon-

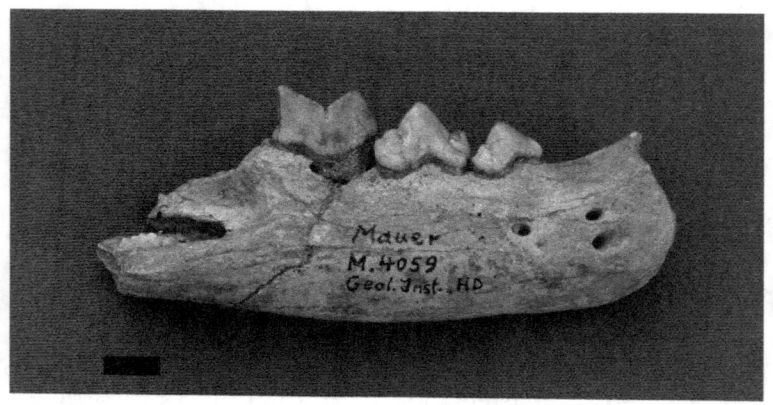

Rechtes Unterkieferfragment mit Zähnen
eines fossilen Leoparden (Panthera pardus sickenbergi)
von Mauer bei Heidelberg.
Original im Staatlichen Museum für Naturkunde, Karlsruhe.
Foto: Staatliches Museum für Naturkunde, Karlsruhe

tologen Heinz Tobien (1911–1993) veröffentlichten Artenliste für die Mosbach-Sande war der Leopard nicht aufgeführt. Auf einer heutigen Internetseite des Museums Wiesbaden über deren Mosbach-Sammlung fehlt der Leopard, weil dort kein Fund von ihm aufbewahrt wird.
Bisher liegt aus den Mosbach-Sanden immer noch kein sicherer Fossilfund eines Leoparden vor. Doch vielleicht glückt dieser irgendwann doch noch.
Die in den Mauerer Sanden entdeckten Leopardenreste werden der Unterart *Panthera pardus sickenbergi* zugerechnet. Jene Unterart wurde 1969 von der Göttinger Paläontologin Gerda Schütt (1931–2007) beschrieben. Der Name dieser Unterart erinnert an den Hannoveraner Geologen Otto Sickenberg (1901–1974).
Ein ähnlich hohes geologisches Alter wie die Leoparden aus Mauer in Deutschland hat der Panther, der in einer Spaltenfüllung von Hundsheim bei Deutsch-Altenburg in Österreich nachgewiesen wurde. An dieser berühmten Fundstelle in Niederösterreich kamen auch Fossilien vom Geparden (*Acinonyx intermedius*) und von der Säbelzahnkatze (*Homotherium moravicum*) ans Tageslicht.
Wie der Mosbacher Löwe (*Panthera fossilis*), der Europäische Höhlenlöwe (*Panthera spelaea*), der Ostsibirische Höhlenlöwe bzw. Beringia-Höhlenlöwe (*Panthera leo vereshchagini*) und der Amerikanische Höhlenlöwe (*Panthera atrox*) gehört der Leopard (*Panthera pardus*) zur Gattung *Panthera*.
Genetischen Untersuchungen zufolge sind der Jaguar und der Löwe die nächsten Verwandten des Leoparden. Die Jaguarlinie spaltete sich vor rund 1,9 Millionen Jahren von Löwe und Leopard ab, die sich erst vor etwa 1,25 bis 1 Millionen Jahren voneinander trennten.

In Deutschland und Österreich sind etliche Reste von Leoparden aus dem oberen Eiszeitalter vor etwa 125.000 bis 11.700 Jahren entdeckt worden. Ein Leopardenkiefer von Geinshein in Hessen wird ins obere Eiszeitalter datiert. Aus der Eem-Warmzeit (etwa 125.000 bis 115.000 Jahre) könnte der in der Petershöhle bei Velden (Bayern) nachgewiesene Leopard stammen. Der norddeutschen Weichsel-Kaltzeit bzw. der süddeutschen Würm-Kaltzeit (etwa 115.000 bis 11.700 Jahre) werden Reste von Leoparden aus der Zoolithenhöhle von Burggaillenreuth (Bayern), der ehemaligen Höhle „Teufelsbrücke" bei Saalfeld (Thüringen), der Baumannshöhle bei Rübeland (Sachsen-Anhalt) und von Niederlehme (Brandenburg) zugerechnet. Das Fragment eines Oberarmknochens von Niederlehme bei Königs Wusterhausen unweit von Berlin gilt als bisher nördlichster Fund des Leoparden in Mitteleuropa.
2002 gelang dem Wiener Paläontologen Gernot Rabeder der erste Nachweis eines Leoparden im Hochgebirge der Ostalpen. Bei einer Grabung in der Ochsenhalthöhle in etwa 1650 Meter Höhe im Toten Gebirge (Oberösterreich) entdeckte er außer zahlreichen Resten von Höhlenbären den Reißzahn eines Leoparden aus der Würm-Kaltzeit vor etwa 35.000 Jahren. Vermutlich hat dieser Leopard von Bäumen aus auf junge oder auf alte und kranke Bären gelauert. Vielleicht ist der Raubkatze ein Besuch in der Ochsenhalthöhle zum Verhängnis geworden, weil sie von dort wohnenden Höhlenbären zerrissen wurde.
In der Publikation „Pliozäne und pleistozäne Faunen Österreichs. Ein Katalog der wichtigsten Fundstellen und ihrer Faunen" (1997) von Doris Döppes und Gernot Rabeder, werden etliche Leopardenfunde aus Österreich erwähnt:

Hundsheimer Spaltenfüllung bei Hundsheim in der Gegend von Deutsch-Altenburg (Niederösterreich),
Merkensteinhöhle bei Gainfarn im südlichen Wienerwald (Niederösterreich),
Fünffenstergrotte am Kugelstein im mittleren Murtal im Grazer Bergland (Steiermark),
Große Peggauer Wandhöhle bei Peggau im Grazer Bergland (Steiermark),
Repolusthöhle im Badlgraben, einem Seitental des Murtales (Steiermark),
Tropfsteinhöhle am Kugelstein bei Deutschfeistritz (Steiermark).
In der Gegenwart leben Leoparden nur noch in warmen Zonen von Afrika und Asien. Nach Tiger, Löwe und Jaguar gilt der Leopard als die viertgrößte Großkatze.
Heutige Leoparden verfügen über einen ungewöhnlich guten Gehörsinn. Sie können für Menschen nicht mehr hörbare Frequenzen bis zu 45.000 Hertz wahrnehmen. Ihre Augen sind nach vorn gerichtet und weisen eine breite Überschneidung der Sehfelder auf, was ihnen ein ausgezeichnetes räumliches Sehen ermöglicht. Bei Tageslicht verfügt der Leopard über ein Sehvermögen wie ein Mensch, doch in der Nacht über ein fünf- bis sechsfach besseres Sehvermögen. Auch der Geruchssinn ist hervorragend ausgeprägt.
Jetzige Leoparden fressen Käfer, Reptilien, Vögel und Säugetiere (meistens mittelgroße Huftiere). Als Jagdmethoden praktizieren sie die Anschleichjagd oder die passive Lauerjagd. Sie können bis zu 60 Stundenkilometer schnell sprinten und mit wenigen Sätzen etliche Meter weit springen, doch schon auf mittleren Distanzen sind ihre meisten Beu-

tetiere schneller. Leoparden versuchen deswegen, unbemerkt so nahe wie möglich an ihr Opfer heranzuschleichen, um die Distanz vor dem Angriff zu verkürzen. Auf Bäume sitzende Leoparden lassen geduldig Beutetiere unter sich vorbeiziehen, bis ein geeigneter Moment für einen Angriff eintritt. Meistens klettern sie dann vorsichtig an der für das auserwählte Opfer nicht sichtbaren Seite des Baumstammes herab oder springen – wenn der Baum nicht zu hoch ist – direkt von oben auf die Beute. Mitunter vertreiben sie auch schwächere Raubtiere – wie Geparde – von ihrer Beute oder begnügen sich mit Aas.

Im Normalfall gehen Leoparden dem Menschen aus dem Weg, was wohl auch im Eiszeitalter der Fall gewesen sein könnte. Von 1918 bis 1926 gelangte aber der Leopard von Rudrapraya in Indien zu trauriger Berühmtheit, als er angeblich insgesamt 125 Menschen tötete, bevor ihn der Großwildjäger Jim Corbett (1875–1955) erlegte. Zwischen 1907 und 1938 erschoss Corbett 33 gefürchtete Menschenfresser: nämlich 19 Tiger und 14 Leoparden, die zusammen mehr als 1200 Menschen umgebracht haben sollen. 1924 tötete ein anderer Leopard in Punani auf Sri Lanka (früher Ceylon) insgesamt ein Dutzend Menschen.

Literatur
BRÜNING, Herbert: Zur Untergliederung der Mosbacher Terrassenabfolge und zum klimatischen Stellenwert der Mosbacher Tierwelt im Rahmen des Cromer-Komplexes. In: Mainzer Naturwissenschaftliches Archiv 16: S. 143–190, Mainz 1978.
DÖPPES, Doris / RABEDER, Gernot: Pliozäne und pleistozäne Faunen Österreichs. Ein Katalog der wichtigsten

Fundstellen und ihrer Faunen (Endbericht des Forschungsberichtes Nr. 9320 des „Fonds zur Förderung der wissenschaftlichen Forschung") mit Beiträgen von Petra Cech, Doris Döppes, Thomas Einwögerer, Florian A. Fladerer, Christa Frank, Karl Mais, Doris Nagel, Marion Niederhuber, Martina Pacher, Rudolf Pavuza, Gernot Rabeder, Christian Reisinger, Harald Temmel, Gerhard Withalm. In: Mitteilungen der Kommission für Quartärforschung der Österreichischen Akademie der Wissenschaften, Band 10, Wien 1997.
HEMMER, Helmut / SCHÜTT, Gerda: Ein Unterkiefer von *Panthera gombaszoegensis* (KRETZOI, 1938) aus den Mosbacher Sanden. In: Mainzer Naturwissenschaftliches Archiv 9: S. 132–146, Mainz 1969.
KAHLKE, Hans-Dietrich: 27. *Panthera (Panthera) pardus* (LINNAEUS). In: Revision der Säugetierfaunen der klassischen Pleistozän-Fundstellen Süßenborn, Mosbach und Taubach. Geologie – Zeitschrift für das Gesamtgebiet der Geologie und Mineralogie sowie der angewandten Geophysik 10(4/5): S. 507, 1961.
PROBST, Ernst: Eiszeitliche Leoparden in Deutschland. Mit Zeichnungen von Shuhei Tamura. München 2011.
SCHMIDTGEN, Otto: *Felis pardus* spec. L. aus dem Mosbacher Sand. In: Sonderdruck aus „Jahrbücher des Nassauischen Vereins für Naturkunde", Jahrgang 74: S. 51–58, München und Wiesbaden 1922.
WIKIPEDIA (Online-Lexikon): Leopard. https://de.wikipedia.org/wiki/Leopard
WIKIPEDIA (Online-Lexikon): Otto Schmidtgen (Paläontologe).https://de.wikipedia.org/wiki/

*Heutiger Schnee-Leopard oder Irbis (Panthera uncia oder Uncia uncia).
Foto: Bernard Landgraf / CC BY-SA 3.0
(via Wikimedia Commons),
lizensiert unter Creative Commons-Lizenz by-sa-3.0-de
http://creativecommons.org/licenses/by-sa/3.0/legalcode*

Kein Irbis

Der Schnee-Leopard *Panthera uncia*

Der Schnee-Leopard oder Irbis (*Panthera uncia oder Uncia uncia*) lebte, wie Fossilfunde aus den Siwaliks in Nordpakistan beweisen, schon im Eiszeitalter vor etwa 1,4 oder 1,2 Millionen Jahren in Asien. Vorher hatte man nur wenige Fossilfunde aus dem späten Eiszeitalter gekannt, die aus dem Altai-Gebirge an der Westgrenze der Mongolei stammen.
Bis 2022 hieß es, offenbar existiere der Schnee-Leopard nur in Asien. Angebliche Funde aus dem oberen Eiszeitalter (etwa 125.000 bis 11.700 Jahre) in Europa stammten vermutlich von Leoparden oder großen Luchsen. In alter Literatur wurde beispielsweise ein Schnee-Leoparden-Fund aus der Zoolithenhöhle von Burggaillenreuth bei Muggendorf in Bayern erwähnt. Aus dieser Höhle sind verschiedene Raubkatzen wie Höhlenlöwe, Leopard und Luchs nachgewiesen. In den Mosbach-Sanden bei Wiesbaden hat man bisher keine Reste von Schnee-Leoparden geborgen.
Im Februar 2022 wartete der Mainzer Zoologe Helmut Hemmer in „Palaeobiodiversity and Palaeoenvironments", mit der Neuigkeit über den ersten Fossilfund eines Schnee-Leoparden in Europa auf. Dabei handelt es sich um einen zwischen 530.000 und 570.000 Jahre alten vollständigen Unterkiefer aus der Arago-Höhle bei Tautavel (Département Pyrénées-Orientales) in Frankreich. Diesem Fund gab Hemmer den Namen *Panthera uncia pyrenaica* ssp. nov.
Die erste wissenschaftliche Beschreibung des Schnee-Leoparden erfolgte bereits 1775 durch den Arzt und Natur-

forscher Johann Christian von Schreber (1739–1810) aus Erlangen. Er wurde 1777 zum Leiter des Naturhistorischen Museums der Universität Erlangen ernannt.
Wegen seines dicken Fells wirkt der Schnee-Leopard sehr massig, ist in Wirklichkeit jedoch kleiner und leichter als ein durchschnittlicher Leopard. Heutige Schnee-Leoparden haben eine Kopf-Rumpf-Länge von 1 bis zu 1,50 Meter, eine Schulterhöhe um 60 Zentimeter, einen 0,80 bis zu 1 Meter langen Schwanz und ein Gewicht zwischen etwa 25 und 75 Kilogramm. Männliche Tiere sind mit durchschnittlich 45 bis 55 Kilogramm merklich schwerer als weibliche mit meistens 35 bis 40 Kilogramm.
Der Schnee-Leopard gilt als kleinste aller Großkatzen. Er trägt einen relativ kleinen Kopf mit kurzer Schnauze und vergrößerten Nasenhöhlen, welche die Aufgabe haben, kalte Atemluft zu erwärmen. Sein dickes, rauch-grau geflecktes, helles Fell schützt ihn vor beißender Kälte und ermöglicht ihm im Fels eine vorzügliche Tarnung. In Ruhelage nutzt diese Raubkatze ihren extrem langen Schwanz als Kälteschutz. Das Tier rollt sich darin ein und schlägt das Ende über seine Nase.
In der Fachliteratur heißt es über den Schnee-Leoparden, er könne sogar Tiere angreifen, die drei Mal so schwer seien wie er selbst. Er sei ein phantastischer Springer und könne Weiten bis zu 15 Metern überwinden, was ein Weltrekord im Tierreich sei. Beim Springen dient der Schwanz als Steuerruder.
Der Schnee-Leopard ist ein Bewohner des Gebirges. Sein Lebensraum befindet sich in Felsgebieten, Gebirgssteppen, Buschland und lichten Nadelwäldern. Die meisten Schnee-Leoparden leben heute in China. Laut Online-Lexikon

"Wikipedia" kommen diese stark gefährdeten Raubkatzen außerdem in Afghanistan, Bhutan, Indien, in der Mongolei, Nepal, Pakistan, Russland, Kasachstan, Kirgisistan, Tadschikistan und Usbekistan vor.

Literatur
HEMMER, Helmut: An intriguing find of an early Middle Pleistocene European snow leopard, *Panthera uncia pyrenaica* ssp. nov. (Mammalia, Carnivora, Felidae), from the Arago cave (Tautavel, Pyrénées-Orientales, France). In: Palaeobiodiversity and Palaeoenvironments, Februar 2022.
WIKIPEDIA: Schneeleopard.
https://de.wikipedia.org/wiki/Schneeleopard
WIKIPEDIA (Online-Lexikon): Johann Christian Schreber.
https://de.wikipedia.org/wiki/Johann_Christian_von_Schreber
WIKIPEDIA (Online-Lexikon): Zoolithenhöhle.
https://de.wikipedia.org/wiki/Zoolithenh%C3%B6hle

*Erlanger Arzt und Naturforscher Johann Christian von Schreber (1739–1810), Erstbeschreiber des Schnee-Leoparden von 1775.
Bild: (via Wikimedia Commons),
Lizenz: gemeinfrei (Public domain)*

Löwengroße Säbelzahnkatze Homotherium.
Zeichnung: Shuhei Tamura, Kanagawa (Japan)

Der Menschenfresser

Die Säbelzahnkatze *Homotherium*

Die löwengroße Säbelzahnkatze *Homotherium* existierte in Afrika und Europa bereits im Pliozän vor mehr als 4 Millionen Jahren. Letzte Funde aus dem „Schwarzen Erdteil" sind rund 1,5 Millionen Jahre alt. In Europa, Asien, Nordamerika und Südamerika dagegen behauptete sich *Homotherium* bis zum Ende des Eiszeitalters vor ungefähr 11.700 Jahren. Lange, nachdem man anderswo fossile Reste von Säbelzahnkatzen gefunden hat, entdeckte man 1970 auch aus den etwa 600.000 Jahre alten Mosbach-Sanden bei Wiesbaden erstmals Knochen und Zähne von *Homotherium*. Doch nun der Reihe nach.

Homotherium gehört zu den Säbelzahnkatzen und nicht zu den Dolchzahnkatzen. Die Aufsplitterung in Säbelzahnkatzen (englisch: saber-toothed cats, scimitar-toothed cats oder scimitar cats) und Dolchzahnkatzen (englisch: dirk-toothed cats) stößt nicht nur auf Gegenliebe. Säbelzahnkatzen heißen – dieser Einteilung zufolge – nur schlanke Gattungen wie *Machairodus* und *Homotherium* mit verhältnismäßig langen Beinen sowie kürzeren, breiteren, stark gebogenen, krummsäbelartigen Eckzähnen. Dolchzahnkatzen wie die Gattungen *Megantereon* und *Smilodon* dagegen waren eher robust gebaut, besaßen kurze und kräftige Beine, einen gestreckten Körper und trugen längere und schmalere Eckzähne. Viele Laien können mit dem Begriff Dolchzahnkatzen wenig anfangen, weil ihnen seit langer Zeit nur die Namen Säbelzahntiger oder Säbelzahnkatze vertraut sind.

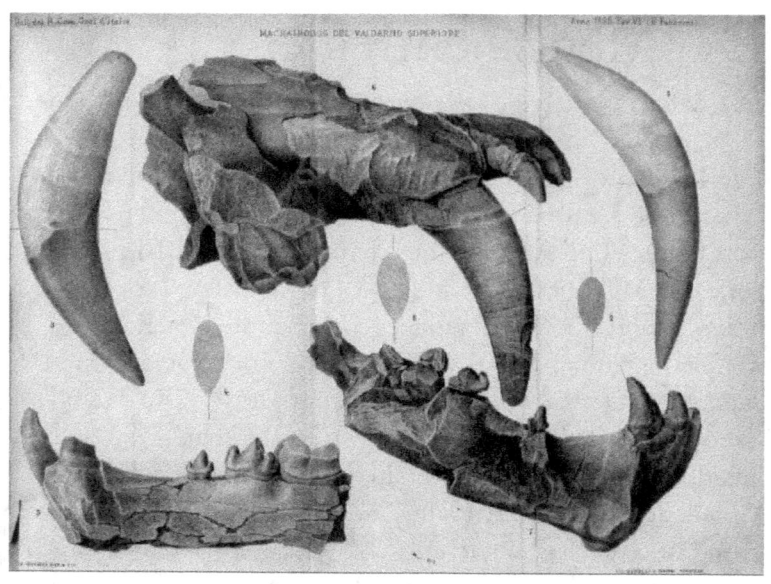

Tafel aus dem Werk „I. Machairodus (Megantbereon) de Valdarno Superiore; Memoria del Dott. Emilio Fabrini". In: Bollettino del R. Comitato geologico d'Italia III(1): 1890.

Der etwas in Vergessenheit geratene Naturforscher und Lehrer Emilio Fabrini wurde am 13. November 1864 in Montaione (Toskana) geboren (von daher auch die Namensführung Fabrini di Montaione) und ist am 10. August 1929 in Pistoia (Toskana) gestorben. Seine Familie wurde am 22. März 1787 in Florenz geadelt. Fabrini heiratete 1899 Giuseppa Bonaiuti (gestorben 1936), mit der er 4 Kinder hatte: Mario (geb. Lucca 1901), Eugenia (geb. Lucca 1902, Dott. lett.), Eugenio (geb. Lucca 1904, gest. Florenz 1952, Dott. chimica), Teresa (geb. Pistoia 1905). Die Angaben über Emilio Fabrini verdanke ich Dr. Marion Stein vom Deutschen Adelsarchiv in Marburg.

Emilio Fabrini (1864–1929, stehend, 4. von links), Naturforscher und Lehrer an der Schule „Liceo classico Niccolò Forteguerri" in Pistoia, gemeinsam mit seinen Kollegen und einer Kollegin, sowie dem dort seit 1923 tätigen Direktor und Historiker Quinto Santoli (1875–1959, sitzend, 2. von links) auf einem undatierten Foto (vermutlich aus den 1920er Jahren). Aufgenommen von dem bekannten Fotografen Pirro Fellini, der in dieser Zeit das „Studio Fotografico Pirro Fellini & Figlia" an der Piazza S. Domenico in Pistoia führte. Stehend von links: Carlo Villani, Luigi Greco, Elisei, Emilio Fabrini, Alfredo Chiti. Sitzend von links: Michele Losacco, Quinto Santoli, Frau Castagnoli.
Foto: Sammlung Alfredo Chiti (1874–1957, von 1935 bis 1956 Direktor des Stadtmuseums in Pistoia). Die Veröffentlichung der Aufnahme (ICO.CHITI Foto 5/26) erfolgt mit freundlicher Genehmigung der Bibliotheca Comunale Forteguerriana in Pistoia.

Der Name *Homotherium* wurde 1890 von dem in Montaione geborenen italienischen adeligen Naturforscher und Gymnasiallehrer Emilio Fabrini (1864–1929) für eine neue Untergattung der bereits bekannten Gattung *Machairodus* vorgeschlagen. Deren Hauptunterscheidungs-Merkmal war das Vorhandensein einer großen Lücke (Diastema) zwischen den beiden unteren Prämolaren. Bei der wissenschaftlichen Untersuchung hatten Fabrini fossile Reste aus dem Arnotal (Val d'Arno) in der Toskana vorgelegen, die im Paläontologischen Museum der Unversität Florenz aufbewahrt werden. Der Gattungsname *Homotherium* soll zu deutsch „Menschenfressende Bestie" bedeuten.

Zu den am besten erhaltenen Funden von *Homotherium crenatidens* aus Europa gehört ein 1925 entdecktes, ungefähr 1,8 Millionen Jahre altes Skelett aus Senèze, einem Weiler bei Brioude (Département Haute-Loire), südwestlich von Lyon, in Frankreich. Dieses Skelett hat eine Schulterhöhe von rund 95 Zentimetern und eine Kopf-Rumpf-Länge von ca. 1,55 Meter. Der lange und schmale Schädel ist rund 25 Zentimeter lang, der Unterkiefer viel robuster und massiver als bei heutigen Katzen, der Hals sehr lang, der Schwanz dagegen kurz. Größer und robuster als bei einem heutigen Löwen oder Tiger sind die beiden Schulterblätter. Die Gliedmaßen wirken schlanker als bei heutigen Katzen. Lange glaubte man, die Gattung *Homotherium* sei in Europa bereits im Eiszeitalter vor etwa 500.000 oder 300.000 Jahren ausgestorben. Doch am 16. März 2000 wurde in der Nordsee, die im Eiszeitalter zeitweise Festland („Nordseeland") gewesen war, ein nur etwa 28.000 Jahre alter Unterkieferast der kleinen Säbelzahnkatze *Homotherium latidens* entdeckt. Dieses südwestlich der Braunen Bank auf halbem

Weg zwischen IJmuiden (Niederlande) und Lowesroft (Ostengland) von dem niederländischen Kutter „UK33" aufgefischte Fossil gilt als jüngster Fund einer Säbelzahnkatze in Europa und Asien.

Im Eiszeitalter gab es vielleicht 2 Arten der Säbelzahnkatzen-Gattung *Homotherium* in Europa. Die größere und schwerere davon namens *Homotherium crenatidens* hatte eine Schulterhöhe von ca. 1,10 Meter und eine Gesamtlänge von etwa 1,90 Metern. Männliche Tiere von *Homotherium crenatidens* erreichten – nach Angaben des Mainzer Zoologen Helmut Hemmer – ein Gewicht bis zu ca. 400 Kilogramm, weibliche Tiere bis zu etwa 170 Kilogramm. Ein Schädelfund von *Homotherium crenatidens* aus Perrier in der Auvergne (Département Puy de Dôme) in Frankreich misst 30,2 Zentimeter Länge. Merklich kleiner ist ein 23,4 Zentimeter langer *Homotherium*-Schädel aus Zhoukoudien (früher: Choukoutien) bei Peking in China.

Die Säbelzahnkatze *Homotherium* besaß insgesamt 28 Zähne. Davon befanden sich 14 im Oberkiefer und 14 im Unterkiefer. Der linke und der rechte Ast im Oberkiefer sowie der linke und der rechte Ast im Unterkiefer verfügten über jeweils 7 Zähne. Nämlich (von vorne nach hinten gesehen) jeweils 3 Schneidezähne (Incisiven), 1 Eckzahn (Caninus), 2 Vorderbackenzähne (Prämolaren P3 und P4) und 1 Backenzahn (Molar). Der Backenzahn (M1) im Oberkiefer ist sehr klein, weshalb er oft in der Zahnformel nicht erwähnt wird, aber anatomisch betrachtet ist es ein Molar.

Die Eckzähne von *Homotherium* sind stark gebogen, breit und sehr flach. An den Schnittflächen haben sie eine feine Zähnelung. Auch die Schnittflächen der Schneidezähne

Mainzer Zoologe Helmut Hemmer.
Foto: Thüringer Zoopark Erfurt

und Backenzähne weisen eine Zähnelung auf. Ein Eckzahn einschließlich Wurzel aus dem Oberkiefer von *Homotherium crenatidens* von Untermaßfeld bei Meiningen in Thüringen ist respektable 15,8 Zentimeter lang. Ähnlich groß ist ein 15,4 Zentimeter langer Eckzahn von *Homotherium* sp. aus Milia bei Grevena (Makedonien) in Griechenland.

Homotherium crenatidens lebte vom frühen bis zum mittleren Eiszeitalter vor schätzungsweise 2,6 Millionen bis vor etwa 300.000 Jahren in warmen und feuchten Biotopen. Nach Berechnungen des Mainzer Zoologen Helmut Hemmer jagte diese große Säbelzahnkatze erwachsene Nashörner und Flusspferde und vielleicht auch junge Elefanten.

Die kleinere und leichtere Nachfolgeart *Homotherium latidens* erreichte ein Gewicht bis zu rund 250 Kilogramm. Sie behauptete sich vom mittleren bis zum späten Eiszeitalter und hatte sich an die kalte und trockene Steppenlandschaft angepasst. Sie konnte – laut Hemmer – bis zu 2000 Kilogramm schwere Tiere bezwingen.

Wie die Gattung *Homotherium* wurde auch die Art *Homotherium crenatidens* 1890 von dem italienischen Naturforscher und Gymnasiallehrer Emilio Fabrini aus Florenz erstmals beschrieben. Vorher hatte er Funde aus dem Arnotal in der Toskana, die im Paläontologischen Museum der Universität Florenz aufbewahrt werden, wissenschaftlich untersucht.

Die erste Beschreibung der Art *Homotherium latidens* erfolgte 1846 durch den englischen Paläontologen Richard Owen (1804–1892) aus London in dessen Werk „History of British Mammals and Birds". Er hatte ein halbes Dutzend Eckzähne aus der Höhle Kent's Cavern (Kent's Hole) in Devonshire (England) untersucht und als *Machairodus*

*Englischer Paläontologe Richard Owen (1804–1892),
Erstbeschreiber der Säbelzahnkatze Homotherium latidens.
Bild: Von Herbert Rose Barraud (1845–1896)
geschaffenes Porträt aus den späten 1880er Jahren.
Bild: via Wikimedia Commons,
Lizenz: gemeinfrei (Public domain)*

latidens bezeichnet. Zuvor hatte der englische Gelehrte William Buckland (1784–1856) bereits auf die Ähnlichkeit dieser Eckzähne mit Funden aus dem Arnotal in der Toskana (Italien) und aus Deutschland (Eppelsheim in Rheinhessen) hingewiesen.
Im Gegensatz zu anderen Experten vermutet der britische Wissenschaftler Alan Turner aus Liverpool, in Europa habe während des Eiszeitalters – also in der Zeitspanne vor ca. 2,6 Millionen bis vor etwa 11.700 Jahren – nur eine einzige Art der Säbelzahnkatzen existiert. Dabei handelt es sich nach seiner Ansicht um *Homotherium latidens*.
Fossile Reste der Säbelzahnkatze *Homotherium* hat man auch in Deutschland entdeckt. Knapp 2 Millionen Jahre alt soll der Schädel eines Jungtieres von *Homotherium crenatidens* sein, der in der Spaltenfüllung NL11 eines Steinbruches bei Neuleiningen unweit von Grünstadt in Rheinland-Pfalz zum Vorschein kam. Der Schädel der jungen Säbelzahnkatze dokumentiert den Zahnwechsel von der Milchbezahnung zur definitiven Bezahnung und wird im Pfalzmuseum für Naturkunde in Bad Dürkheim aufbewahrt. In einer etwas mehr als 1 Million Jahre alten Schicht derselben Spaltenfüllung bei Neuleiningen hat man Kieferteile und 4 Einzelzähne von *Homotherium crenatidens* sowie Fossilien des Europäischen Jaguars *(Panthera gombaszoegensis)* geborgen. Ein Unterkiefer und 4 Eckzähne mit einer erhaltenen Gesamtlänge bis zu 7,2 Zentimetern befinden sich in der Sammlung Ulrich H. J. Heidtke, Niederkirchen (Pfalz).
Über 1 Million Jahre alt ist die bei Untermaßfeld nahe Meiningen in Thüringen nachgewiesene Säbelzahnkatze *Homotherium crenatidens*. Nach Ansicht des Mainzer Zoologen Helmut Hemmer war diese Raubkatze mit einem

*Paläontologe Ralf-Dietrich Kahlke,
ehemaliger Leiter der Senckenberg Forschungsstation
für Quartärpaläontologie in Weimar.
Foto: Archiv Senckenberg Forschungsstation
für Quartärpaläontologe, Weimar*

Gewicht von schätzungsweise 210 bis 400 Kilogramm größer als ein heutiger Sibirischer Tiger.
Die Tierwelt von Untermaßfeld gehört in den Bavelium-Komplex (etwa 1,07 Millionen bis 990.000 Jahre), auch als Bavel-Komplex oder Bavelium bezeichnet. Das Bavelium wurde 1983 von dem niederländischen Geologen Waldo H. Zagwijn (1928–2018) und dem Palynologen Jan de Jong, beide am Rijksgeologischen Dienst in Haarlem tätig, beschrieben.
Die etwa 1 Million Jahre alten Funde aus dem Flussbett der Ur-Werra bei Untermaßfeld ermöglichen faszinierende Einblicke in die Tierwelt des Bavelium. Bei den Ausgrabungen des Weimarer Paläontologen Ralf-Dietrich Kahlke kamen Reste ungewöhnlich vieler Tiere zum Vorschein, die bei Hochwasser ums Leben gekommen waren. In diesem Leichenfeld aus dem Eiszeitalter lagen Fossilien vom Flusspferd *(Hippopotamus amphibius antiquus)*, Südmammut *(Mammuthus meridionalis)*, der Dolchzahnkatze *(Megantereon cultridens adroveri)*, der Säbelzahnkatze *Homotherium crenatidens)*, vom Europäischen Jaguar *(Panthera gombaszoegensis)*, Puma *(Puma pardoides)*, Gepard *(Acinonyx pardinensis pleistocaenicus)*, Luchs *(Lynx issiodorensis)*, der Hyäne *(Pachycrocuta brevirostris)* und vom Makaken *(Macaca sylvanus)*.
Die Fundstelle bei Untermaßfeld gilt als die mit Abstand wichtigste und reichhaltigste ihrer Zeitstellung in Europa. Insgesamt wurden mehr als 18.000 Wirbeltierreste (davon über 7000 von Kleinsäugern) von rund 100 Arten geborgen. Darunter befinden sich spektakuläre Entdeckungen. Die Flusspferde aus Untermaßfeld gelten als die größten aller Zeiten. Weitere Raritäten sind der früheste Jaguar und Gepard aus Deutschland. Zudem entdeckte man bei

Fund aus dem Jahr 1960: Oberschenkelknochen der Säbelzahnkatze Homotherium crenatidens aus den etwa 600.000 Jahre alten Mosbach-Sanden bei Wiesbaden. Länge: 20,5 Zentimeter. Originalfund (Inventarnummer MNHM PW 1960/92) im Naturhistorischen Museum Mainz In den Mosbach-Sanden wurden 1950 auch ein Oberarmbeinfragment und 1963 ein Mittelhandknochen der Säbelzahnkatze Homotherium entdeckt. Auch diese Funde liegen im Naturhistorischen Museum Mainz. Foto: Naturhistorisches Museum Mainz / Landessammlung für Naturkunde Rheinland-Pfalz

Untermaßfeld neue Tierarten wie *Bison menneri*, das Reh *Capreolus cusanoides*, den großen Hirsch *Arvernensis giulii* (früher: *Eucladoceros giulii*), das Wildpferd *Equus wuesti* und den Bären *Ursus rodei*. *Bison menneri* ist mit einer Schulterhöhe von 1,78 Meter der größte Bison aller Zeiten. Die Hyäne *Pachycrocuta brevirostris* mit den Maßen einer Löwin gilt als größter knochenbrechender Fleischfresser.
Der eigenständige Charakter, die Vollständigkeit und die gute Überlieferungsqualität der Untermaßfelder Säugetierfossilien haben Ralf-Dietrich Kahlke 2007 bewogen, für die Zeit vor etwa 1,2 Millionen bis 900.000 Jahren den Begriff Epi-Villafranchium vorzuschlagen.
Ähnlich alt wie die Fauna aus der Gegend von Untermaßfeld ist die Tierwelt vom Fischgrund Het Gat südöstlich der Braunen Bank in der Nordsee. Fischer hatten dort bereits 1874 Knochen von Säugetieren aus dem Eiszeitalter entdeckt.
Säbelzahnkatzen-Fossilien von *Homotherium crenatidens* aus den Mosbach-Sanden bei Wiesbaden in Hessen und den Mauerer Sanden von Mauer bei Heidelberg in Baden-Württemberg sind rund 600.000 Jahre alt. Die Fossilien von *Homotherium crenatidens* aus den Mosbach-Standen stammen aus dem Fundkomplex Mosbach 2.
Ein 1963 entdeckter Mittelhandknochen aus den Mosbach-Sanden stammt von der Säbelzahnkatze *Homotherium crenatidens*. Dieser seltene Fund wurde 1970 von der Göttinger Paläontologin Gerda Schütt (1931–2007) identifiziert und publiziert. Im Nachtrag ihrer Arbeit erwähnte sie, dass während der Drucklegung 2 weitere Knochen aus den Mosbach-Sanden als zu *Homotherium* gehörig erkannt wurden: 1 Oberarmknochenfragment (NMM 1950/298) und

1 Oberschenkelfragment (NMM PW1960/92). Diese 3 Originalfunde werden im Naturhistorischen Museum Mainz aufbewahrt. 2 Eckzähne, 1 Zahnfragment, 3 Mittelhandknochen, 3 Oberschenkelknochen, ein in 4 Teile zerbrochenen Schienbeinknochen, 1 Elle und 1 Handwurzelknochen der Säbelzahnkatze *Homotherium crenatidens* hat man in Mauer bei Heidelberg entdeckt. Davon sind nur für 1 Eckzahn (1929) und für 2 Mittelhandknochen (1931) das Funddatum bekannt. Die Originalfunde liegen im Staatlichen Museum für Naturkunde Karlsruhe und im Staatlichen Museum für Naturkunde Stuttgart. Mauer ist der weltbekannte Fundort des rund 600.000 Jahre alten Unterkiefers des Heidelberg-Menschen *(Homo heidelbergensis)*.
Aus Weimar-Süßenborn in Thüringen liegt 1 Vorderbackenzahn des linken Oberkieferastes der Säbelzahnkatze *Homotherium* sp. vor. Die Tierwelt von Weimar-Süßenborn ist – nach Angaben des Weimarer Paläontologen Lutz Christian Maul – etwas mehr als 600.000 Jahre alt. Der Vorderbackenzahn könnte also von *Homotherium crenatidens* stammen. Ein merklich geologisch jüngeres Alter hat ein fragmentarisch erhaltener oberer Eckzahn der kleinen Säbelzahnkatze *Homotherium latidens* aus Steinheim an der Murr (Kreis Ludwigsburg) in Baden-Württemberg. Er kam 1956 in einer etwa 300.000 Jahre alten Schicht zum Vorschein und wurde 1961 von dem Paläontologen Karl Dietrich Adam (1921–2012) als *Homotherium* sp. publiziert. Steinheim an der Murr ist der berühmte Fundort des Steinheim-Menschen *(Homo steinheimensis)*, von dem am 24. Juli 1933 in der Sandgrube Sigrist der Schädel einer Frau entdeckt wurde.
Auch in Österreich hat man Reste der Säbelzahnkatze

Homotherium geborgen. Aus einer Spaltenfüllung bei Hundsheim in der Gegend von Deutsch-Altenburg in Niederösterreich ist die aus Böhmen bekannte Art *Homotherium moravicum* durch den Fund eines Fingergliedes nachgewiesen. An der Fundstelle Deutsch-Altenburg 1 in Niederösterreich entdeckte man die erstmals aus Frankreich beschriebene Art *Homotherium sainzelli*, die heute als Synonym von *Homotherium crenatidens* gilt.

Bei *Homotherium* waren die Vorderbeine länger als die Hinterbeine. Der deswegen nach hinten abfallende Körper, die dünnen Beine und der verhältnismäßig lange Hals verliehen dieser Säbelzahnkatze ein hyänenartiges Aussehen. Wie Bären und der Mensch trat *Homotherium* mit der ganzen Sohle auf (Sohlengänger) anstatt nur mit den Zehen (Zehengänger) wie die meisten Katzen.

Homotherium gehörte zu den Säbelzahnkatzen, deren Eckzähne an Krummsäbel erinnerten. Diese Raubkatze trug kürzere, flachere Eckzähne als andere Arten der Säbelzahnkatzen. Und ihre Eckzähne waren wie ein Krummsäbel nach hinten gebogen. Das Fell von *Homotherium* könnte als Anpassung an die Gegebenheiten des Eiszeitalters wie bei modernen arktischen Fleischfressern weißlich bis hellgrau gefärbt gewesen sein.

Die Säbelzahnkatze *Homotherium* war ein gefürchteter Feind von Vormenschen *(Australopithecus)* und Frühmenschen *(Homo erectus* und *Homo heidelbergenis).* Ein Gemälde des tschechischen Malers Zdenek Burian (1905–1981) zeigt eine dramatische Begegnung zwischen Frühmenschen und einer Säbelzahnkatze. Die große Raubkatze steht bereits mit der rechten Pranke und weit aufgerissenem Maul auf einem liegenden Frühmenschen, dessen Begleiter flüchten.

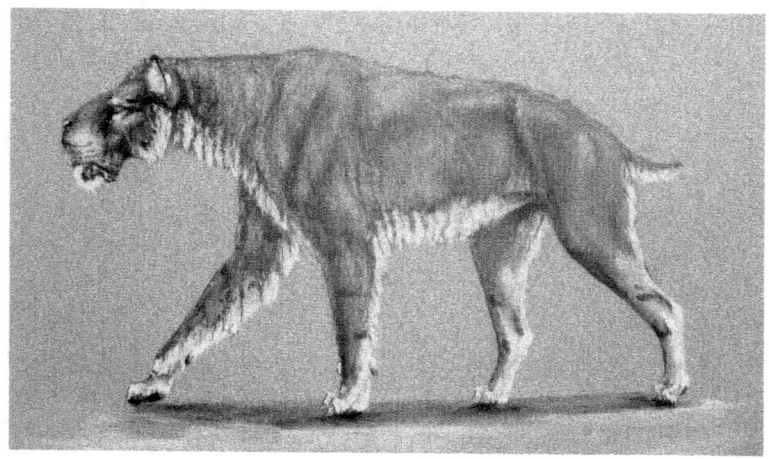

Rekonstruktion der Säbelzahnkatze Homotherium latidens des niederländischen Bildhauers Remie Bakker aus Rotterdam. Reproduktion aus: Dick Mol / Wilrie van Logchem / Kees van Hooijdonk / Remie Bakker: The Saber-Toothed Cat of the North Sea, Norg 2008.

Modell der Säbelzahnkatze Homotherium latidens aus dem Eiszeitalter, angefertigt von dem niederländischen Bildhauer Remy Bakker aus Rotterdam.
Foto: Rene Bleuanus, Gorinchem, Niederlande

Begegnungen mit Säbelzahnkatzen dürften noch für den Heidelberg-Menschen *(Homo heidelbergenis)* vor rund 600.000 Jahren lebensgefährlich gewesen sein. Denn diese Frühmenschen verfügten – nach den Funden zu urteilen – immer noch über keine wirkungsvollen Waffen. Stoßlanzen und Wurfspeere standen vermutlich erst zwischen etwa 400.000 und 300.000 Jahren zur Verfügung, wie Funde von 8 ca. 1,80 bis zu 2,50 Meter langen Speeren im Baufeld Süd des Braunkohletagebaus Schönfeld (Landkreis Helmstedt) in Niedersachsen belegen.

Spätestens zwischen etwa 400.000 und 300.000 Jahren also hat sich die Lage zugunsten der Menschen verändert. Nun gehörte beispielsweise der riesige Mosbacher Löwe mit einer imposanten Gesamtlänge bis zu 3,60 Metern bereits zur Jagdbeute von Frühmenschen *(Homo erectus bilzingslebenensis)*, wie als Speiseabfälle gedeutete Reste bei Ausgrabungen in Bilzingsleben (Kreis Artern) in Thüringen bezeugen. Auch Begegnungen zwischen Frühmenschen und Säbelzahnkatzen dürften nun dank Waffen oft anders als früher verlaufen sein.

Die kleine Säbelzahnkatze *Homotherium latidens* war ein Zeitgenosse des Höhlenlöwen *(Panthera spelaea)*. Wenn es zu einem Kampf zwischen der Säbelzahnkatze und einem Höhlenlöwen kam, zog Erstere wohl den Kürzeren. Denn die Säbelzahnkatze besaß eine schwächere Statur, ein niedrigeres Gewicht, weniger Muskelkraft, kleinere Klauen und fragilere Zähne als der Höhlenlöwe.

Natürlich haben auch Neandertaler *(Homo neanderthalensis)* und frühe Jetztmenschen *(Homo sapiens)* die kleine Säbelzahnkatze *Homotherium latidens* gekannt. Indizien hierfür sind eine Tierfigur aus der Höhle Isturitz bei Biarritz

(Frankreich) und ein Eckzahn von *Homotherium latidens* aus der Robin Hood Cave (England) mit angeblichen Spuren menschlicher Bearbeitung an der Wurzel. Dieser Eckzahn könnte als Schmuckstück oder Amulett gedient haben.

Literatur
BRÜNING, Herbert: Die eiszeitliche Tierwelt im Rhein-Main-Gebiet, Mosbacher Sande. In Museumsführer Nr. 4, Naturhistorisches Museum Mainz, 1972.
DÖPPES, Doris / RABEDER, Gernot: Pliozäne und pleistozäne Faunen Österreichs. Ein Katalog der wichtigsten Fundstellen und ihrer Faunen (Endbericht des Forschungsberichtes Nr. 9320 des „Fonds zur Förderung der wissenschaftlichen Forschung") mit Beiträgen von Petra Cech, Doris Döppes, Thomas Einwögerer, Florian A. Fladerer, Christa Frank, Karl Mais, Doris Nagel, Marion Niederhuber, Martina Pacher, Rudolf Pavuza, Gernot Rabeder, Christian Reisinger, Harald Temmel, Gerhard Withalm. In: Mitteilungen der Kommission für Quartärforschung der Österreichischen Akademie der Wissenschaften, Band 10, Wien 1997.
FABRINI, Emilio: *I Machairodus (Megantbereon)* de Valdarno superiore; memoria del Dott. Emilio Fabrini. In: Bollettino del R. Comitato geologico d'Italia III(1): S. 121–177, 1890.
HEMMER, Helmut: Die Feliden aus dem Epivillafranchium von Untermaßfeld. In: KAHLKE, Ralf-Dietrich (Herausgeber): Das Pleistozän von Untermaßfeld bei Meiningen (Thüringen). Teil 3. In: Monographien des Römisch-Germanischen Zentralmuseums 40/3: S. 699–782, Mainz 2001

HEMMER, Helmut: Pleistozäne Katzen Europas – eine Übersicht. In: Cranium, Amsterdam 2004.

HEMMER, Helmut / KAHLKE, Ralf-Dietrich / VEKUA, Abesalom K.: The Old World puma – *Puma pardoides* (Owen, 1946) (Carnivora: Felidae) – in the lowe Villafranchian (Upper Pliocene) of Kvabesi (East Georgia, Transcaucasia) and its evolutionary and biogeographical significance. Neues Jahrbuch für Geologie und Paläontologie, Abhandlungen 233(2): S. 197–321, Stuttgart 2004.

JÖRDENS. Judith: Über 18.000 Funde. Forschungsgrabung in Untermaßfeld abgeschlossen. In: Pressemitteilung, Senckenberg Pressestelle, Senckenberg Forschungsinstitut und Naturmuseum. Frankfurt am Main, 20. 1. 2022.

JÖRDENS. Judith: Hinterlassene Spuren. In: Pressemitteilung, Senckenberg Pressestelle, Senckenberg Forschungsinstitut und Naturmuseum (Zur Verabschiedung von Prof. Dr. Ralf-Dietrich Kahlke, Senckenberg Forschungsstation für Quartärpaläontologie, Weimar). Frankfurt am Main, 30. 5. 2022.

KAHLKE, Ralf-Dietrich (Herausgeber): Das Pleistozän von Untermaßfeld bei Meiningen (Thüringen). Teil 1. In: Monographien des Römisch-Germanischen Zentralmuseums, Mainz 1997.

KAHLKE, Ralf-Dietrich (Herausgeber): Das Pleistozän von Untermaßfeld bei Meiningen (Thüringen). Teil 2. In: Monographien des Römisch-Germanischen Zentralmuseums, Mainz 2001.

KAHLKE, Ralf-Dietrich (Herausgeber): Das Pleistozän von Untermaßfeld bei Meiningen (Thüringen). Teil 3. In: Monographien des Römisch-Germanischen Zentralmuseums, Mainz 2001.

LIBRO DELLA NOBILTÀ ITALIANA (già LIBRO D'ORO DELLA NOBILTÀ ITALIANA): Fabrini. Edizione IX. Volume IX 1937–1939: S. 525, Rom 1939.

MOL, Dick / LOGCHEM, Wilrie van / HOOIJDONK, Kees van / BAKKER, Remie: The Saber-Toothed Cat of the Nord sea, Norg 2008

PROBST, Ernst: Deutschland in der Urzeit. Von der Entstehung des Lebens bis zum Ende der Eiszeit. München 1986.

PROBST, Ernst: Deutschland in der Steinzeit. Jäger, Fischer und Bauern zwischen Nordseeküste und Alpenraum. München 1991.

PROBST, Ernst: Säbelzahnkatzen. Von *Machairodus* bis zu *Smilodon*. München 2009.

PROBST, Ernst: Die Dolchzahnkatze *Megantereon*. München 2011.

PROBST, Ernst: Die Säbelzahnkatze *Homotherium*. München 2011.

WIKIPEDIA (Online-Lexikon): *Homotherium*. https://de.wikipedia.org/wiki/Homotherium

WIKIPEDIA (Online-Lexikon): Säbelzahnkatzen. https://de.wikipedia.org/wiki/S%C3%A4belzahnkatzen

120

Gepard Acinonyx pardinensis.
Zeichnung: Shuhei Tamura, Kanagawa (Japan)

Schnellstes Landtier
Der Gepard *Acinonyx pardinensis*

Zeitgenossen der Mosbacher Löwen, Europäischen Jaguare, Leoparden und Säbelzahnkatzen waren auch Geparde, für die 2008 der Zoologe Helmut Hemmer (Mainz) sowie die Paläontologen Ralf- Dietrich Kahlke (Weimar) und Thomas Keller (Wiesbaden) den wissenschaftlichen Namen *Acinonyx pardinensis* (sensu lato) *intermedius* vorgeschlagen haben. Zuvor hatte man die Geparde aus Mosbach der 1828 von dem französischen Geistlichen und Amateur-Paläontologen Abbé Jean-Baptiste Croizet (1787–1859) aus Neschers und dessen Freund, dem Geologen und wissenschaftlichen Illustrator Antoine Claude Gabriel Jobert (1797–1855), beschriebenen Art *Acinonyx pardinensis* zugeordnet. Der Artname *pardinensis* erinnert an den Fundort nahe des Dorfes Pardines an der Montagne de Perrier.
Die in den Mosbach-Sanden bei Wiesbaden nachgewiesenen Geparde stammen aus dem Fundkomplex Mosbach 2. Sie waren größer und schwerer als ihre schnellen asiatischen und afrikanischen Verwandten *(Acinonyx jubatus)* der Gegenwart. Das kann man aus ihren fossilen Resten schließen. Bisher sind in den Mosbach-Sanden 3 Fossilien von Geparden entdeckt worden.
1969 erwähnte die Göttinger Paläontologin Gerda Schütt (1931–2007) einen Leoparden-Fund *(Panthera pardus)* aus den Mosbach-Sanden, der in einer Privatsammlung aufbewahrt wurde und zur Publikation durch den Weimarer Paläontologen Hans-Dietrich Kahlke (1924–2017) vorgesehen war. Nach einem Hinweis von Kahlke wurde dieses

*Französischer Geistlicher und Amateur-Paläontologe
Abbé Jean-Baptiste Croizet (1787–1859).
Lithographie: Bibliotheque Overnia BOYER 625
(Boyer Collection) (via Wikimedia Commons),
Lizenz: gemeinfrei (Public domain)*

Fossil 2002 von dem Paläontologen Jens Lorenz Franzen (1937–2018) in der Mosbach-Sammlung der Sektion Paläanthropologie des Forschungsinstitutes Senckenberg in Frankfurt am Main aufgefunden. Es war durch den Kauf dieser Privatsammlung durch Gustav Heinrich Ralph von Koenigswald (1902–1982) zu Senckenberg gelangt. Der Mainzer Zoologe Helmut Hemmer identifizierte das rund 5 Zentimeter lange rechte Unterkiefer-Bruchstück mit Resten zweier Zähne 2003 als Gepard. Nach seiner Ansicht stammt es von einem etwa 60 Kilogramm schweren weiblichen Tier.
1970 beschrieb Gerda Schütt ein in den Mosbach-Sanden entdecktes linkes Oberarmknochen-Fragment von einem Geparden und ordnete es der Art *Acinonyx pardinensis* zu. Dieser 3,7 Zentimeter lange Fund von 1959 wird im Naturhistorischen Museum Mainz aufbewahrt. Es ist – laut Helmut Hemmer – ein Knochen von einem schätzungsweise ungefähr 60 Kilogramm schweren weiblichen Tier.
Am 10. März 2000 glückte Anne Sander von der Abteilung Archäologische und Paläontologische Denkmalpflege des Landesamtes für Denkmalpflege Hessen in den Mosbach-Sanden bei Wiesbaden der Fund eines rechten Oberschenkelknochens von einem Geparden. Von dem ursprünglich rund 31 Zentimeter langen Oberschenkelknochen waren 27,3 Zentimeter erhalten geblieben. Helmut Hemmer vermutet, dies sei ein Rest von einem männlichen Geparden mit einem Gewicht von etwa 90 Kilogramm.
Heutige Geparde haben eine Kopf-Rumpf-Länge bis zu etwa 1,35 Meter, wozu noch ein maximal 0,75 Meter langer Schwanz kommt, und oft nur ein Gewicht von etwa 60 Kilogramm. Wegen ihres höheren Gewichts dürften die

Heutiger Gepard (Acinonyx jubatus) in Südafrika.
Foto: Chris Parker from South Ealing, UK /
https://www.flickr.com/photos/seenbychris/48974093898/
CC BY-SA 2.0 (via Wikimedia Commons),
lizensiert unter Creative Commons-Lizenz by-sa-2.0,
https://creativecommons.org/licenses/by-sa/2.0/legalcode

frühkaltzeitlichen Geparden im Rhein-Main-Gebiet keine so schnellen Sprinter wie ihre jetzigen Verwandten gewesen sein, die auf kurzen Strecken eine Geschwindigkeit von bis zu 110 Stundenkilometern erreichen.
Der geologisch älteste Gepardennachweis in Deutschland glückte in rund 1 Million Jahre alten Ablagerungen der Ur-Werra bei Untermaßfeld nahe Meiningen (Thüringen). Über eine neue Geparden-Art namens *Acinonyx intermedius* n. sp. aus dem älteren Mittelpleistozän vor ungefähr 600.000 Jahren von Hundsheim bei Bad Deutsch-Altenburg in Niederösterreich berichtete 1953 der Wiener Paläontologe Erich Thenius. Jene bislang unbekannte Raubkatzen-Art besaß ein primitiveres Gebiss und plumpere Extremitäten als heutige Geparden. Die Erstbeschreibung erfolgte anhand eines Unterkieferrestes, der in einer Spaltenfüllung aus Schutt und Lehm zum Vorschein kam. Geparde sind ab der süddeutschen Mindel-Kaltzeit (Mindel-Eiszeit) vor etwa 480.000 bis 400.000 Jahren in Europa nicht mehr nachweisbar.
Einst war der Gepard – mit Ausnahme der zentralafrikanischen Waldgebiete – über fast ganz Afrika verbreitet. Außerdem besiedelte er Vorderasien, die indische Halbinsel und Teile Zentralasiens. Gegenwärtig ist er fast nur noch in Afrika südlich der Sahara anzutreffen. In Asien gibt es winzige, von Ausrottung bedrohte Restbestände. Der letzte Gepard in Indien wurde 1967/1968 gesichtet.
Geparde sind Savannen- und Steppentiere. Sie bevorzugen Bereiche mit hohem, Deckung bietendem Gras und Hügeln als Ausschaupunkten. Zu viele Bäume und Sträucher machen eine Landschaft für Geparde ungeeignet, da sie dort ihre Schnelligkeit nicht nutzen können.

Afrikanischer Gepard (Acinonyx jubatus)
in „Brehms Tierleben" (1927).
Reproduktion aus „Brehms Tierleben" (1927)

In 25 afrikanischen Ländern leben heute noch etwa 7500 Geparde in freier Wildbahn. Namibia ist die Heimat der weltweit größten Bestände mit etwa 3500 Tieren. Schätzungsweise 60 bis 100 Geparde existieren im Iran. Die meisten befinden sich nicht in Schutzgebieten, was häufig zu Konflikten mit Viehzüchtern führt.
Die Art wird auf der roten Liste der IUCN als „gefährdet" gelistet, wobei die afrikanischen Unterarten als „gefährdet" bis „stark gefährdet" und die asiatische Unterart als „vom Aussterben bedroht" gelten.

Literatur
BRÜNING, Herbert: Die eiszeitliche Tierwelt im Rhein-Main-Gebiet, Mosbacher Sande. In: Museumsführer Nr. 4, Naturhistorisches Museum Mainz, 1972.
COX, Barry / DIXON, Dougal / GARDINER, Brian / SAVAGE, R. J. G.: Dinosaurier und andere Tiere der Vorzeit, München 1989.
CROIZET, L'Abbe Jean-Baptiste / JOBERT, Antoine: Recherches Sur Les Ossemens Fossiles Du Département Du Puy-De-Dôme, Paris 1928.
DÖPPES, Doris / RABEDER, Gernot: Pliozäne und pleistozäne Faunen Österreichs. Ein Katalog der wichtigsten Fundstellen und ihrer Faunen (Endbericht des Forschungsberichtes Nr. 9320 des „Fonds zur Förderung der wissenschaftlichen Forschung") mit Beiträgen von Petra Cech, Doris Döppes, Thomas Einwögerer, Florian A. Fladerer, Christa Frank, Karl Mais, Doris Nagel, Marion Niederhuber, Martina Pacher, Rudolf Pavuza, Gernot Rabeder, Christian Reisinger, Harald Temmel, Gerhard Withalm. Mitteilungen der Kommission für Quartärforschung der

Österreichischen Akademie der Wissenschaften, Band 10, Wien 1997.

HEMMER, Helmut: Die Feliden aus dem Epivillafranchium von Untermaßfeld. In: KAHLKE, Ralf-Dietrich (Herausgeber): Das Pleistozän von Untermaßfeld bei Meiningen (Thüringen). Teil 3. In: Monographien des Römisch-Germanischen Zentralmuseums, 40/3, S. 699–782, Mainz 2001.

HEMMER, Helmut: Pleistozäne Katzen Europas – eine Übersicht. Cranium, Amsterdam 2004.

HEMMER, Helmut / KAHLKE, Ralf-Dietrich / VEKUA, Abesalom K.: The Old World puma – *Puma pardoides* (Owen, 1946) (Carnivora: Felidae) – in the lower Villafranchian (Upper Pliocene) of Kvabesi (East Georgia, Transcaucasia) and its evolutionary and biogeographical significance. In: HEMMER, Helmut / KAHLKE, Ralf-Dietrich / KELLER, Thomas: Geparde im Mittelpleistozän Europas: *Acinonyx pardinensis* (sensu lato) *intermedius* (Thenius, 1954) aus den Mosbach-Sanden (Wiesbaden, Hessen, Deutschland). Neues Jahrbuch für Geologie und Paläontologie, Abhandlungen, 249(3): S. 345–356, Stuttgart 2008.

HEMMER, Helmut / SCHÜTT, Gerda: Ein Gepardenfund aus den Mosbacher Sanden (Altpleistozän, Wiesbaden). In: Mainzer Naturwissenschaftliches Archiv 9: S. 118–131, Mainz 1970.

PROBST, Ernst: Deutschland in der Urzeit. Von der Entstehung des Lebens bis zum Ende der Eiszeit. München 1986.

SCHÜTT, Gerda: Ein Gepardenfund aus den Mosbacher Sanden (Altpleistozän, Wiesbaden). In: Mainzer Natur-

wissenschaftliches Archiv 9: S. 118–131, Mainz 1970.
THENIUS, Erich: Gepardreste aus dem Altquartär von Hundsheim in Niederösterreich. In: Neues Jahrbuch für Geologie und Paläontologie, Monatshefte, S. 225–238, Stuttgart 1953.
TURNER, Alan / ANTÓN, Mauricio: The Big Cats and their fossil relatives. New York 1997.
WIKIPEDIA (Online-Lexikoin): Jean-Baptiste Croizet. https://de.wikipedia.org/wiki/Jean-Baptiste_Croizet

Heutiger Eurasischer Luchs (Lynx lynx).
Foto: Bernard Landgraf (User Baemi) / CC BY-SA 3.0
(via Wikimedia Commons),
lizensiert unter Creative Commons-Lizenz by-sa-3.0,
https://creativecommons.org/licenses/by-sa/3.0/legalcode

Der Issoire-Luchs

Der Luchs *Lynx issiodorensis*

In frühen Abhandlungen zwischen 1875 und 1898 über die Mosbacher Tierwelt hat man die rund 600.000 Jahre alten luchsartigen Katzenreste irrtümlich der Art *Felis lynx* zugeschrieben. So bezeichnete man früher den heutigen Luchs *(Lynx lynx)*. Zu denen, die so verfuhren, gehörten 1895 der Wiesbadener Konservator August Römer (1825–1899) und 1898 der Berliner Geologe und Paläontologe Henry Schröder (1859–1927). Römer hat 1895 auf den seltenen Fund eines zweiten Backenzahns aus dem linken Oberkiefer eines Luchses hingewiesen. Schröder war von 1883 bis 1924 bei der Preußischen Geologischen Landesanstalt (PGLA) in Berlin tätig. Er arbeitete dort als Landesgeologe und war ab 1920 Leiter der Sammlungen und der Bibliothek.
Der heute gültige Artname *Lynx lynx* für den jetzigen Eurasischen Luchs oder Nordluchs geht auf den schwedischen Naturforscher Carl von Linné (1707–1778), latinisiert Carolus Linnaeus, zurück.
1906 verglich der Mainzer Naturforscher Wilhelm von Reichenau (1847–1925) die bis dahin in Mosbach entdeckten Luchsreste aus der Sammlung des Frankfurter Senckenberg-Museums mit solchen von *Felix issiodorensis*. Diese Art war 1828 von dem französischen Geistlichen und Amateur-Paläontologen Abbé Jean-Baptiste Croizet (1787–1859) aus Neschers und dessen Freund Antoine Claude Gabriel Jobert (1797–1855) beschrieben worden. Bei der Untersuchung hatten ihnen Funde nahe der Stadt Issoire im französischen Département Puy de Dôme vorgelegen. Darin er-

Berliner Geologe und Paläontologe Henry Schröder (1859–1927).
Foto: Aufnahme eines unbekannten Fotografen um 1884.
Digiporta Digitales Porträtarchiv.
(via Wikimedia Commons), Lizenz: gemeinfrei (Public domain)

innern der populäre Name Issoire-Luchs und der heute gültige wissenschaftliche Artname *Lynx issiodorensis*.
Croizet unternahm paläontologische und geologische Untersuchungen in der Umgebung seiner Pfarrei in der Auvergne (unter anderem am 1465 Meter hohen Vulkan Puy de Dôme) und korrespondierte mit Naturforschern wie Georges Cuvier (1769–1832), von dem er gefördert und beraten wurde, Alexandre Brongniart (1770–1847) und Étienne Geoffroy Saint-Hilaire (1772–1844). Gemeinsam mit seinem Freund Jobert entdeckte und beschrieb er 1828 eine reichhaltige Fossilfauna aus dem Pliozän und Eiszeitalter, die Cuvier begutachtete. Zu den Funden gehörten Reste von Hirschen, Elefanten, Flusspferden, Tapiren, Pferden, Mastodonten (Rüsseltiere mit 3 Backenzähnen in jeder Kieferhälfte), Nashörnern, Bären, Säbelzahnkatzen, Hyänen, Bibern, Ottern und Rindern. In ihrem Buch „Recherches Sur Les Ossemens Fossiles Du Département Du Puy-De-Dôme" von 1828 gelangen Croizet und Jobert eine Reihe von Erstbeschreibungen fossiler Säugetiere.
Der Schädel und der Unterkiefer des Issoire-Luchses waren größer und robuster als beim heutigen Luchs. Im Ober- und Unterkiefer befanden sich insgesamt 28 Zähne. Auch der Hals erreichte eine größere Länge als beim Luchs in der Gegenwart. Der Körper war länglich und die Beine waren kürzer als die des jetzigen Luchses. Typisch für die Gattung *Lynx* war der verkürzte Schwanz.
Der Issoire-Luchs behauptete sich vom späten Pliozän vor ungefähr 3,5 Millionen Jahren bis zum mittleren Eiszeitalter vor etwa 500.000 Jahren. Er war in Europa, Südafrika und Nordamerika verbreitet und gilt als Vorläufer der modernen Luchse.

Wilhelm von Reichenau wies 1906 auf Unterschiede der Mosbacher Funde gegenüber dem heutigen Luchs hin. Außerdem bestimmte er den Luchs aus Mosbach als *Felis (Lynx) issiodorensis*, also als Issoire-Luchs. Der deutsche Paläontologe Wolfgang Soergel (1887–1946) übernahm 1912 diese Bestimmung. Aber 1914 bezeichnete er den Mosbacher Luchs als *Felis lynx arvernensis*, den 1828 ebenfalls Croizet und Jobert beschrieben hatten. Seiner Auffassung schlossen sich 1921 der Hanauer Studienrat Wilhelm Wenz (1886–1945) und 1937 der deutsch-britische Paläontologe Frederick Everard Zeuner (1905–1963) an. Wenz war einer der führenden deutschen Molluskenforscher und Experte für das Tertiär (etwa 66 bis 2,6 Millionen Jahre) des Mainzer Beckens.

Eine kurze Erwähnung von Luchszähnen aus Mosbach erfolgte 1930 in einer Publikation der Paläontologin Ilse Voelcker (1902–1995), später Ilse Plewe. Diese befasste sich damals mit den paarig angelegten Unterkieferknochen (Mandibel) eines *Felis (Lynx) issiodorensis* aus den Sanden von Mauer von Heidelberg. Dort war am 21. Oktober 1907 der ungefähr 600.000 Jahre alte Unterkiefer des Heidelberg-Menschen *(Homo heidelbergensis)* in der Sandgrube Grafenrain von einem Tagelöhner gefunden worden.

Der ungarische Geologe, Paläontologe, Höhlenkundler und Archäologe Theodor (Tivadar) Kormos (1881–1946) stellte 1932 den Mosbacher Luchs zu der von ihm selbst beschriebenen Unterart *Lynx lynx strandi*. Er arbeitete am Geologischen Institut der Universität Budapest, erkannte viele neue Säugetierarten und veröffentlichte Bücher.

„Sehr gute Luchsreste befinden sich unter den neuen, unpublizierten Funden aus den Mosbacher Sanden, die eingehende Vergleiche ermöglichen". Dies schrieb 1961 der Weimarer Paläontologe Hans-Dietrich Kahlke (1924–2017) in seiner „Revision der klassischen deutschen Pleistozän-Fundstellen von Süßenborn, Mosbach und Taubach". Dort führte er den Luchs *Felis (Lynx) issiodorensis* in der Artenliste für die Mosbach-Sande auf.

1978 beschrieb der finnische Paläontologe Björn Kurtén (1924–1988) aus Helsinki Skelettreste des ausgestorbenen Issoire-Luchses *(Lynx issiodorensis)* von der Fundstelle Etouaires, Mount Perrier, in Frankreich. Er verglich die im Naturhistorischen Museum in Basel aufbewahrten Fossilien mit heutigen Funden des Luchses *Lynx lynx*. Das Ergebnis: Die ausgestorbene Art hatte einen größeren Kopf, einen längeren Hals, kürzere Gliedmaßen und war kräftiger gebaut. Die Körperlänge war nur geringfügig größer als die von *Lynx lynx*. In der Zeitschrift „Annales Zoologica Fennici" zeigte Kurtén auch eine Rekonstruktion des ausgestorbenen Luchses von Hubert Pepper (1928–1985).

Der damalige Darmstädter Paläontologe Wighart von Koenigswald und der Mainzer Paläontologe Heinz Tobien erwähnten 1987 in einer Artenliste für die Mosbach-Sande, dass die Luchsfunde von dort nur aus dem Fundkomplex Mosbach 2 stammen.

Der Eurasische Luchs oder Nordluchs aus der Gegenwart gilt – laut Online-Lexikon „Wikipedia" – nach dem Braunbären, Wolf und Persischen Leoparden *(Panthera pardus saxicolor),* auch Kaukasus-Leopard genannt, als das viertgrößte in Europa heimische Landraubtier. Er ist ein Waldbewohner, hält sich in den Alpen aber auch oberhalb der Baumgrenze auf.

In Europa begannen im Spätmittelalter systematische

Ausrottungsversuche. Zu Beginn des 20. Jahrhunderts war der Eurasische Luchs in West- und Mitteleuropa weitestgehend verschwunden Ab etwa 1950 wanderte er aus angrenzenden Gebieten wieder ein oder wurde gezielt umgesiedelt. Heute existieren in den Alpen, im Jura, in den Vogesen, im Pfälzerwald, Harz, Fichtelgebirge und Spessart wieder Luchse. Im Februar 2018 hielten sich 77 Luchse in Deutschland auf. Laut Roter Liste des Bundesamtes für Naturschutz gilt der Luchs nach wie vor als stark gefährdet,
Mit einer Kopf-Rumpf-Länge zwischen 80 und 120 Zentimetern und einer Schulterhöhe von 50 bis 70 Zentimetern ist der Luchs nach dem im Kaukasus vorkommenden Persischen Leoparden die größte Katze Europas. Männliche Luchse wiegen durchschnittlich zwischen 20 und 25 Kilogramm, weibliche sind ungefähr ein Sechstel leichter als männliche. Es sind auch besonders leichte Luchse mit nur 14 Kilogramm und sehr schwere Luchse mit bis zu 37 Kilogramm bekannt,
Die Vorderbeine des Luchses sind ein Fünftel kürzer als die Hinterbeine. Dank seiner großen Pranken sinkt der Luchs im Winter nicht tief im Schnee ein. Seine Trittspuren sind mit einer Breite von 5 bis 7 Zentimetern für die Vorderpranke und 4 bis 6 Zentimetern für die Hinterpranke etwa 3-mal so groß wie die einer Hauskatze, Die Schrittlänge liegt zwischen 40 und 100 Zentimetern und im Sprint bis zu 150 Zentimetern. Die Krallen werden während des Laufens in Hauttaschen zurückgezogen.
Der Eurasische Luchs hat einen breiten und rundlichen Kopf, Pinselohren und einen zwischen 15 und 25 Zentimeter langen Schwanz. Die Haarpinsel an den dreieckigen

Ohren sind bis zu 5 Zentimeter lang und verstärken die Fähigkeit, Lautquellen zu orten. Luchse können das Rascheln einer Maus noch aus einer Entfernung von 50 Metern hören und ein vorbeiziehendes Reh noch 500 Meter entfernt wahrnehmen. Die Augen des Luchses sind ungefähr 6-mal so lichtempfindlich wie die des Menschen. Der genaue Zweck des sehr ausgeprägten Backenbartes, den der Luchs weit abspreizen kann, ist unbekannt.

Jener Luchs ist ein Einzelgänger, der vor allem in der Dämmerung und in der Nacht jagt. Tagsüber ruht er meistens im Versteck. Zu den Beutetieren gehören kleine und mittelgroße Säugetiere und Vögel sowie Fische. Unter den von Luchsen geschlagenen Beutetieren sind Rotfüchse, Marder, Kaninchen, junge Wildschweine, Eichhörnchen, Mäuse, Ratten und Murmeltiere. Rehe und Gämsen mit einem Gewicht von 20 bis 25 Kilogramm sind die bevorzugte Beute. Ihr Anteil an den Beutetieren entspricht oft mehr als 80 Prozent. Die Jagd des Luchses erfolgt nach Katzenart durch Auflauern oder Anschleichen mit abschließendem Anspringen oder einem Kurzspurt von meist unter 20 Meter Distanz. Die Jagdbeute wird durch einen Biss in die Kehle erstickt. Der Luchs versteckt die unzerlegte Beute manchmal unter Ästen und Blättern und kehrt meistens mehrfach zu diesem Fleischvorrat zurück.

Paare bilden sich – laut Online-Lexikon „Wikipedia" – nur in der Paarungszeit zwischen Februar und April. Weibliche Tiere beteiligen sich meistens das erste Mal in ihrem zweiten Winter an der Ranz. Männliche Tiere suchen erst in ihrem dritten Winter nach einem deckungsbereiten weiblichen Tier. Bei der Kopulation nähert sich das männliche Tier dem weiblichen und springt dann auf. Die Paarung, bei der sich das männliche Tier im Nackenfell des weiblichen verbeißt, dauert etwa 3 Minuten. Pro Tag erfolgen zahlreiche Kopulationen eines Paares. Nach einer Tragzeit von etwa 73 Tagen kommen 2 bis 5 Junge an einem geschützten Platz zur Welt. Ab einem Alter von 4 Wochen fressen die Jungen allmählich an den Beutetieren ihrer Mutter mit. Sie werden bis einem Alter von ungefähr 5 Monaten gesäugt und bleiben bis zum nächsten Frühjahr bei ihrer Mutter. Die Sterblichkeit der Jungtiere ist sehr hoch. Sie fallen Braunbären, Wölfen, Vielfraßen und gelegentlich Füchsen zum Opfer. Luchse erreichen ein Alter von 10 bis 15 Jahren, in Gefangenschaft sogar bis zu 25 Jahren. Die Gesamtzahl der Luchse in Europa wird auf etwa 7.000 Tiere geschätzt. Weltweit sollen nicht ganz 50.000 Luchse existieren.

Literatur
CROIZET, Jean-Baptiste / JOBERT, Antoine Claude Gabriel: Recherches Sur Les Ossemens Fossiles Du Département Du Puy-De-Dôme. Paris 1828.
HEMMER, Helmut: *Felis (Lynx) lynx* LINNAEUS, 1758. Luchs, Nordluchs. In: STUBBE, Michael / KRAPP, Franz (Herausgeber): Raubsäuger–Carnivora (Fissipedia), Teil 2. Mustelidae 2, Viverridae, Herpestidae, Felidae. (Handbuch der Säugetiere Europas 5: S. 1119–1167, Wiebelsheim 1993.
KAHLKE, Hans-Dietrich: 26. *Felis (Lynx) issiodorensis* (CROIZET & JOBERT). In: Revision der Säugetierfaunen der klassischen Pleistozän-Fundstellen Süßenborn, Mosbach und Taubach. In: Geologie – Zeitschrift für das Ge-

samtgebiet der Geologie und Mineralogie sowie der angewandten Geophysik 10(4/5): S. 506–507, 1961.
KORMOS, Theodor: Die praeglazialen Feliden von Villány. In: Folia Zoologica et Hydrobiologia 4: S. 148–161, Riga 1932.
KURTÉN, Björn: The Lynx from Etouaires *Lynx issiodorensis* (Croizet & Jobert), Late Pliocene. In: Annales Zoologici Fennici 115(4): S. 314–322, 1978.
REICHENAU, Wilhelm von: Revision der Mosbacher Säugethierfauna, zugleich Richtigstellung der Aufstellung in meinen „Beiträgen zur näheren Kenntnis der Carnivoren aus den Sanden von Mauer und Mosbach". In: Notizblatt des Vereins für Erdkunde und der Hessischen Geologischen Landesanstalt Darmstadt 1910 (IV. Folge) 31: S. 118–134.
SCHRÖDER, Henry: Revision der Mosbacher Säugethierfauna. In: Jahrbücher des Nassauischen Vereins für Naturkunde 51: S. 212–230, Wiesbaden 1898.
VOELCKER, Ilse: *Felis issiodorensis* CROIZET von Mauer a. d. E. In: Sitzungsberichte der Heidelberger Akademie der Wissenschaften, Mathematisch-Naturwissenschaftliche Klasse 12: S. 1–8, Berlin und Leipzig 1930.
WIKIPEDIA (Online-Lexikon): Jean-Baptiste Croizet. https://de.wikipedia.org/wiki/Jean-Baptiste_Croizet
WIKIPEDIA (Online-Lexikon): Europäischer Luchs. https://de.wikipedia.org/wiki/Eurasischer_Luchs
WIKIPEDIA (Online-Lexikon: Persischer Leopard. https://de.wikipedia.org/wiki/Persischer_Leopard
WIKIPEDIA (Online-Lexikon): Henry Schröder. https://de.wikipedia.org/wiki/Henry_Schr%C3%B6der

*Heutiger Silberlöwe (Puma concolor)
im Arizona-Sonora Desert Museum.
Foto: Cm0rris0n / CC BY-SA 3.0 (via Wikimedia Commons),
lizensiert unter Creative Commons-Lizenz by-sa-3.0-de
http://creativecommons.org/licenses/by-sa/3.0/legalcode*

Kein Puma

Der Eurasische Puma *Puma pardoides*

An etlichen Fundorten in Europa und an einem in Deutschland hat man fossile Reste des Pumas *(Puma pardoides)* geborgen. Die Mosbach-Sande bei Wiesbaden, in denen mehrere Arten von Raubkatzen aus dem Eiszeitalter nachgewiesen wurden, gehören bisher noch nicht zu den Puma-Fundstellen.
Die ältesten Fossilien, die man dem Zweig der Pumas zuordnen kann, kennt man aus Afrika. Sie stammen aus dem Pliozän vor mehr als 3 Millionen Jahren. Zwei Oberkiefer-Fragmente eines Pumas *(Puma pardoides)* aus dem Pliozän vor mehr als 2,6 Millionen Jahren in Georgien gelten als die ältesten bekannten Fossilien dieser Raubkatze in Europa. Diese beiden Fossilien aus Kvabebi bei Signakhi hatte der georgische Paläontologe Abesalom K. Vekua 1972 als Luchs (*Lynx issiodorensis*) fehlgedeutet.
2004 erkannte der Mainzer Zoologe Helmut Hemmer bei einer Untersuchung von Raubkatzen-Fossilien aus Kvabebi in der Sammlung des Georgian State Museum in Tiflis ihre wahre Natur als Eurasischer Puma. Der Eurasische Puma *(Puma pardoides)* wurde 1846 von dem englischen Paläontologen Richard Owen (1804–1892) erstmals wissenschaftlich beschrieben. Ebenfalls mehr als 2,6 Millionen Jahre alt sind Puma-Funde aus Shamar in der Mongolei, die als die ältesten Puma-Belege in Asien gelten.
Vor etwa 1 Million Jahren jagte der Puma *(Puma pardoides)* auch in Thüringen, wie Funde aus dem Leichenfeld bei Untermaßfeld nahe Meiningen beweisen. Dabei handelt es sich um den ältesten Nachweis eines Pumas in Deutsch-

land. In Nordamerika ist der heutige Puma (*Puma concolor*), auch Silberlöwe genannt, nicht vor 400.000 Jahren belegt. Die Funde aus dem Flussbett der Ur-Werra bei Untermaßfeld nahe Meiningen in Thüringen ermöglichen faszinierende Einblicke in die Tierwelt des Bavelium vor etwa 1,07 Millionen bis 990.000 Jahren. Dieser Abschnitt des Eiszeitalters wurde 1983 von dem niederländischen Geologen Waldo H. Zagwijn und dem Palynologen Jan de Jong, beide am Rijksgeologischen Dienst in Harlem tätig, erstmals wissenschaftlich beschrieben.
Bei den Ausgrabungen der Weimarer Paläontologen Hans-Dietrich Kahlke (1924—2017) und Ralf-Dietrich Kahlke kamen Reste ungewöhnlich vieler Tiere zum Vorschein, die bei Hochwasser ums Leben gekommen waren. In diesem Leichenfeld lagen Fossilien vom Flusspferd, Südelefanten, der Dolchzahnkatze, Säbelzahnkatze, vom Europäischen Jaguar, Puma, Gepard, Luchs, der Hyäne und vom Makaken.
In der Publikation „The Old World puma – *Puma pardoides* (Owen, 1846) (Carnivora: Felidae) – in the Lower Villfranchian (Upper Pliocene) of Kvabebi (East Georgia, Transcaucasia) and its evolutionary and biogeographical significance" von Helmut Hemmer (Mainz), Ralf-Dietrich Kahlke (Weimar) und Abesalom K. Vekua (Tiflis) von 2004 werden zahlreiche Puma-Fundorte in Europa erwähnt:
Spanien: La Puebla de Valverde
Frankreich: Ètouaires, Saint-Vallier, Le Vallonet
England: Newbourn
Niederlande: Tegelen
Deutschland: Untermaßfeld bei Meiningen
Tschechien: Stranskà Skála
Bulgarien: Varshets

Mongolei: Shamar, Beregovaya 1
Der heutige Puma (*Puma concolor*) wurde 1771 von dem schwedischen Naturforscher Carl von Linné (1707–1778) erstmals wissenschaftlich beschrieben. Pumas existieren in der Gegenwart nur noch in Nord- und Südamerika. Man nennt sie auch Silberlöwe, Berglöwe oder Kuguar. In den USA wird der Puma manchmal als Panther bezeichnet. Das ist aber ein Begriff, den man außerhalb der USA für verschiedene Großkatzen verwendet.

Puma concolor erreicht eine Schulterhöhe von etwa 70 Zentimetern. Männliche Pumas haben eine Kopf-Rumpf-Länge von durchschnittlich 1,30 Meter. Weibliche Pumas sind mit einer Kopf-Rumpf-Länge von durchschnittlich 1,10 Meter etwas kleiner. Zur Kopf-Rumpf-Länge kommt ein zwischen 66 und 78 Zentimetern langer Schwanz hinzu. Männliche Pumas wiegen bis zu 100 Kilogramm und mehr, weibliche Pumas meistens nicht mehr als 50 Kilogramm.

Pumas gelten als Kleinkatzen, sind Einzelgänger, tragen 5 Zehen an den Vorderpfoten und 4 an den Hinterpfoten und besitzen einziehbare Krallen. Sie können bis zu 4 Meter hoch und 10 Meter weit springen. Im Gegensatz zu Großkatzen brüllen sie nicht. Manche Forscher wie Truman Everts beschreiben ihren Schrei sogar als menschenähnlich. Zum Beutespektrum der Pumas gehören Säugetiere fast aller Größen vom Elch, Hirsch, Rentier bis zu Mäusen und Ratten sowie Vögel und in manchen Gegenden auch Fische. Dagegen meiden sie Aas und Reptilien. Bei der Jagd auf größere Säugetiere schleichen sich Pumas heran, springen aus kurzer Distanz auf den Rücken des Beutetieres und brechen ihm mit einem kräftigen Biss in den Hals das Genick.

*Heutiger Eurasischer Wolf (Canis lupus)
im Polar Zoo in Bardu (Norwegen).
Foto: User Mas3cf / CC BY-SA 4.0 (via Wikimedia Commons),
lizensiert unter Creative Commons-Lizenz by-sa-4.0,
https://creativecommons.org/licenses/by-sa/4.0/legalcode*

Mosbacher Wolf

Vier Wolfsarten in den Mosbach-Sanden

Zur Zeit der Ablagerung der mittleren Mosbach-Sande bei Wiesbaden vor etwa 600.000 Jahren streiften 4 Arten von Wölfen in Rudeln durch die Gegend am Ur-Main bei Wiesbaden. Durch fossile Reste sind der kleine Mosbacher Wolf *(Canis mosbachensis)*, der kleine Wolf *Cuon priscus* und der ihm ähnliche Wolf *Cuon* cf. *priscus* sowie der große Wolf *(Xenocyon* cf. *lycaonoides)* im Fundkomplex Mosbach 2 nachgewiesen. Vier Fossilien von Wölfen befinden sich in der Mosbach-Sammlung des Museums Wiesbaden. Im Naturhistorischen Museum Mainz, im Hessischen Landesmuseum Darmstadt und im Senckenberg-Museum in Frankfurt am Main bewahrt man weitere Wolfsfossilien aus den Mosbach-Sanden auf.

Den kleinen Mosbacher Wolf der Art *Canis mosbachensis,* den manche Autoren auch als Unterart namens *Canis lupus mosbachensis* betrachten, hat 1925 der Paläontologe Wolfgang Soergel (1887–1946) als Erster beschrieben. Das zur Aufstellung der neuen Art verwendete Fossil (Holotyp) stammt aus Jockgrim in der Pfalz. Der Mosbacher Wolf existierte vom mittleren bis zum späten Eiszeitalter. Er ist außer von Mosbach bei Wiesbaden in Hessen auch von Mauer bei Heidelberg und Jagsthausen in Baden-Württemberg sowie in Süßenborn in Thüringen bekannt. *Canis mosbachensis* war kleiner als die meisten Wölfe in Nordamerika und der dort vorkommende Rotwolf *(Canis rufus)*. Der finnische Wirbeltier-Paläontologe Björn Kurtén (1924–1988) hielt den Mosbacher Wolf für ähnlich groß wie den

*Paläontologe Wolfgang Soergel (1887–1946),
Erstbeschreiber des Mosbacher Wolfes (Canis mosbachensis),
Foto: Aufnahme eines unbekannten Fotografen vor 1946.*

hageren indischen Wolf (*Canis papilles*) mit einer Kopf-Rumpf-Länge von 90 Zentimetern, einer Schulterhöhe von durchschnittlich 66 Zentimetern, einer Schwanzlänge von 44 Zentimetern und einem Gewicht zwischen 15 und 20 Kilogramm.

Die anfangs in den Mosbach-Sanden geborgenen Wolfsreste konnten zunächst nicht näher bestimmt werden. Mit ihnen befassten sich 1887 und 1895 der Wiesbadener Präparator und Konservator August Römer (1825–1899) sowie 1898 der Berliner Geologe und Paläontologe Henry Schröder (1859–1927). Der Mainzer Naturforscher Wilhelm von Reichenau (1847–1925), der 1906 die Raubtiere (Carnivoren) aus den Mosbach-Sanden untersuchte, ordnete die Mosbacher Wolfsreste der 1828 von dem französischen Pfarrer und Paläontologen Jean-Baptiste Croizet (1787–1859) aus Neschers beschriebenen Art *Canis neschersensis* zu. Diese Art taucht in Artenlisten für die Mosbach-Sande von 1961 und 1978 nicht mehr auf.

Als der Paläontologe Wolfgang Soergel die Säugetierreste aus der Altsteinzeit von Jockgrim in der Pfalz untersuchte, fielen ihm Unterschiede der Wölfe von Jockgrim und Mosbach gegenüber jenen von Neschers im französischen Département Puy-de-Dôme auf. 1925 stellte er – wie erwähnt – eine neue Art namens *Canis mosbachensis* auf. 1954 betrachtete der österreichische Paläontologe Erich Thenius den Mosbacher Wolf als Unterart des Wolfes *Canis lupus* namens *Canis lupus mosbachensis*.

Über weitere Funde von Wölfen aus den Mosbach-Sanden berichtete 1936 der Darmstädter Paläontologe Karl Weitzel (1890–1949). Unter anderem schrieb er einen 24,1 Zentimeter langen Oberschenkelknochen (1916/13) dem Mos-

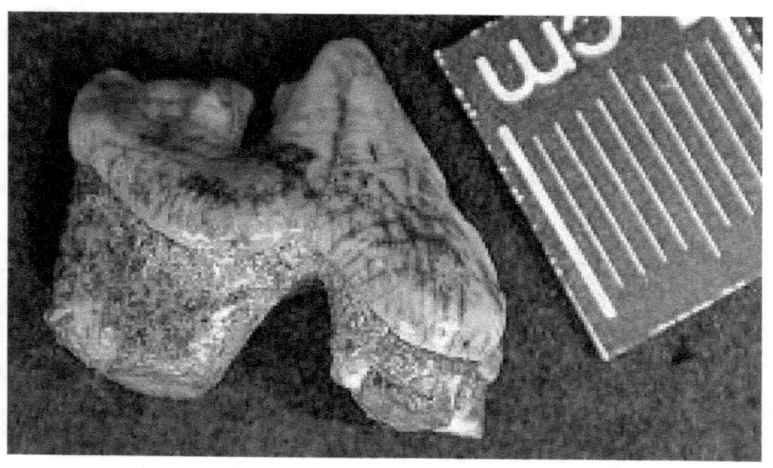

*Backenzahn eines Wolfes
aus den Mosbach-Sanden bei Wiesbaden im Museum Wiesbaden.
Auf der Internetseite „Die Mosbach-Sammlung"
heißt es: „Altwolf – Backenzahn Canis nescherensis
Inv.-Nr 178".
Foto: Museum Wiesbaden*

bacher Wolf zu, obwohl dieses Fossil für einen solchen Wolf zu groß war. Den Größenunterschied versuchte Weitzel mit dem Nebeneinander großer „Waldwölfe" und kleiner „Steppenwölfe" zu erklären. Der erwähnte große Oberschenkelknochen ging im Krieg verloren.
1957 bereicherte eine Publikation des Mainzer Paläontologen Heinz Tobien (1911–1993) die Liste der in den Mosbach-Sanden entdeckten Tierarten um eine weitere Wolfsart. Aus einer der Gruben am Hambusch war ein Unterkiefer-Fragment mit 2 Backenzähnen eines Wolfes zum Vorschein gekommen, das mit demjenigen eines Wolfes aus Hundsheim in Niederösterreich weitgehend übereinstimmte. Die Wolfsart aus Hundsheim war 1954 von Erich Thenius als *Cuon priscus* beschrieben worden. Das von Tobien erwähnte Unterkiefer-Fragment mit 2 Backenzähnen wird im Hessischen Landesmuseum Darmstadt aufbewahrt. Der deutsche Paläontologe Karl Dietrich Adam (1921–2012) betrachtete 1959 den kleinen europäischen *Cuon priscus* als Unterart der Art *Cuon alpinus* namens *Cuon alpinus priscus*, was sich aber nicht durchsetzte.
1954 hat Thenius außer *Cuon priscus* auch den dieser Art ähnlichen Wolf *Cuon* cf. *priscus* beschrieben. 1973 bildete die Göttinger Paläontologin Gerda Schütt (1931–2007) im „Mainzer Naturwissenschaftlichen Archiv" einen in den Mosbach-Sanden gefundenen Unterkiefer von *Cuon* cf. *priscus* aus dem Naturhistorischen Museum Mainz (NMM 1962/979) ab.
Neben der erwähnten „kleinen *Cuon*-Form" *(Cuon priscus)* wies 1961 der Weimarer Paläontologe Hans-Dietrich Kahlke (1924–2017) im mittleren Horizont der Mosbach-

Sande eine „große, alte *Cuon*-Form" namens *Cuon dubius stehlini* nach, die Thenius ebenfalls 1954 beschrieben hatte. Zuvor war diese Art nur von Rosières im französischen Département Ardeche und der chinesischen Lokalität 18 nahe Peking bekannt. Heute gilt *Cuon dubius stehlini* als Synonym von *Xenocyon* cf. *lycaonoides*.

Bereits 1938 beschrieb der ungarische Paläontologe Miklós Kretzoi (1907–2005) eine große Wolfsart namens *Xenocyon* cf. *lycaonoides*. Der Gattungsname *Xenocyon* heißt zu deutsch „seltsamer Hund". *Xenocyon* cf. *lycaonoides* wurde an den Fundorten Gombasek (Slowakei), Nagyharsány (Ungarn), Betfia (Rumänien), Rosières (Frankreich), Stránská skála (Tschechien), Mosbach und Würzburg-Schalksberg (beide Deutschland) nachgewiesen. Ein Unterkiefer mit 2 Zähnen von *Xenocyon* cf. *lycaonoides* aus den Mosbach-Sanden im Naturhistorischen Museum Mainz (NMM 1959/80) wurde 1973 von Gerda Schütt im „Mainzer Naturwissenschaftlichen Archiv" abgebildet.

Der erwähnte Mosbacher Wolf war im mittleren Eiszeitalter von Westeuropa bis nach Kasachstan verbreitet. Der amerikanische Paläontologe Richard H. Tedford (1929–2011) verglich den Mosbacher Wolf mit dem Zhoukoudien-Wolf *(Canis variabilis)*, der im mittleren Eiszeitalter in Teilen von China und Jakutien heimisch war. Fossile Reste des Zhoukoudien-Wolfes hat man 1934 im Höhlensystem von Zhoukoudien (früher Choukoutien) gefunden. Man barg sie in Schichten, deren Alter auf zwischen 500.000 und 200.000 Jahre geschätzt wird. In ihrer Nachbarschaft befanden sich fossile Reste des Peking-Menschen *(Homo erectus pekinensis)*. Die Wolfsreste von Zhoukoudien wurden von ihrem Entdecker, dem Paläontologen, Archäo-

logen und Anthropologen Pei Wenzhong (1904–1982) untersucht und 1934 benannt. Der Zhoukoudien-Wolf soll sich in Eurasien bis vor etwa 300.000 Jahren behauptet haben.
Der amerikanische Zoologe Ronald M. Nowak vermutete 2003, der Mosbacher Wolf sei der Vorfahr der eurasischen und nordamerikanischen Wölfe. Eine Population von *Canis mosbachensis* sei in Nordamerika eingedrungen, durch die spätere Vereisung isoliert worden und habe sich zur Art *Canis rufus* entwickelt. Eine andere Population von *Canis mosbachensis* sei in Eurasien geblieben, habe sich zur Art *Canis lupus* entwickelt und sei in Nordamerika eingewandert.
2018 wurde in einer Studie vorgeschlagen, den osteurasischen *Canis variabilis* als Unterart des westeurasischen *Canis mosbachensis* namens *Canis mosbachensis variabilis* anzuerkennen.,
Die wahren Grauwölfe erschienen – laut Online-Lexikon „Wikipedia" – gegen Ende des mittleren Eiszeitalters vor etwa 500.000 bis 300.000 Jahren. Weithin anerkannt ist die phylogenetische Abstammung von *Canis etruscus* bis *Canis mosbachensis*. Einige Autoren – wie Erich Thenius (Wien), Henri de Lumley (Paris) und Alain Argant (Grenoble) – betrachten den Mosbacher Wolf als Unterart des Grauwolfs und bezeichnen diesen als *Canus lupus mosbachensis*.
Der letzte Mosbacher Wolf in Europa stammt aus dem Eiszeitalter vor 456.000 bis 416.000 Jahren, als daraus der Grauwolf *(Canus lupus)* entstand. Die frühesten fossilen Reste eines Wolfs der Art *Canis lupus* in Europa barg man in La Polledrara di Cecanibbo, etwa 20 Kilometer nordwestlich von Rom, in 406.000 Jahre alten Ablagerungen.

Heutige Wölfe erbeuten vor allem Tiere von etwa Feldhasen- bis zu Elch- und Bisongröße, fressen aber auch Früchte und Aas. Grundnahrung des Wolfes sind im größten Teil seines Verbreitungsgebietes mittelgroße bis große pflanzenfressende Säugetiere. Im Norden jagten Wölfe überwiegend im Rudel vor allem Elche, Rentiere und andere Hirsch-Arten, aber auch Moschusochsen. In eurasischen Wäldern der gemäßigten Klimazone sind Wildschweine und in Gebirgen Wildschafe, Gämsen und Steinböcke eine häufige Beute. Kleinere Säugetiere wie Feldhasen, Wildkaninchen, Lemminge und andere Wühlmäuse werden ebenfalls erbeutet.

Literatur
KAHLKE, Hans-Dietrich: 15. *Canis lupus mosbachensis* SOERGEL. In: Revision der Säugetierfaunen der klassischen Pleistozän-Fundstellen Süßenborn, Mosbach und Taubach. In: Geologie – Zeitschrift für das Gesamtgebiet der Geologie und Mineralogie sowie der angewandten Geophysik 10(4/5): S. 504, 1961.
KAHLKE, Hans-Dietrich: 16. *Cuon priscus* (THENIUS). In: Revision der Säugetierfaunen der klassischen Pleistozän-Fundstellen Süßenborn, Mosbach und Taubach. In: Geologie – Zeitschrift für das Gesamtgebiet der Geologie und Mineralogie sowie der angewandten Geophysik 10(4/5): S. 504, 1961.
KAHLKE, Hans-Dietrich: 17. *Cuon dubius stehlini* (THENIUS). In: Revision der Säugetierfaunen der klassischen Pleistozän-Fundstellen Süßenborn, Mosbach und Taubach. In: Geologie – Zeitschrift für das Gesamtgebiet der Geologie und Mineralogie sowie der angewandten Geophysik 10(4/5): S. 504 – 505, 1961.

SCHRÖDER, Henry: Revision der Mosbacher Säugethierfauna. In: Jahrbücher des Nassauischen Vereins für Naturkunde 51: S. 212–230, Wiesbaden 1898.
SCHÜTT, Gerda: Revision der *Cuon*- und *Xenocyon*-Funde (Canidae, Mammalia) aus den altpleistozänen Mosbacher Sanden (Wiesbaden, Hessen). In: Mainzer Naturwissenschaftliches Archiv 12: S. 49–77, Mainz 1973.
SOERGEL, Wolfgang: Die Säugetierfauna des altdiluvialen Tonlagers von Jockgrim in der Pfalz. In: Zeitschrift der Deutschen geologischen Gesellschaft 77: S. 405–438, Berlin 1925.
TEILHARD DE CHARDIN, Peter: The fossils from locality 18 near Peking. In: Palaeontologia Sinica (C), 9(1): S. 1–94, Chungking 1940.
THENIUS, Erich: Die Caniden (Mammalia) aus dem Altquartär von Hundsheim (Niederösterreich) nebst Bemerkungen zur Stammesgeschichte der Gattung *Cuon*. In: Neues Jahrbuch für Geologie und Paläontologie. Abhandlungen 99(2): S. 230–286, Stuttgart 1954.
TOBIEN, Heinz: Wolfgang Soergel † (1887–1946). Ein Nachruf. In: Jahresberichte des Oberrheinischen Geologischen Vereins 32: S. 134–144, 1950.
WEITZEL, Karl: Über Reste von Mosbacher Wölfen. In: Notizblatt der hessischen Geologischen Landesanstalt 5(17): S. 79–82, Darmstadt 1936.
WIKIPEDIA (Online-Lexikon): *Canis mosbachensis*. https://en.wikipedia.org/wiki/Canis_mosbachensis
WIKIPEDIA (Online-Lexikon): Erich Thenius. https://de.wikipedia.org/wiki/Erich_Thenius

Heutiger Rotfuchs (Vulpes vulpes).
Foto: Malene Thyssen / CC BY-SA 3.0
(via Wikimedia Commons),
lizensiert unter Creative Commons-Lizenz by-sa-3.0,
https://creativecommons.org/licenses/by-sa/3.0/legalcode

Erster Fuchsfund

Der Fuchs *Vulpes* sp.

Im März 2000 glückte zum ersten Mal seit mehr als 150 Jahren der Nachweis eines Fuchses in den Mosbach-Sanden bei Wiesbaden. Diese seltene Entdeckung gelang bei einer von der Paläontologischen Denkmalpflege durchgeführten regelmäßigen Begehung im Steinbruch Ostfeld der Dyckerhoff GmbH. Darüber berichtete der Wiesbadener Paläontologe Thomas Keller 2003 im „Jahrbücher des Nassauischen Vereins für Naturkunde". Dr. Keller war damals Landespaläontologe beim Landesamt für Denkmalpflege Hessen, Abteilung Archäologische und Paläontologische Denkmalpflege im Schloss Biebrich in Wiesbaden.
Bei einer Durchsicht der in den Mosbach-Sanden geborgenen Fossilien von Raubtieren in den Aufsammlungen des Landesamtes für Denkmalpflege Hessen identifizierte Professor. Dr. Helmut Hemmer (Mainz) das im März 2000 geborgene Fossil mit der Fundnummer 5/00 als linksseitigen Eckzahn (Reißzahn) eines Fuchses (*Vulpes* sp.). Der Zahn stammte aus dem Fundkomplex Mosbach 2. Der Originalfund wird in der Paläontologischen Sammlung des Hessischen Landesmuseums Darmstadt aufbewahrt.
Ein Vergleich des fossilen Reißzahns aus den Mosbach-Sanden mit Unterkiefer-Reißzähnen heutiger Füchse *(Vulpes vulpes)* ergab engste Übereinstimmung. Der schlanke und ausgeprägt gekrümmte fossile Reißzahn ist fast identisch mit dem jetzigen Fuchs-Reißzahn. Heutige *Vulpes*-Reißzähne haben auf der distalen Kronenfläche eine Schmelzkante. Eine solche ist bei dem fossilen Reißzahn ebenfalls

Schloss Biebrich am Rhein in Wiesbaden beherbergt das Landesamt für Denkmalpflege Hessen, Abteilung Archäologische und Paläontologische Denkmalpflege. Foto: Fritz Geller-Grimm / CC BY-SA 2.5 (via Wikimedia Commons), lizensiert unter Creative Commons-Lizenz by-sa-2.5, https://creativecommons.org/licenses/by-sa/2.5/legalcode

auf kurzer Strecke erkennbar. Eine Verwechslung mit anderen Raubtieren ist unwahrscheinlich. Die Eckzähne des kleines Mosbacher W*olfes (Canis mosbachensis)* sind größer, robuster und weniger schlank. Auch die Reißzähne anderer Raubtiere – wie die des Luchses, des Dachses und des Fischotters – sind massiver und weniger stark gebogen.
Bis 2000 hat man außer in den Mosbach-Sanden auch in anderen bedeutenden Fundstellen des mittleren Eiszeitalters (Mittelpleistozän) in Deutschland, Österreich und Frankreich keinen fossilen Luchs nachweisen können. In weiteren Fundstellen sind Überreste von Füchsen selten. Im frühen mittleren Eiszeitalter Europas ist die Fuchsgattung *Vulpes* sicher mit 2 Arten belegt. Nämlich *Vulpes* L. und *Vulpes praeglacialis* KORMOS 1932. Die 1954 von dem Paläontologen Erich Thenius anhand von Material aus Hundsheim in Niederösterreich beschriebene Art *Vulpes angustidens* wurde 1971 von Marie-Françoise Bonifay als Synonym von *Vulpes praeglacialis* betrachtet.
Gegenwärtig ist der Rotfuchs *(Vulpes vulpes)* der einzige mitteleuropäische Vertreter der Füchse. Deshalb wird er meistens als „der Fuchs" bezeichnet. In Europa gilt er als der häufigste Wildhund. Der wissenschaftliche Name *Vulpes vulpes* geht auf den schwedischen Naturforscher Carl von Linné zurück.
Von allen wildlebenden Raubtieren haben Rotfüchse das größte geographische Verbreitungsgebiet. Sie leben sowohl nördlich des Polarkreises als auch in fast tropischen Gebieten. Als Lebensräume dienen Wälder, Grasland, Äcker und zunehmend menschliche Siedlungen.
Männliche heutige Rotfüchse erreichen eine Kopf-Rumpf-Länge (ohne den 35 bis 45 Zentimeter langen Schwanz) von 65 bis 75 Zentimetern. Weibliche Füchse bringen es

auf eine Kopf-Rumpf-Länge von 62 bis 68 Zentimetern (ohne den 30 bis 42 Zentimeter langen Schwanz).
Männliche Rotfüchse sind durchschnittlich 5,5 bis 7,5 Kilogramm schwer, weibliche 5 bis 6,5 Kilogramm. Es wurde aber auch ein besonders schwerer Fuchs mit 14,5 Kilogramm bekannt.
Das Fell des Rotfuchses ist teilweise oberseits rötlich und unterseits weiß. Der Farbton variiert je nach dem Verbreitungsgebiet oberseits zwischen rötlichgelb bis tiefrotbraun und unterseits zwischen reinweiß bis schiefergrau. Die unteren Teile der Beine sowie die Hinterseiten der Ohren sind schwarz gefärbt. Der Rotfuchs verliert im Frühjahr ab Anfang April sein dichtes Winterfell. Gleichzeitig bildet sich sein lichtes Sommerfell, das erst im September vollständig ist. Ab Oktober entsteht dann wieder das Winterfell.
Der Rotfuchs bewegt sich in verschiedenen Gangarten fort: Trab, schneller Trab (Schnüren), Flucht. Beim Schnüren setzt der Fuchs die Pfoten so, dass die linke Hinterpfote in den Abdruck der rechten Vorderpfote tritt und umgekehrt. Das ergibt eine Spur, bei der die Abdrücke wie an einer Schnur mit einem Abstand von etwa 30 Zentimetern angeordnet sind.
Rotfüchse geben unterschiedliche Laute von sich: drei- bis fünfsilbiges heiseres Ranzbellen („wow-wow-wow"), langgezogenes, einsilbiges Schreien oder Jammern („waaah"), oft in der Paarungszeit, trillerartiger Laut ähnlich einem Hühnerglucken oder Winseln, Keckern (tonlos „k-k-k-k") bei Auseinandersetzungen, leises, raues Geräusch ähnlich einem Pusten bei der Begrüßung von Jungtieren durch Alttiere, Alarmbellen der Alttiere, um die Jungen zu warnen,

im Nahbereich ein gedämpftes Husten, bei größerer Distanz Übergang zu scharfem Bellen.
Erdbaue von Füchsen bestehen aus einer Hauptröhre und dem Kessel sowie mehreren Fluchtröhren. Beim Graben anfallende Erde wird zwischen den Beinen nach hinten befördert, wodurch sich am Eingang ein Erdhaufen bildet. Teilweise bewohnen Füchse auch Dachsbaue, Gartenhäuser, Schuppen, Baumstümpfe, Sandhaufen, Komposte, Holzstöße oder Felsspalten. Urin dient als Markierungsflüssigkeit zur territorialen Abgrenzung.
Nach einer Tragzeit von etwas mehr als 50 Tagen bringt eine Füchsin (Fähe) oft 4 bis 6 Junge zur Welt Die 80 bis 100 Gramm schweren Welpen werden mit geschlossenen Augen geboren, die sich nach etwa 2 Wochen öffnen. Ab der 4. Woche bringen die Eltern erstmals feste Nahrung. und beginnt die Entwöhnung vom Gesäuge. In den ersten Wochen nach der Geburt verlässt die Fähe selten den Fuchsbau. Während dieser Zeit versorgt der Rüde die Fähe mit Nahrung.
Rotfüchse sind anspruchslose Allesfresser. Sie stellen ihre Ernährung bei Bestandsschwankungen der Beutetiere kurzfristig um und nehmen mit dem vorlieb, was leicht zu erbeuten oder zu finden ist. Beutetiere sind Feldmäuse, Kaninchen, junge Rehe bis zu 2 Monaten, Haushühner, Hausgänse und Hausenten. Früchte – wie Kirschen, Zwetschgen und Mirabellen – spielen im Sommer eine wichtige Rolle.
In der Literatur wird der Fuchs sehr unterschiedlich dargestellt. Mal ist er schurkisch, falsch, rachsüchtig, widerspenstig, verführerisch, mal aber auch schlau, listig und heldenhaft.

Die meisten Füchse sterben, bevor sie 1 Jahr alt werden. In Deutschland werden alljährlich einige Hunderttausend Rotfüchse von Jägern/innen erlegt. Füchse erreichen in Gefangenschaft ein Alter bis zu 14 Jahren.
Bis in die 1970er Jahre galten Füchse als Einzelgänger, die in Territorien leben und diese gegen Artgenossen verteidigen. Englische Studien in der Gegend bei Oxford zeigten, dass Füchse dort in Familiengruppen lebten und ein ausgeprägtes Sozialleben führten Ähnliches ist inzwischen in weiteren Gebieten bekannt geworden.

Literatur
BONIFAY, Marie-Françoise: Carnivores quaternaires du sud-est de la France. In: Memoires du Musée National d'Histoire Naturelle. N. S., Sir. C, 21(2): S. 43–377. Paris 1971.
GARCÍA GARCÍA, Nuria: Osos y otros carnivoros de la sierra de Atapuerca. In: Fundation Oso de Asturias. Oviedo 2003.
KELLER, Thomas: Nachweis eines Fuchses (*Vulpes* sp.) in der frühmittelpleistozänen Wirbeltierfauna der Mosbach-Sande von Wiesbaden. In: Jahrbücher des Nassischen Vereins für Naturkunde 124: S. 91–94. Wiesbaden 2003.
KOENIGSWALD von, Wighart / HEINRICH, Wolf-Dieter: Mittelpleistozäne Säugetierfaunen aus Mitteleuropa – der Versuch einer biostratigraphischen Zuordnung. In: Kaupia 9: S. 53–12. Darmstadt 1999.
MUSIL, Robert: Die Caniden der Stránská Skalá. – In: Stránská skála I, 1910–1945. 7 – Anthropos, Studia Musei Moraviae, 20 (N.S. 12): S. 77–106. Brno 1971.
THENIUS, Erich: Die Caniden (Mammalia) aus dem Altquartär von Hundsheim (Niederösterreich) nebst Bemer-

kungen zur Stammesgeschichte der Gattung *Cuon*. – Neues Jahrbuch für Geologie und Paläontologie, Abhandlungen 99(2): S. 230–286. Stuttgart 1954.
WIKIPEDIA (Online-Lexikon): Rotfuchs.
https://de.wikipedia.org/wiki/Rotfuchs

*Lebensbild des Mosbacher Bären bzw. Deninger-Bären
(Ursus deningeri)
des Paläontologen Wilfried Rosenthal aus Mannheim.
Bild: Professor Dr. Wilfried Rosendahl,
Generaldirektor der Reiss-Engelhorn-Museen Mannheim*

Mosbacher Bär

Der Deninger-Bär *Ursus deningeri*

Nach gegenwärtigem Wissensstand entwickelte sich der Höhlenbär *(Ursus spelaeus)* im Eiszeitalter vielleicht bereits vor etwa 400.000 oder erst vor ungefähr 125.000 Jahren aus dem Mosbacher Bären *(Ursus deningeri)*, der auch Deninger-Bär genannt wird. Dieser Bär wurde 1904 von dem Mainzer Naturforscher Wilhelm von Reichenau (1847–1925) anhand von etwa 600.000 Jahre alten Funden aus den Mosbach-Sanden bei Wiesbaden wissenschaftlich beschrieben. Die ausführliche Beschreibung und Begründung erfolgte 1906. Mit dem Artnamen *deningeri* erinnerte Reichenau an den in Mainz geborenen Geologen Karl Julius Deninger (1878–1917).

Deninger war der Sohn des Mainzer Chemikers Albert Deninger, der Enkel des Chemikers und Lederfabrikanten Carl-Franz Deninger sowie der Urenkel des Lederfabrikanten und Abgeordneten Carl Deninger. 1902 promovierte er zum Dr. phil., 1907 habilitierte er sich in Freiburg im Breisgau für Geologie und Paläontologie und wurde dort 1912 zum außerordentlichen Professor befördert. 1902, 1904 und 1905 reiste er nach Sardinien, 1906/1907 zu den Molukkeninseln Buru und Ceram, 1910 bis 1912 erneut zu den Molukken und führte Untersuchungen auf Java, Bali und Ceram durch. In seiner Lehrtätigkeit bevorzugte er die Paläontologie der Säugetiere, die Urgeschichte des Menschen und die Geologie der Alpen. Der Rittmeister Deninger fiel am 15. Dezember 1917 während der Italienfeldzuges bei der Durchbruchsschlacht am Isonzo

*Karl Julius Deninger (1878–1917), in Mainz geborener Geologe.
An ihn erinnert der Artname des Deninger-Bären (Ursus deningeri),
der auch Mosbacher Bär genannt wird.
Foto: Aufnahme eines unbekannten Fotografen*

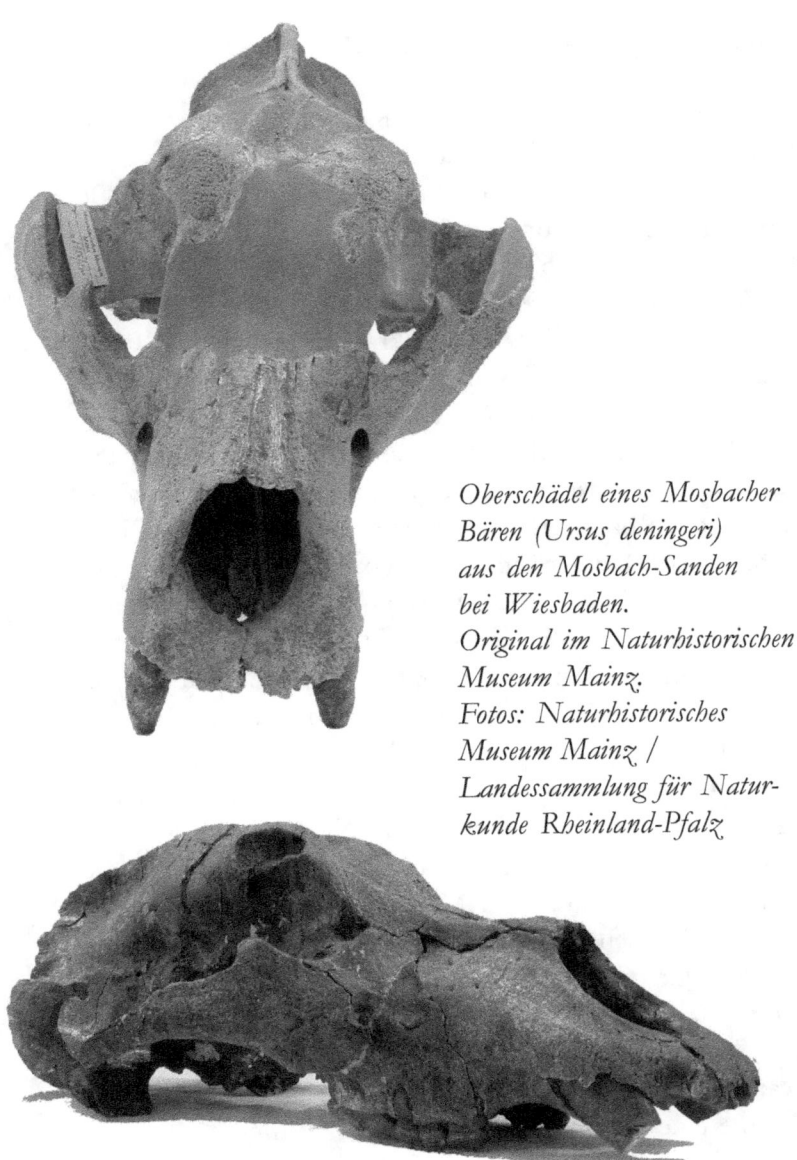

Oberschädel eines Mosbacher Bären (Ursus deningeri) aus den Mosbach-Sanden bei Wiesbaden.
Original im Naturhistorischen Museum Mainz.
Fotos: Naturhistorisches Museum Mainz / Landessammlung für Naturkunde Rheinland-Pfalz

durch eine „Granate, die den ganzen Batallonstab zerschmetterte".
Der im Deutsch-Französischen Krieg 1870/1871 verletzte Reichenau war zur Zeit seiner Erstbeschreibung des Deninger-Bären noch Konservator und damit städtischer Beamter in der Sammlung der Rheinischen Naturforschenden Gesellschaft. Am 16. Oktober 1910 entstand aus dieser Sammlung das Naturhistorische Museum Mainz, dessen erster Direktor er bis zu seiner krankheitsbedingten Pensionierung im Jahre 1913 war.
Im Fundgut der Archäologischen Denkmalpflege Hessen in Wiesbaden aus den Mosbach-Sanden sind Mosbacher Bären – nach Beobachtungen des Paläontologen Thomas Keller – die am häufigsten vertretenen Raubtiere. Keller unternahm ab 1991 Forschungen in den Mosbach-Sanden. Unter den im Naturhistorischen Museum Mainz aufbewahrten Fossilien aus den Mosbach-Sanden überwiegen bei den Raubtieren dagegen die Wölfe. Die Funde des Mosbacher Bären aus den Mosbach-Sanden stammen aus den Fundkomplexen Mosbach 1 und Mosbach 2.
Die geologisch ältesten Mosbacher Bären kennt man aus Höhlen von Deutsch-Altenburg in Niederösterreich. Dank der Reste anderer Säugetiere aus denselben Fundschichten konnte ihr Alter auf etwa 1,3 Millionen Jahre datiert werden. In Deutsch-Altenburg kamen der große Mosbacher Bär und der kleine Etruskische Bär bzw. Etruskerbär *(Ursus etruscus)* gleichzeitig vor.
Der Mosbacher Bär ähnelte äußerlich dem Höhlenbären, war aber im Durchschnitt etwas kleiner als dieser. Er erreichte eine Schulterhöhe von etwa 1,50 Meter und ein Gewicht bis zu 450 Kilogramm. Männliche Mosbacher

Bären waren merklich größer und schwerer als weibliche Artgenossen. Solche Größenunterschiede zwischen den Geschlechtern (Sexualdimorphismus) gibt es bei allen Großbären.

Die Stirnwölbung des Mosbacher Bären war noch nicht so ausgeprägt wie beim Höhlenbären. Im Laufe seiner Evolution nahm der Mosbacher Bär an Größe zu und seine vorderen Vorbackenzähne verschwanden allmählich. Seine Backenzähne besaßen nicht wie beim Höhlenbären typische zusätzliche Höcker, Kanten und Pfeiler. Die Extremitätenknochen sind schlanker als beim Höhlenbären und gleichen denen des Braunbären. Der Mosbacher Bär war hauptsächlich Vegetarier.

Wilhelm von Reichenau vertrat die Ansicht, zur Zeit der Ablagerung der Mosbach-Sande habe noch kein Höhlenbär existiert. Die häufigsten Bärenreste jener Zeit hätten der von ihm aufgestellten Art *Ursus deningeri* angehört. Dies wurde 1911 von dem Frankfurter Lehrer, Geologen, Paläobotaniker und Paläontologen Georg Friedrich Kinkelin (1836–1913) in den „Abhandlungen der Senckenbergischen Naturforschenden Gesellschaft" bestätigt. Er hatte 4 Schienbeine von Bären aus den Mosbach-Sanden untersucht. Drei größere davon stammten von *Ursus deningeri*, das kleinste von *Ursus arvernensis*, den Reichenau 1906 auch in Mosbach nachgewiesen hatte. Bei der weiteren Untersuchung der Fauna von Gombaszög (Slowakei) zog 1941 der ungarische Geologe, Paläontologe und Paläoanthropologe Kretzoi die „kleinen Bären" von Mauer und Mosbach zu einer neuen Art zusammen, die er *Ursus stehlini* nannte. Damit ehrte er den Basler Paläontologen und Zoologen Hans Georg Stehlin (1870–1941).

In der Mosbach-Sammlung des Museums Wiesbaden befinden sich 62 Fossilien von Bären. Dies entspricht 5,7 Prozent der insgesamt 1090 Mosbach-Funde. Bei den Fossilien von *Ursus deningeri* im Museum Wiesbaden handelt es sich – laut der Paläontologin Susanne Glienke – um 1 Schädel, bei dem Teile des Schädeldaches fehlen, 1 Schädelfragment ohne Zähne und 6 linke Unterkiefer-Fragmente mit 2 oder 3 Zähnen und in einem Fall mit vollständiger Bezahnung Im Naturhistorischen Museum Mainz stammten 1980 4,1 Prozent der damals 15.000 Funde aus den Mosbach-Sanden.

Ein 1978 in den Mosbach-Sanden von Wiesbaden gefundener rund 35 Zentimeter langer Unterarmknochen eines Mosbacher Bären erzählt eine Krankheitsgeschichte. An diesem Fossil fallen seitlich zwei unregelmäßig elliptisch geformte Vertiefungen mit leichten randlichen Verdickungen am Knochenschaft auf. Offenbar sind diese Vertiefungen durch Knochenabszesse (Osteomylitis) entstanden. Sie gelten als Indizien für Entzündungen an Knochen und Knochenmark, die entweder durch Erreger über die Blutbahn oder durch Verwundungen verursacht wurden. Diese krankhaften Veränderungen hatten keine Auswirkungen auf das Größenwachstum dieses Tieres. Da alle Knochenfugen geschlossen und verwachsen sind, ist dieser Bär im Erwachsenenalter gestorben. Wann und wo sich dieser Mosbacher Bär die Entzündungen zugezogen hat und ob sie seinen Tod herbeiführten, ist unbekannt. Bei einer Begehung frischer Abbautrassen im aktiven Steinbruch „Ostfeld" (Wiesbaden) durch die Paläontologische Denkmalpflege wurde die rechte Unterkieferhälfte eines Deninger-Bären mit 3 Zähnen geborgen. Hierüber

informierte 2016 der Wiesbadener Paläontologe Jan Bohatý.
2018 berichtete ein Forscherteam aus Deutschland und Spanien im Fachblatt „Historical Biology", Schädel und Unterkiefer des Deninger-Bären ähnelten sehr denen des Höhlenbären. Dies sei ein Hinweis dafür, dass beide Bären an die gleiche Ernährung angepasst und primär vegetarisch waren, erklärte die Studienleiterin Anneke van Heteren von der Zoologischen Staatssammlung München. Fossilien des Deninger-Bären seien so selten, dass es sehr schwierig sei, sie zu erforschen, erläuterte die Studien-Co-Autorin Elena Santos von der Universitäten Burgos und Madrid. Die einzige heute noch lebende rein vegetarische Bärenart sei der Riesenpanda, der sich ausschließlich von Bambus ernähre.
Wenn der Mosbacher Bär tatsächlich erst vor etwa 125.000 Jahren ausgestorben sein sollte, was der Wiener Paläontologe Gernot Rabeder meint, hat er mehr als 1 Million Jahre und somit viel länger als der Höhlenbär existiert. Das Verbreitungsgebiet des Mosbacher Bären reichte von den Britischen Inseln bis nach Ostasien und war somit viel größer als das des Höhlenbären. Es ist ein Rätsel, weshalb sich aus dem Mosbacher Bären nur in Europa der Höhlenbär entwickelt hat.
Die erste wissenschaftliche Beschreibung des Höhlenbären *(Ursus spelaeus)* erfolgte 1794 durch den Studenten Johann Christian Rosenmüller (1771–1820). Er war im Frühjahr 1792 von der Universität Leipzig an die Universität Erlangen gewechselt, um dort ein Medizinstudium zu beginnen. Von Erlangen aus unternahm er Wanderungen und Höhlenbesuche im rund 35 Kilometer entfernten Gebiet

*Johann Christian Rosenmüller (1771–1820),
Erstbeschreiber des Höhlenbären (Ursus spelaeus) von 1794.
Bild: Professor Dr. Wilfried Rosendahl,
Generaldirektor der Reiss-Engelhorn-Museen Mannheim*

um „Muggendorf im Bayreuthischen Oberland", bevor er
1794 wieder an die Universität Leipzig zurückkehrte.
Auch nach seinem Wechsel von Franken nach Sachsen
vergaß Rosenmüller die fossilen Tierreste aus den Höhlen
in der Gegend von Muggendorf nicht. Er untersuchte sorgfältig einen vollständig erhaltenen Schädel aus der Zoolithenhöhle von Burggaillenreuth bei Muggendorf. Als Zoolithen (griechisch: zoon = Tier, lithos = Stein) wurden
früher Fossilfunde bezeichnet. Rosenmüller erkannte, dass
es sich bei dem Schädel aus der Zoolithenhöhle um den
Rest eines Tieres handelte, das zwar zur Gattung der Bären
gehörte, aber weder ein Eisbär noch ein Braunbär war.
Wegen des häufigen Vorkommens solcher Bärenreste in
Höhlen bezeichnete er die neue Art als *Ursus spelaeus* (lateinisch: Ursus = Bär, griechisch: spelaia = Höhle), zu
deutsch: Höhlenbär.
Die Aufstellung der Art *Ursus spelaeus* erfolgte in der „dissertatio" namens „Quaedam de Ossibus Fossilibus Animalis cuiusdam, Historiam eius et Cognitionem accuratiorem
illustrantia". Zu deutsch: „Eine anschauliche Darstellung
der fossilen Knochen eines gewissen Tieres, seine Geschichte sowie nähere Erläuterungen". Rosenmüller legte
diese Arbeit am 22. Oktober 1794 zur Erlangung des akademischen Titels eines „Doktors der Weltweisheit" an der
Philosophischen Fakultät der Universität Leipzig vor. Damit erwarb Rosenmüller einen Titel, der dem eines heutigen
Doktors der Philosphie entspricht.
Bei dieser „dissertatio" handelte es sich nicht, wie in der
Literatur manchmal zu lesen ist, um eine Gemeinschaftsarbeit von Rosenmüller und des späteren Psychiaters Johann Christian August Heinroth (1773–1843). Heinroth

wird zwar als bei der Präsentation der Ergebnisse assistierender Student der Medizin namentlich erwähnt, aber nicht als Erwerber eines Titels. Aus diesem Grund ist das Zitat „*Ursus spelaeus* ROSENMÜLLER & HEINROTH 1794" falsch. Heinroth legte seine Dissertation zum „Dr. med." 1805 an der Universität Leipzig vor. Auf diese Tatsachen wiesen 2005 die Wissenschaftler Wilfried Rosendahl (Mannheim), Doris Döppes (Darmstadt) und Stephan Kempe (Darmstadt) hin.

1795 veröffentlichte Rosenmüller die erweiterte deutsche Fassung seiner Erstbeschreibung des Höhlenbären von 1794 unter dem Titel „Beiträge zur Geschichte und nähern Kenntniß fossiler Knochen". Auch in dieser Arbeit verwies er darauf, dass es sich bei *Ursus spelaeus* um einen Bären handle, der den Artnamen *spelaeus* zu recht verdiene. 1804 schloss Rosenmüller mit seinem Werk „Abbildungen und Beschreibungen der fossilen Knochen des Höhlenbären" seine Untersuchungen der bis dahin bekannten Skelettteile des Höhlenbären ab.

Der vermutlich vom Mosbacher Bären abstammende Höhlenbär existierte im Eiszeitalter von etwa 400.000 bis 28.000 Jahren in Europa. Nach heutigem Forschungsstand hielt er sich nur während der Winterruhe in Höhlen auf. Er erreichte eine Kopf-Rumpf-Länge bis zu 3,50 Metern und eine Schulterhöhe von ungefähr 1,70 Meter. Männliche Höhlenbären wogen 600 bis 1200 Kilogramm, also mehr als ein Bison. Obwohl der Höhlenbär als Raubtier gilt, ernährte er sich vor allem von Pflanzen.

Nur als Kuriosität sei erwähnt, dass der Wiesbadener Konservator August Römer (1825–1899) in einer 1895 veröffentlichten Artenliste für die Mosbach-Sande einen im Löss gefundenen Oberkiefer mit fast vollständiger Zahnreihe sowie ein Unterkieferbruchstück mit Zähnen einem Eisbären *(Ursus maritimus)* zuschrieb. Römer unterschied damals Funde aus dem Sand, Kies (Schotter) und Löss. Den Sand bezeichnete er als I, den Kies als II und den Löss als III. Römer war in seiner Artenliste auch vor anderen Irrtümern nicht gefeit. Aus dem Sand von Mosbach sollten angeblich Fossilien von Gämse, Steinbock und Mensch stammen.

Literatur

BOHATÝ, Jan: Fossiler Bärenunterkiefer aus Wiesbaden. In: Denkmalpflege & Kulturgeschichte 2016(4): S. 41, Wiesbaden 2016.

DER STANDARD: Schon die Vorfahren der Höhlenbären waren Vegetarier. Analysen der raren Fossilienfunde von *Ursus deningeri* deuten darauf hin, dass er schon früh eine vegetarische Richtung eingeschlagen hat. Wien, 27. Juli 2018.
https://www.derstandard.de/story/2000084207321/schon-die-vorfahren-der-hoehlenbaeren-waren-vegetarier

DÖPPES, DORIS / ROSENDAHL, Wilfried: Über einen besonderen Knochenfund aus den mittelpleistozänen Mosbach-Sanden/Hessen – ein Beitrag zur Pathologie von *Ursus deningeri* REICHENAU 1904. In: Jahresberichte und Mitteilungen des Oberrheinischen Geologischen Vereins, N.F. 92: S. 25–34, Stuttgart 2010.

EHRENBERG, Kurt: *Ursus deningeri* v. REICH. und *Ursus spelaeus* ROSEM. In: Akademie der Wissenschaften Wien, Mathematisch-Naturwissenschaftliche Klasse 10: S. 1–4, Wien 1928.

FRANK, Christa / RABEDER, Gernot (Herausgeber): Deutsch-Altenburg. In: DÖPPES, Doris / RABEDER, Gernot (Herausgeber): Pliozäne und pleistozäne Faunen Österreichs. Ein Katalog der wichtigsten Fossilfundstellen und ihrer Faunen. Mitteilungen der Kommission für Quartärforschung der Österreichischen Akademie der Wissenschaften, Band 120. Mit Beiträgen von Petra Cech, Doris Döppes, Thomas Einwögerer, Florian A. Fladerer, Christa Frank, Karl Mais, Doris Nagel, Marion Niederhuber, Martina Pacher, Rudolf Pavuza, Gernot Rabeder, Christian Reisinger, Harald Temmel, Gerhard Withalm. S. 238–269, Wien 1997.

GLIENKE, Sabine: 15) *Ursus deningeri* v. REICHENAU, 1904: In: Katalog der im Hessischen Landesmuseum Wiesbaden befindlichen Belegstücke aus den Mosbacher Sanden. Jahrbücher des Nassauischen Vereins für Naturkunde 135: S. 50–54, Wiesbaden 2014.

KAHLKE, Hans-Dietrich: 18. *Ursus deningeri* (v. REICHENAU: In: Revision der Säugetierfaunen der klassischen Pleistozän-Fundstellen Süßenborn, Mosbach und Taubach. In: Geologie – Zeitschrift für das Gesamtgebiet der Geologie und Mineralogie sowie der angewandten Geophysik 10(4/5): S. 505, 1961.

KAHLKE, Hans-Dietrich: 19. *Ursus stehlini* (KRETZOI): In: Revision der Säugetierfaunen der klassischen Pleistozän-Fundstellen Süßenborn, Mosbach und Taubach. In: Geologie – Zeitschrift für das Gesamtgebiet der Geologie und Mineralogie sowie der angewandten Geophysik 10(4/5): S. 505, 1961.

KINKELIN, Friedrich: Bären aus dem altdiluvialen Sand von Mosbach. In. Abhandlungen der Senckenbergischen

Naturforschenden Gesellschaft 29: S. 439–442, Frankfurt am Main, Januar 1911.
MINERALIENATLAS FOSSILIENATLAS: † *Ursus deningeri*. https://www.mineralienatlas.de/lexikon/index.php/FossilData?fossil=Ursus%20deningeri
MUSEUM DIGITAL: Professor Dr. Wilhelm von Reichenau. https://rlp.museum-digital.de/index.php?t=objekt&oges=1038
PROBST, Ernst: Der Vorfahre des Höhlenbären. In: Der Höhlenbär. S. 27–35, München 2015.
RABEDER, Gernot / NAGEL, Doris / PACHER, Martina (Herausgeber): Der Höhlenbär. Thorbecke Species, Band 4, Stuttgart 2000.
REICHENAU, Wilhelm von: Über eine neue fossile Bären-Art *Ursus deningeri* Mihi aus den fluviatilen Sanden von Mosbach. In: Jahrbücher des Nassauischen Vereins für Naturkunde 57: S. 1–11, Wiesbaden 1904.
RIETSCHEL, Siegfried: Kinkelin, Georg Friedrich. In: Neue Deutsche Biographie 11: S. 624–625, 1977. https://www.deutsche-biographie.de/pnd116175370.html#ndbcontent
VAN HETEREN, Anneke H. / ARLEGI, Mikel / SANTOS, Elena / ARSUAGA, Juan-Luis / GOMEZ-OLIVENCIA, Asier: Cranial and mandibular morphology of Middle Pleistocene cave bears *(Ursus deningeri)*: implications for diet and evolution. In: Historical Biology. An International Journal of Palaeobiology 31: S. 485–499, 26. Juli 2018.
WIKIPEDIA (Online-Lexikon): Karl Deninger. https://de.wikipedia.org/wiki/Karl_Deninger

*Heutiges Mauswiesel (Mustela nivalis)
im britischen Wildlife Centre in Surrey, England.
Foto: Keven Law / https://flickr.com/photos/66164549@N00/
2771844162 / CC BY-SA 2.0 (via Wikimedia Commons),
lizensiert unter Creative Commons-Lizenz) by-sa-2.0,
https://creativecommons.org/licenses/by-sa/2.0/legalcode*

Kleinstes Raubtier

Das Mauswiesel *Mustela nivalis*

Das 1776 von dem schwedischen Naturforscher Carl von Linné (1707–1778) beschriebene Mauswiesel *(Mustela nivalis)* wurde 1937 von dem deutsch-britischen Geologen und Paläontologen Frederick Everard Zeuner (1905–1963) aus London erstmals in einer Artenliste für die Mosbach-Sande bei Wiesbaden erwähnt. Ergänzt worden ist diese Liste nach Angaben des Mainzer Paläontologen Otto Schmidtgen (1879–1938), Direktor des Naturhistorischen Museum Mainz von 1914 bis 1938. Nähere Angaben über den 1937 erwähnten Fund sind nicht bekannt. Er dürfte bei der Zerstörung des Naturhistorischen Museums Mainz gegen Ende des Zweiten Weltkrieges verlorengegangen sein. Die Fossilien von *Mustela nivalis* aus den Mosbach-Sanden stammen aus dem Fundkomplex Mosbach 2.
In der Gegenwart kommen Mauswiesel in Westeuropa, Südeuropa, Mitteleuropa, Osteuropa, Nordafrika, Asien (unter anderem China, Indien) und in Nordamerika (nördliche USA, Kanada) vor. Sie haben die Maße einer großen Maus und gelten als die kleinsten Raubtiere der Welt. Ihre Kopf-Rumpf-Länge schwankt zwischen 11 und 26 Zentimetern, die Höhe zwischen 2,5 und 4 Zentimetern, die Schwanzlänge zwischen 2 und 8 Zentimetern und das Gewicht zwischen 25 und 250 Gramm. In Nordamerika bezeichnet man Mauswiesel als „Least Weasel" (kleinstes Wiesel).
Mauswiesel gehören zur Familie der Marder und werden in Deutschland auch Zwergwiesel, Kleinwiesel oder Her-

Schwedischer Naturforscher Carl von Linné (1707–1778).
Bild: Gemälde von Alexander Rosin (1718–1793) von 1775
(via Wikimedia Commons), Lizenz: gemeinfrei (Public domain).

Die von Linné eingeführte Benennung einer Art nach der Binären Nomenklatur besteht in Schrägschrift aus der Gattung (großer Anfangsbuchstabe) und der Art (kleiner Anfangsbuchstabe) sowie in Geradschrift mit dem Namen des Autors (in Großbuchstaben) und dem Jahr der Publikation. Zum Beispiel: *Hippopotamus antiquus* DESMAREST 1822. Der Name des Autors und das Jahr der Publikation stehen in Klammern, wenn der Gattungsname geändert worden ist. Zum Beispiel: *Arvicola mosbachensis* (SCHMIDTGEN 1911).

männchen genannt. Männliche Mauswiesel sind oft ungefähr ein Drittel größer als weibliche. Beide Geschlechter haben typische Mardergestalt, kurze Ohren, einen schlanken, langen Hals. kurze Beine und einen kurzen Schwanz. Das Fell ist an der Oberseite rot- bis graubraun, an der Unterseite und an den Beininnenseiten weiß bis gelblichweiß. Manchmal befinden sich dunkle Flecken auf der hellen Bauchseite. Im Gegensatz zum Hermelin *(Mustela erminea)* ist die Schwanzspitze nicht schwarz. In nördlichen Verbreitungsgebieten und im Hochgebirge sind ein weißes Winterkleid und ein geflecktes Übergangskleid üblich. Heutige Mauswiesel sind sehr anpassungsfähig. Sie leben auf trockenen Wiesen, auf Feldern, in lichten Wäldern mit Gebüschen, im deckungsreichen Ödland, in Gebirgs- und Felsgegenden, in Städten, Dörfern, Kulturlandschaften und Gärten sowie auf trockenem Gelände in Gewässernähe. Dichte Erd- und Baumlöcher, Fels- und Mauerspalten, Baumwurzeln, Steinhaufen und Baue anderer Tiere dienen als Verstecke.

Die kleinen Mauswiesel sind nacht-, tag- und dämmerungsaktiv. Meistens leben sie als Einzelgänger oder in ihrer Mutterfamilie. Sie können klettern und gut schwimmen, halten sich aber überwiegend am Boden auf. Lager in kleinen bodennahen Höhlen und Klüften werden zur Aufzucht des Nachwuchses mit Laub augepolstert. Ein Mauswiesel-Territorium kann bis zu 5 Hektar groß sein. Es wird mit Kot, Urin und Analdrüsen-Sekreten markiert.

Die Nahrung der Mauswiesel besteht vor allem aus Feld- und Wühlmäusen, aber auch aus Vögeln, Vogeleiern, Insekten, Ratten, jungen Hasen oder Kaninchen sowie Eidechsen. Mäuse und Ratten werden bis in deren Baue verfolgt.

Unter günstigen Voraussetzungen bekommt ein weibliches Mauswiesel 2mal im Jahr Nachwuchs. Die Tragzeit dauert 34 bis 37 Tage. Die Zahl der nur 1,5 Gramm schweren und einen Monat blinden Neugeborenen schwankt zwischen 3 und 10. In der 4. Lebenswoche öffnen Neugeborene ihre Augen. Bald danach verlassen sie erstmals ihr Nest. Im Alter von 3 bis 4 Monaten sind Jungtiere selbständig. Bald danach erfolgt die Trennung von ihrer Mutter.
Angeblich sind Mauswiesel nicht sehr lautfreudig. Zu ihrer Lautgebung gehören Zischen, Zirpen, Trillern sowie kurzes schrilles Kreischen bei Störung und Gefahr. Beim Paarungsspiel kollert das männliche Mauswiesel und girrt das weibliche. Jungtiere piepsen.
Zu den Feinden der Mauswiesel zählen andere Marder, Katzen, Füchse, Greifvögel, Krähen und Weißstörche. Die Lebenserwartung beträgt bis zu 8 Jahre.
Einst galten Mauswiesel als Unglücksboten, die bösen Einfluss auf Menschen hätten. Das Fauchen, welches Mauswiesel zur Warnung ausstoßen, deutete man als Anzeichen einer „dämonischen Vergiftung". Zur Zeit der Hexenverfolgung sind Mauswiesel wegen ihrer Rolle als „dämonische Hausgeister" als Anzeichen für Hexerei verkannt worden.

Literatur
KAHLKE, Hans-Dietrich: 20. ? *Mustela nivalis* LINNAEUS: In: Revision der Säugetierfaunen der klassischen Pleistozän-Fundstellen Süßenborn, Mosbach und Taubach. In: Geologie – Zeitschrift für das Gesamtgebiet der Geologie und Mineralogie sowie der angewandten Geophysik 10(4/5): S. 506, 1961.

SCHILLING, Detlef / SINGER, Detlef / DILLER, Helmut: Mauswiesel *Mustela nivalis* Linné 1766. In: BLV Bestimmungsbuch Säugetiere. 181 Arten Europas. S. 177–178. München, Wien, Zürich 1983.
WIKIPEDIA (Online-Lexikon): Mauswiesel. https://de.wikipedia.org/wiki/Mauswiesel

Heutiger Europäischer Iltis oder Waldiltis (Mustela putorius) im Skandinavisk Dyrepark, Djursland, Dänemark.
Foto: Malene Thyssen / CC BY-SA 3.0
(via Wikimedia Commons),
lizensiert unter Creative Commons-Lizenz by-sa-3.0,
https://creativecommons.org/licenses/by-sa/3.0/legalcode

Viele Mardernamen

Der Waldiltis *Mustela putorius*

Der Waldiltis *(Mustela putorius)* wurde 1758 von dem schwedischen Naturforscher Carl von Linné (1707–1778) beschrieben. Dieses Tier bezeichnet man auch als Europäischen Iltis oder Gemeinen Iltis. Der Mainzer Naturforscher Wilhelm von Reichenau (1847–1925), Direktor des Naturhistorischen Museums Mainz von 1910 bis 1913, erwähnte *Mustela putorius* 1910 in seiner „Revision der Mosbacher Säugetierfauna". Ein im Naturhistorischen Museum Mainz aufbewahrter Röhrenknochen des Unterarmes eines solchen Waldiltis wurde auch in späteren Artenlisten übernommen. Nämlich 1912 und 1914 von dem Paläontologen Wolfgang Soergel (1887–1946), 1921 von dem Hanauer Studienrat Wilhelm Wenz (1886–1945) und 1937 von dem deutsch-britischen Geologen und Paläontologen Frederick Everard Zeuner (1905–1963). Das Fundstück ging bei der Zerstörung des Naturhistorischen Museums Mainz gegen Ende des Zweiten Weltkrieges verloren. Fossile Reste von *Mustela putorius* hat man bisher in den Mosbach-Sanden nur im Fundkomplex Mosbach 2 geborgen.

Europäische Iltisse *(Mustela putorius)* sind heutzutage in nahezu ganz Europa verbreitet. Sie zählen zu den am häufigsten vorkommenden einheimischen Mardern und tragen viele Namen. Nämlich Iltis, Waldiltis, gemeiner Iltis, Schwarzer Iltis, Europäischer Iltis, Frettchen, Ratz, Stänker oder Fiss. Ungeachtet des Namens Waldiltis ist dieses Tier kein ausgeprägter Waldbewohner. Es lebt eher an Waldrändern, aber auch auf Feldern und Wiesen.

Männliche Iltisse erreichen eine Kopf-Rumpf-Länge zwischen 30 und 46 Zentimetern und ein Gewicht zwischen 0,4 und 1,7 Kilogramm. Weibliche Iltisse bringen es auf eine Kopf-Rumpf-Länge zwischen 20 und 38 Zentimetern und ein Gewicht zwischen 0,2 und 0,9 Kilogramm. Der Körper ist schlank und langgestreckt. Die Gliedmaßen sind kurz, der Schwanz ist zwischen 7 und 19 Zentimeter lang. Das Fell des Europäischen Iltis ist dunkelbraun oder schwarz. Die Schnauze, der Bereich hinter den Augen und die Spitzen der Ohren sind weiß. Schwarze Flecken um und vor den Augen sorgen für eine maskenähnliche Gesichtszeichnung. Im Sommer und im Winter trägt das Fell die gleiche Farbe, ist aber im Sommer dünner.
Europäische Iltisse liegen tagsüber in selbst gegrabenen Bauen, Felsspalten, hohlen Bäumstämmen und verlassenen Bauen anderer Tiere. Sie werden erst nachts aktiv und jagen dann Frösche, Kröten, Vögel, Fische, Nagetiere und gelegentlich auch Schlangen. Ihr Revier markieren sie mit dem Sekret ihrer Analdrüse. Jenes übelriechende Sekret setzen sie auch zur Verteidigung ein.
Die Paarung erfolgt irgendwann im März bis Juni. Davor kann es zu Kämpfen zwischen männlichen Tieren um das Paarungsvorrecht kommen. Während der Begattung stellt das männliche Tier das weibliche mit einem Nackenbiss ruhig. Nach einer Tragzeit von ungefähr 42 Tagen bringt das weibliche Tier 3 bis 7 Jungtiere zur Welt.
Im 1. Jahrtausend v. Chr. zähmten Menschen wilde Iltisse und setzten sie für die Jagd auf Kaninchen, Ratten und Mäuse ein. Auf diese Weise entstand die domestizierte Form des Iltisses, das Frettchen *(Mustela putorius furo)*.

Literatur
KAHLKE, Hans-Dietrich: 21. *Mustela putorius* LINNAEUS: In: Revision der Säugetierfaunen der klassischen Pleistozän-Fundstellen Süßenborn, Mosbach und Taubach. In: Geologie – Zeitschrift für das Gesamtgebiet der Geologie und Mineralogie sowie der angewandten Geophysik 10(4/5): S. 506, 1961.
SCHILLING, Detlef / SINGER, Detlef / DILLER, Helmut: Iltis *Mustela putorius* Linné 1758. In: BLV Bestimmungsbuch Säugetiere. 181 Arten Europas. S. 175–176. München, Wien, Zürich 1983.
WIKIPEDIA (Online-Lexikon): Europäischer Iltis.
https://de.wikipedia.org/wiki/Europ%C3%A4ischer_Iltis
WIKIPEDIA (Online-Lexikon): Frettchen.
https://de.wikipedia.org/wiki/Frettchen

Schädel des Europäischen Iltis oder Waldiltis im Museum Wiesbaden. Foto: Klaus Rassinger und Gerhard Cammerer, Museum Wiesbaden / CC BY-SA 3.0 (via Wikimedia Commons),
lizensiert unter Creative Commons-Lizenz by-sa-3.0,
https://creativecommons.org/licenses/by-sa/3.0/legalcode

Heutiger Vielfraß (Gulo gulo) im Gras.
Foto: Zefram / CC BY-SA 3.0 (via Wikimedia Commons),
lizensiert unter Creative Commons-Lizenz by-sa-3.0,
https://creativecommons.org/licenses/by-sa/3.0/legalcode

Lautloser Jäger

Der Vielfraß *Gulo schlosseri*

Bei der Untersuchung neuer Raubtierfunde aus dem älteren Eiszeitalter von Somlyóhegy bei Püspökfürdö in Ungarn erkannte 1914 der Geologe, Paläontologe, Höhlenkundler und Archäologe Theodor (Tivadar) Kormos (1881–1946) eine neue Vielfraß-Art, die er *Gulo schlosseri* nannte. Der lateinische Gattungsname *Gulo* heißt Vielfraß. Mit dem Artnamen *schlosseri* ehrte Kormos den Münchner Paläontologen Professor Max Schlosser (1854–1932). Kormos ordnete der von ihm beschriebenen Vielfraß-Art unter anderem auch einen 1910 durch Wilhelm von Reichenau publizierten Vielfraß-Unterkiefer aus den Mosbach-Sanden bei Wiesbaden zu. Auch Reichenau hatte gegenüber dem 1758 von dem schwedischen Naturforscher Carl von Linné (1707–1778) beschriebenen Vielfraß *Gulo gulo* Abweichungen in punkto Form und Größe festgestellt.
Der Zoologe Max Hilzheimer (1877–1946) deutete 1936 *Gulo schlosseri* nur als Unterart von *Gulo gulo*. Hilzheimer wurde wegen der jüdischen Herkunft seiner Eltern 1935 die deutsche Staatsbürgerschaft aberkannt. Im Januar 1936 versetzte man ihn als Direktor der Naturwissenschaftlichen Abteilung am Märkischen Museum in Berlin in den Ruhestand. Bis 1939 verlor er alle Ämter, Ehrenämter und Möglichkeiten einer Mitarbeit bei Instituten, Gesellschaften und Verlagen. Durch den Mainzer Paläontologen Heinz Tobien (1911–1993) erfolgte 1957 eine Neubearbeitung des seltenen Vielfraß-Fundes. Er betrachtete *Gulo schlosseri* als selbständige Art.

*Ungarischer Geologe, Paläontologe,
Höhlenkundler und Archäologe
Theodor (Tivadar) Kormos (1881–1946),
Erstbeschreiber des Vielfraßes (Gulo schlosseri) von 1914.
Foto: Aufnahme eines unbekannten Fotografen
aus den 1910er Jahren.*

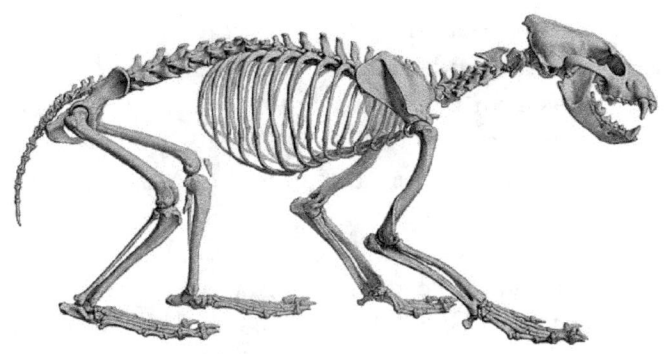

*Skelettrekonstruktion eines Vielfraßes
aus Henri-Marie Ducrotay de Blainville (1777–1850):
„Description iconographique comparée du squelette et du système
dentaire des mammifères récents et fossiles" (1839–1864).
Bild (via Wikimedia Commons),
Lizenz: gemeinfrei (Public domain)*

*Darstellung der nordischen Sagengestalt Gulon
in dem Werk „Historia de gentibus septentrionalibus"
des schwedischen katholischen Geistlichen, Kartographen und
Geographen Olaus Magnus (1490–1557) von 1555.*

In der 1987 von den Paläontologen Wighart von Koenigswald (damals Darmstadt) und Heinz Tobien (Mainz) veröffentlichten Artenliste für die Mosbach-Sande wurden der Vielfraß *Gulo schlosseri* nur dem Fundkomplex Mosbach 2 und der Vielfraß *Gulo gulo* nur dem Fundkomplex Mosbach 3 zugerechnet.
Der Vielfraß aus der Familie der Marder existiert heute im nördlichen Eurasien und in Nordamerika. Man bezeichnete ihn auch als Bärenmarder, Gierling, Giermagen oder Gierschlund. Die Herkunft des Tiernamens Vielfraß ist unklar. Nach einer Theorie verdankt der Vielfraß seinen Namen der Eigenschaft, alles halbwegs Genießbare in die Nähe seines Schlupfwinkels zu schleppen und dort große Vorräte anzulegen.
Der jetzige Artname *Gulo gulo* erinnert an die gefräßige nordische Sagengestalt Gulon. Diese soll so groß wie ein Hund sein, einen Kopf, Ohren und Krallen wie eine Katze besitzen und einen Schwanz wie ein Fuchs haben.
Das heutige Verbreitungsgebiet der Vielfraße umfasst Skandinavien, das nördliche Sibirien, Alaska, Teile von Kanada und teilweise den Nordwesten der USA. Gegenwärtige Vielfraße erreichen eine Kopf-Rumpf-Länge von 65 bis 105 Zentimetern und eine Schwanzlänge von 17 bis 26 Zentimetern. Männliche Tiere wiegen bis zu 32 Kilogramm, weibliche maximal 20 Kilogramm. Vielfraße werden vor allem nachts aktiv. Sie sind in erster Linie Bodenbewohner, können aber gut klettern und schwimmen. Aus Gräsern und Blättern legen sie Nester in Höhlen, Felsspalten oder unter umgestürzten Bäumen an. Wie die meisten Marder sind Vielfraße Einzelgänger. Im Sommer verzehren Vielfraße Aas, im Winter jagen sie fast lautlos auf Schnee vor

allem Schneehasen, Mäuse, Eichhörnchen, und Schneehühner. Weibliche Vielfraße bringen einmal im Jahr 2 bis 4 Jungtiere zur Welt.

Literatur
KAHLKE, Hans-Dietrich: 25. *Gulo schlosseri* KORMOS: In: Revision der Säugetierfaunen der klassischen Pleistozän-Fundstellen Süßenborn, Mosbach und Taubach. In: Geologie – Zeitschrift für das Gesamtgebiet der Geologie und Mineralogie sowie der angewandten Geophysik 10(4/5): S. 506, 1961.
KORMOS, Tivadar. Drei neue Raubtiere aus den Präglazial-Schichten des Somlyóhegy bei Püspökfürdö. Buchdruckerei des Franklin-Vereins, 1914.
SCHILLING, Detlef / SINGER, Detlef / DILLER, Helmut: Vielfraß *Gulo gulo* Linné 1758. In: BLV Bestimmungsbuch Säugetiere. 181 Arten Europas. S. 172–173. München, Wien, Zürich 1983.
TOBIEN, Heinz: *Cuon* HODG und *Gulo* FRISCH (Carnivora, Mammalia) aus den altpleistozänen Sanden von Mosbach bei Wiesbaden. In: Acta Zoologica Cracoviensia 2: S. 433–451, Krakau 1957.
WIKIPEDIA (Online-Lexikon): Vielfraß. https://de.wikipedia.org/wiki/Vielfra%C3%9F

*Heutiger Europäischer Dachs (Meles meles)
aus der Familie der Marder.
Foto: BadgerHero / CC BY-SA 3.0 (via Wikimedia Commons)
lizensiert unter Creative Commons-Lizenz by-sa-3.0,
https://creativecommons.org/licenses/by-sa/3.0/legalcode*

Mosbacher Grimbart

Der Dachs *Meles meles*

Einen Unterkiefer im Museum Wiesbaden, welcher der 1758 von dem schwedischen Naturforscher Carl von Linné (1707–1778) beschriebenen Dachs-Art *Meles meles* zugewiesen wurde, hat man bereits in den ältesten Artenlisten für die Mosbach-Sande bei Wiesbaden aufgeführt. Der Mainzer Naturforscher Wilhelm von Reichenau rechnete dieses Fossil der 1780 von dem preußischen Naturforscher Peter Simon Pallas (1741–1811) beschriebenen Art *Meles taxus* zu. Weil der Backenzahn M1 dieses Unterkiefers tief abgekaut ist, kann er nicht mit demjenigen des vom ungarischen Geologen, Paläontologen, Höhlenkundler und Archäologen Theodor (Tivadar) Kormos (1881–1946) beschriebenen Dachses von Püspökfürdö namens *Meles meles atavus* verglichen werden. Aus chronologischen Gründen könnte der Mosbacher Dachs der gleichen Unterart wie derjenige aus Püspökfürdö angehören. *Meles meles* ist in den Mosbach-Sanden nur aus dem Fundkomplex Mosbach 2 bekannt.

Der Europäische Dachs *(Meles meles)* aus der Familie der Marder existiert heute in ganz Europa sowie ostwärts bis zur Wolga, zum Kaukasus und in Afghanistan. Er ist seit Anfang der 2000er Jahre eine von 4 Arten der Gattung *Meles*: Europäischer Dachs *(Meles meles)*, Asiatischer Dachs *(Meles leucurus)*, Transkaukasischer Dachs *(Meles canescens)* und Japanischer Dachs *(Meles anakuma)*. Zuvor wurde der Dachs in einer einzigen Art zusammengefasst. Im Volksmund bezeichnet man den Dachs auch als „Grimbart".

Preußischer Naturforscher
Peter Simon Pallas (1741–1811).
Bild: (via Wikimedia Commons),
Lizenz: gemeinfrei (Public domain)

Heutiger Dachs (Meles meles) in seinem Bau.
Zeichnung von William Henry Freeman von 1842.
Bild: (Wikimedia Commons),
Lizenz: gemeinfrei (Public domain)

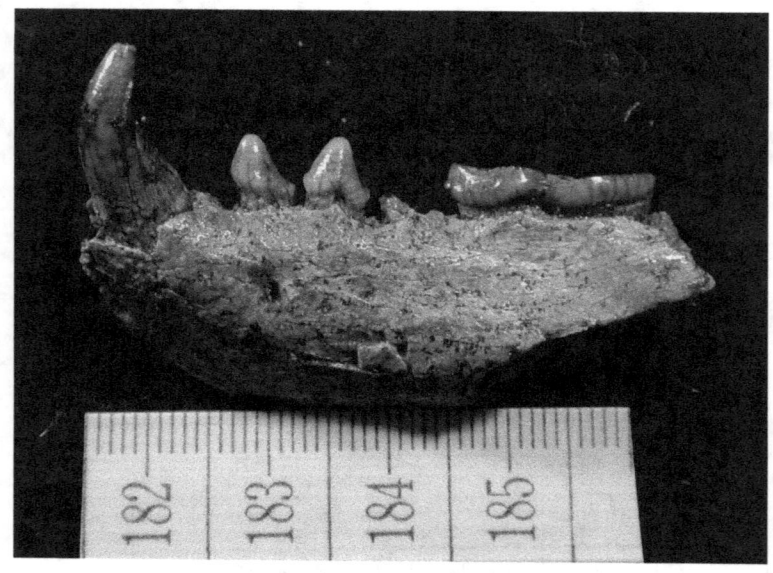

*Unterkiefer eines Dachses (Meles meles),
Inventar-Nummer 166,
aus den Mosbach-Sanden bei Wiesbaden im Museum Wiesbaden.
Foto: Museum Wiesbaden*

Pfote eines heutigen Dachses (Meles meles),
Foto: Delles / CC BY-SA 3.0 (via Wikimedia Commons),
lizensiert unter Creative Commons-Lizenz by-sa-3.0,
https://creativecommons.org/licenses/by-sa/3.0/legalcode

Heutige Dachse (Meles meles) vor ihrem Bau.
Zeichnung des deutschen naturwissenschaftlichen Malers
und Tierillustrators Walter Heubach (1865–1923)
(via Wikimedia Commons),
Lizenz: gemeinfrei (Public domain)

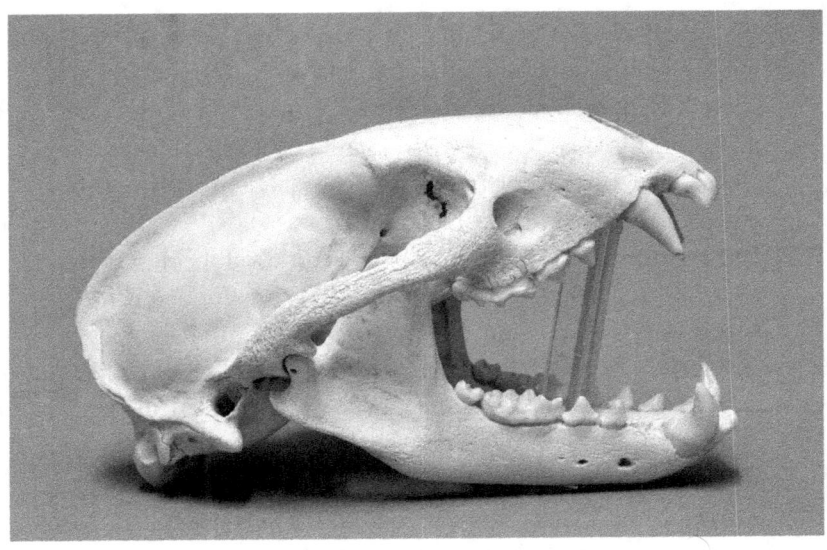

Schädel eines heutigen Dachses im Museum Wiesbaden.
Foto: Klaus Rassinger und Gerhard Cammerer, Museum
Wiesbasden / CC BY-SA 3.0 (via Wikimedia Commons),
lizensiert unter Creative Commons-Lizenz by-sa.3.0,
https://creativecommons.org/licenses/by-sa/3.0/legalcode

Im Gegensatz zu anderen Mardern ist der Europäische Dachs kein ausschließlicher Fleischfresser. Er verzehrt vor allem Pflanzenkost wie Wildobst, Wurzeln, Beerenobst, Samen und Pilze. Als Allesfresser verschmäht er auch kleine Tiere wie Würmer, Schnecken, Kleinsäuger, Insekten, Nestlinge, und Vogeleier nicht.

Jetzige Europäische Dachse graben im Waldboden imposante Baue, die meist größer als jene von Füchsen sind. Dachsbaue können im Laufe von Jahrzehnten enorme Ausmaße mit mehreren Etagen erreichen. Der Wohnkessel liegt in etwa 5 Metern Tiefe und ist über viele Ein- und Ausgänge mit der Erdoberfläche verbunden.

Der etwa fuchsgroße, aber schwerere und plumpere Europäische Dachs aus der Gegenwart erreicht eine Kopf-Rumpf-Länge zwischen 64 und 88 Zentimetern, eine Schwanzlänge zwischen 11 und 18 Zentimetern, eine Höhe bis zu 30 Zentimetern und ein Gewicht von 7 bis 14 Kilogramm. Weibliche Tiere sind kleiner und leichter als männliche.

Der Kopf des Europäischen Dachses ist schlank, die Schnauze spitz zulaufend und die Pfoten sind kräftig. Typisch ist vor allem die schwarz-weiße Zeichnung des Kopfes. Der bis zu 15,4 Zentimeter lange Schädel hat einen bis zu 1,6 Zentimeter hohen Scheitelkamm. Das Gebiss ist für schneidende und mahlende Tätigkeiten ausgelegt. Meistens trägt ein Dachs insgesamt 38 Zähne im Ober- und Unterkiefer.

Der Körperbau des gegenwärtigen Europäischen Dachses ist relativ breit und flach, die Beine sind kurz. Die Vorderpfoten sind doppelt so lang wie die Hinterpfoten und tragen Krallen, die sich gut zum Graben eignen.

Literatur
GÄRTNER, W..: Pallas, Peter Simon. In: Neue Deutsche Biographie 20: S. 14–16. 2001. Online-Version: https://www.deutsche-biographie.de/pnd118591371.html#ndbcontent
KAHLKE, Hans-Dietrich: 23. *Meles meles* ssp.: In: Revision der Säugetierfaunen der klassischen Pleistozän-Fundstellen Süßenborn, Mosbach und Taubach. In: Geologie – Zeitschrift für das Gesamtgebiet der Geologie und Mineralogie sowie der angewandten Geophysik 10(4/5): S. 506, 1961.
SCHILLING, Detlef / SINGER, Detlef / DILLER, Helmut: Dachs *Meles meles* Linné 1758. In: BLV Bestimmungsbuch Säugetiere. 181 Arten Europas. S. 183–184. München, Wien, Zürich 1983.
WIKIPEDIA (Online-Lexikon): Europäischer Dachs. https://de.wikipedia.org/wiki/Europ%C3%A4ischer_Dachs

Heutiger Europäischer Fischotter (Lutra lutra) oder Wassermarder.
Foto: Bernard Landgraf / CC BY-SA 3.0
(via Wikimedia Commons),
lizensiert unter Creative Commons-Lizenz by-sa-3.0,
https://creativecommons.org/licenses/by-sa/3.0/legalcode

Der Wassermarder
Der Fischotter *Lutra* sp.

1961 wies der Weimarer Paläontologe Hans-Dietrich Kahlke (1924–2017) in seiner „Revision der Säugetierfaunen der klassischen Säugetier-Fundstellen von Süßenborn, Mosbach und Taubach auf neue Funde hin. Darunter befand sich ein Unterkiefer-Fragment mit einem Backenzahn M3 eines Fischotters der Gattung *Lutra* aus den Mosbach-Sanden. Die Paläontologen Wighart von Koenigswald (damals Darmstadt) und Heinz Tobien (Mainz) erwähnten in ihrer 1987 veröffentlichten Artenliste für die Mosbach-Sande, dass *Lutra* sp. im Fundkomplex Mosbach 2 zum Vorschein kam. Den Fischotter *(Lutra lutra)* hat bereits 1758 der schwedische Naturforscher Carl von Linné (1707–1778) beschrieben.

Der vom Aussterben bedrohte Europäische Fischotter *(Lutra lutra)* oder Wassermarder kommt heute fast in ganz Europa vor. Nur auf Island und auf Inseln im Mittelmeer ist er nicht heimisch,. In Asien existiert er nördlich bis zum Polarkreis und ein wenig darüber hinaus, meidet dort allerdings Steppen und Wüsten. Im westlichen Nordafrika lebt er in Marokko und Algerien. In Mitteleuropa gibt es größere Bestände in Tschechien, im Bayerischen Wald und in Ostdeutschland.

Fischotter sind an das Leben im Wasser angepasste Marder und zählen – laut Online-Lexikon „Wikipedia" – zu den besten Schwimmern unter den Landraubtieren. Sie erreichen eine Kopf-Rumpf-Länge bis zu 90 Zentimetern, eine Schulterhöhe von etwa 25 bis 30 Zentimetern und ein

Gewicht bis zu 12 Kilogramm. Männliche Fischotter sind durchschnittlich 10,5 Kilogramm schwer, weibliche etwa 7,4 Kilogramm.

Der Kopf des Europäischen Fischotters wirkt rundlich und stumpfschnauzig. An der Schnauze befinden sich lange Tasthaare. Der Körper ist gestreckt und walzenförmig. Die Beine sind kurz, die Zehen mit Schwimmhäuten verbunden. Schätzungsweise 80 bis 100 Millionen Haare schützen den Fischotter gegen Kälte und Nässe. Die Haare sind wie bei einem Reißverschluss durch mikroskopisch kleine, ineinander greifende Keile und Rillen miteinander verzahnt.

Fischotter bevorzugen flache Flüsse mit zugewachsenen Ufern und Überschwemmungsgebieten als Lebensraum. Sie sind am Tag und in der Nacht aktiv. Am Ufer graben sie einen Bau, dessen Eingang etwa einen halben Meter unter der Wasseroberfläche liegt. Die Wohnkammer liegt über der Hochwasserzone und bleibt trocken Ein Luftschacht dient als Verbindung zur Außenwelt.

Fischotter jagen und verzehren vor allem kleine Fische, aber auch Blässhühner, Enten, Möwen, Bisamratten, Schermäuse, Kaninchen, Schnecken, Frösche, Flusskrebse und Insekten. Kleinere Beutetiere fressen sie im Wasser, größere bringen sie vor dem Verzehr erst an Land.

Die Hauptpaarungzeit liegt im Februar und März. Nach einer Tragzeit des weiblichen Fischotters zwischen 58 und 62 Tagen kommen einmal im Jahr 1 bis 4 Junge zur Welt. Bei der Geburt sind die Jungtiere blind, selten länger als 15 Zentimeter und wiegen etwa 80 bis 100 Gramm. Die anfangs hilflosen Jungtiere krabbeln nach etwa 2 Wochen im Bau umher. Frühestens nach 1 Monat öffnen sie ihre Augen. Die ersten Schwimmversuche erfolgten ab der 6. Lebenswoche. Von ihrer Mutter werden sie zwischen 8 und 14 Wochen gesäugt. In der Regel bleiben Jungtiere 14 Monate in Nähe ihrer Mutter und lernen in dieser Zeit, selbst zu jagen.

Literatur
BERG, Dietrich E.: Prof. Dr. Heinz Tobien (1911–1993). In: Mainzer Naturwissenschaftliches Archiv 47: S. 185–186. Mainz 2009.
KAHLKE, Hans-Dietrich: 24. *Lutra* sp.: In: Revision der Säugetierfaunen der klassischen Pleistozän-Fundstellen Süßenborn, Mosbach und Taubach. In: Geologie – Zeitschrift für das Gesamtgebiet der Geologie und Mineralogie sowie der angewandten Geophysik 10(4/5): S. 506, 1961.
SCHILLING, Detlef / SINGER, Detlef / DILLER, Helmut: Fischotter *Lutra lutra* Linné 1758. In: BLV Bestimmungsbuch Säugetiere. 181 Arten Europas. S. 181–183. München, Wien, Zürich 1983.
WIKIPEDIA (Online-Lexikon): Fischotter.
https://de.wikipedia.org/wiki/Fischotter
WIKIPEDIA (Online-Lexikon): Wighart von Koenigswald.
https://de.wikipedia.org/wiki/Wighart_von_Koenigswald

*Höhlenhyäne (Crocuta crocuta spelaea) aus der Weichsel-Kaltzeit,
nach N. Zijidenbos, Eindhoven.
Zeichnung: Theo de Jong / Prehistorische dierenresten
uit Noord-Brabant 1998 / CC BY-4.0
(via Wikimedia Commons),
lizensiert unter Creative Commons-Lizenz by-4.0,
https://creativecommons.org/licenses/by/4.0/legalcode*

Hyänen-Wirrwarr

Tüpfelhyäne und Streifenhyäne in Mosbach

Am Anfang der Erforschung von Hyänenresten aus den Mosbach-Sanden bei Wiesbaden stand ein Irrtum. Man ordnete sie nämlich allesamt der 1823 von dem Bonner Paläontologen und Zoologen Georg August Goldfuß (1782–1848) beschriebenen Höhlenhyäne zu. Goldfuß bezeichnete diese kialtzeitliche Tüpfelhyäne als *Hylaea crocuta spelaea*. In Wirklichkeit war die Höhlenhyäne kein Höhlenbewohner, sondern nutzte Höhlen nur als Fraßplatz. Heute trägt die Höhlenhyäne den wissenschaftlichen Namen *Crocuta crocuta spelaea*.

Als erste Hyänenfunde aus Mosbach gelten ein Schädel im Museum Wiesbaden und ein Unterkiefer im Naturhistorischen Museum Mainz aus der 2. Hälfte des 19. Jahrhunderts. Der Wiesbadener Präparator und Konservator August Römer (1825–1899) erwähnte diese Fossilien 1887 und 1895 nur listenmäßig als *Hyaena spelaea*. Der Berliner Geologe und Paläontologe Henry Schröder (1859–1927) führte 1898 jene Hyänenfunde als *Hyaena crocuta* var. *spelaea* auf. Schröder schrieb 1898 in seiner „Revision der Mosbacher Säugethierfauna": „*Hyaena crocuta* var. *spelaea* Goldf. Eins der Prachtstücke des Wiesbadener Museums ist ein tadellos mit Zähnen erhaltener Schädel. Im Mainzer Museum befindet sich eine Unterkieferhälfte. Im Zahnbau habe ich keine erhebliche Abweichung dieser Stücke von den in jüngeren Ablagerungen vorkommenden *Hyaena*-Resten feststellen können. Betreffs der Massverhältnisse des Schädels steht ein Vergleich nicht an, da mir bisher

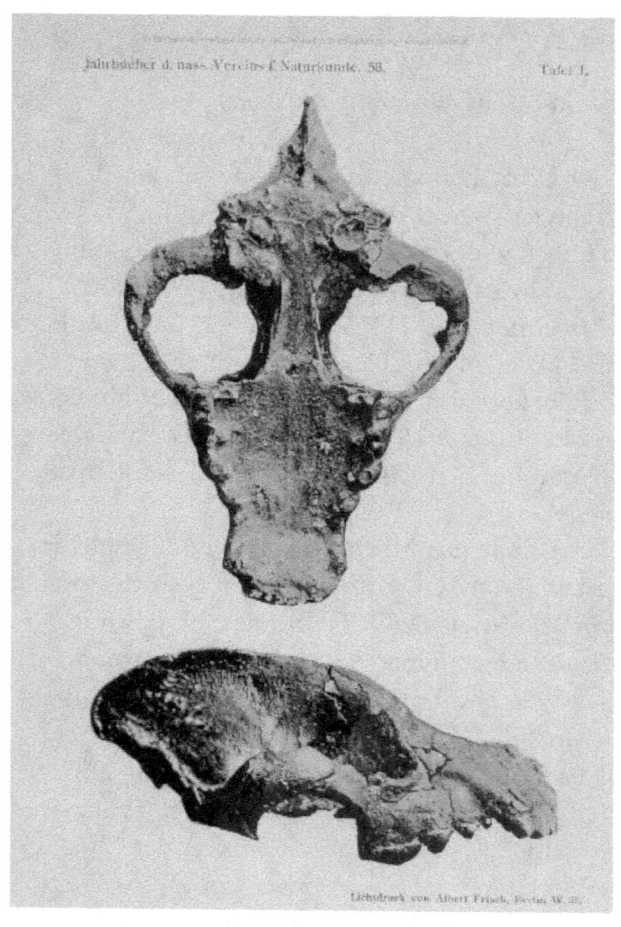

Abbildung aus Wilhelm von Reichenau: „Über einen Schädel der Hyaena Arvernensis Croizet et Jobert aus dem Mosbacher Sande" in „Jahrbücher des Nassauischen Vereins für Naturkunde 1905"

nicht genügend vollständiges Material von Schädeln der Höhlenhyäne zur Verfügung gestanden hat".

1905 und 1906 erfolgte eine ausführliche Beschreibung dieser beiden Hyänenfossilien durch den Mainzer Naturforscher Wilhelm von Reichenau (1847–1925). Er erkannte, dass der im Museum Wiesbaden aufbewahrte Schädel einer großen Hyäne aus Mosbach von der aus der Auvergne bekannten Art *Hyaena arvernensis* (heute: *Hyaena perrieri*) stammte. Jene Art war 1828 anhand von 3 Backenzähnen des Oberkiefers und einer linken Unterkieferhälfte von dem französischen Geistlichen und Amateur-Paläontologen Abbé Jean-Baptiste Croizet (1787–1859) aus Neschers und dessen Freund Antoine Claude Gabriel Jobert (1797–1855) erstmals beschrieben worden.

1828 sollen Croizet und Jobert in ihrem Buch „Recherches Sur Les Ossemens Fossiles Du Département Du Puy-De-Dôme" angeblich auch die Hyänen-Art *Hyaena perrieri* beschrieben haben, die in der Folgezeit in Mosbacher Artenlisten auftauchte. Tatsächlich zitierten Croizet und Jobert jene Hyäne, ohne ihr einen gültigen wissenschaftlichen Artnamen zu geben. Croizet erwähnte den Fund nur mit dem populären Namen Perrier-Hyäne. 1829 verwendete „S. G. L." im „Bulletin des sciences naturelles Et de Géologie" bei der Rezensierung des 1828 erschienenen Buches von Croizet und Jobert die Bezeichnung „*Hyaena Perrierii*". Der Gattungsname *Hyaena* basiert auf dem griechischen Wort hyaina für Hyäne, der Artname *perrieri* erinnert an das Fundgebiet an der Montagne de Perrier.

Wilhelm von Reichenau legte 1905 eine ausführliche Beschreibung des im Museum Wiesbaden aufbewahrten Hyänenschädels vor. Seine Bestimmung als *Hyaena perrieri*

*Gymnasiallehrer, Geologe und Heimatkundler
Karl Geib (1883–1951), Gründer und Direktor
des Heimatmuseums in Bad Kreuznach,
Erstbeschreiber der Hyäne Hyaena mosbachensis.
Foto: Aufnahme eines unbekannten Fotografen*

wurde 1912 und 1914 von dem damaligen Freiburger Paläontologen Wolfgang Soergel (1887–1946) sowie 1921 von dem Hanauer Studienrat Wilhelm Wenz (1886–1945) übernommen.
1915 bemerkte der Gymnasiallehrer, Geologe und Heimatkundler Karl Geib (1883–1951), Gründer und Direktor des Heimatmuseums in Bad Kreuznach, bei einer Revision der Mosbacher Hyänenreste gewisse Unterschiede gegenüber den Merkmalen von *Hyaena arvernenis* und stellte eine neue Art namens *Hyaena mosbachensis* auf. Jene wurde 1956 durch den finnischen Wirbeltier-Paläontologen Björn Kurtén (1924–1988) eingezogen.
1921 gab der britische Zoologe Charles Davies Sherborn (1861–1942) den deutschen Paläontologen Heinrich Georg Bronn (1800–1862) als Autor eines 1848 erschienenen Artikels über die Gattung *Hyaena* im Werk „Index Paläontologicus oder Übersicht der bis jetzt bekannten fossilen Organismen" an. Mitwirkende waren der Breslauer Botaniker, Paläontologe, Arzt und Universitätsprofessor Heinrich Robert Göppert (1838–1882) sowie der Frankfurter Wirbeltierpaläontologe Hermann von Meyer (1801–1869). Doch der Artikel über *Hyaena* ist in Wirklichkeit nur mit „M" signiert, was darauf hinweist, dass er von Meyer verfasst wurde.
1937 führte der deutsch-britische Geologe und Paläontologe Frederick Everard Zeuner (1905–1963) vom Fundort Mosbach die Arten *Hyaena arvernensis* und *Hyaena mosbachensis* an. Doch der französische Paläontologe Jean Viret (1894–1970) bewies 1953, dass *Hyaena arvernensis* mit *Hyaena perrieri* identisch ist. Prioriät hatte *Hyaena perrieri*. Nachzulesen ist die für Laien verwirrend klingende Ge-

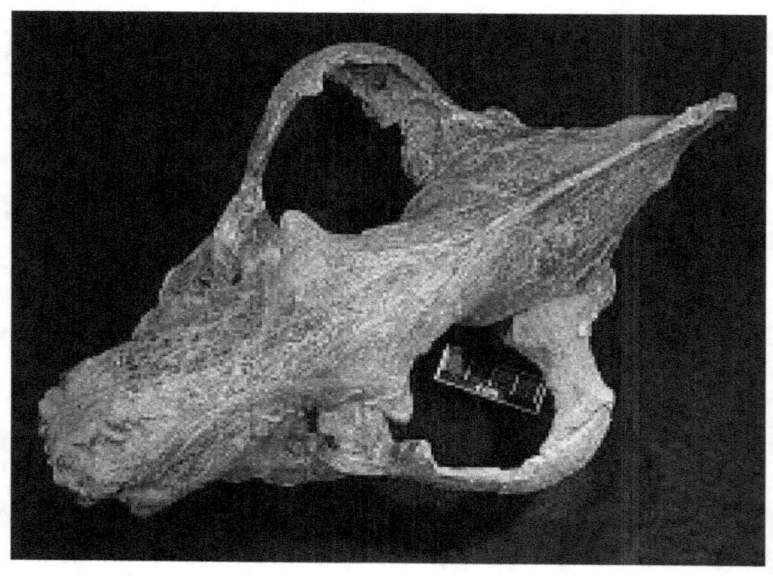

Schädel einer Hyäne (Hyaena sp.*)
aus den Mosbach-Sanden bei Wiesbaden
im Museum Wiesbaden. Inventar-Nummer 396.
Foto: Museum Wiesbaden*

schichte über die Namensgebung der Mosbacher Hyänen in der 1961 erschienenen „Revision der Säugetierfaunen der klassischen deutschen Pleistozän-Fundstellen Süßenborn, Mosbach und Taubach". Autor dieser Revision war der Weimarer Paläontologe Hans-Dietrich Kahlke (1924–2017). Den Zweiten Weltkrieg und die Zerstörung des Naturhistorischen Museums überstanden Abgüsse zweier offenbar zusammengehörender Schädelfragmente der Tüpfelhyäne *Crocuta crocuta* (NMM 1929/308) und Teile eines Schädels (Schnauzenpartie und Hinterhauptfragment) mit Unterkiefer der Streifenhyäne *Hyaena perrieri* (NMM 1940/46). Nach dem Krieg kamen neue Funde aus den Mosbach-Sanden von der Streifenhyäne *Hyaena perrieri* und überwiegend von der Tüpfelhyäne *Crocuta crocuta* hinzu. Der Anteil der Streifenhyänen-Funde an den Hyänenresten betrug etwa 25 Prozent, derjenige der Tüpfelhyänen 75 Prozent.

In den Sandgruben von Mosbach, in denen um 1905 der Abbau eingestellt wurde, hat man nur fossile Reste der Streifenhyäne *Hyaena perrieri* geborgen. Dagegen fand man in den 1,5 bis 2,5 Kilometer entfernten südöstlich gelegenen, durch die Dyckerhoff-Zementwerke abgebauten Mosbach-Sanden 2 Arten von Hyänen. Nämlich die Streifenhyäne *Hyaena perrieri* und die Tüpfelhyäne *Crocuta crocuta*. Die Reste der Tüpfelhyäne wurden jahrzehntelang nicht als solche erkannt, sondern als *Hyaena mosbachensis*, *Hyaena arvernensis* oder *Hyaena perrieri* bestimmt. Der Weimarer Paläontologe Hans-Dierich Kahlke führte noch 1961 – nach *Crocuta*-Funden aus den 1950er Jahren – nur eine Hyänen-Art namens *Hyaena perrieri* auf.

Als Erster erkannte 1962 der finnische Paläontologe Björn Kurtén (1924–1988) das Vorhandensein von *Crocuta*-Resten

Die Göttinger Paläontologin
Gerda Schütt (1931–2007), Erstbeschreiberin
der Mosbacher Tüpfelhyäne Crocuta crocuta praespelaea,
machte sich um die Erforschung von Raubtieren
aus dem Eiszeitalter verdient.
Für die Mosbach-Sande bei Wiesbaden zum Beispiel
führte sie Erstnachweise für die Säbelzahnkatze, den Gepard –
und zusammen mit Helmut Hemmer –
für den Europäischen Jaguar.
Foto: Professor Dr. Hans-Jürg Kuhn, Göttingen

aus den Mosbach-Sanden. Er beschrieb einen Teil der
Funde und vermutete, die Funde der konservativen,
kurz vor ihrem Aussterben stehenden Streifenhyäne *Hyaena
perrieri* würden aus der unteren Stufe der Mosbach-Sande
stammen. Dagegen kämen die Fossilien der erstmals in
Europa erscheinenden fortschrittlicheren Art *Crocuta crocuta*
in der geologisch jüngeren Mosbacher Hauptfauna vor.
Doch es konnte kein einziger Hyänenrest aus der unteren
Stufe (Mosbach 1) der Mosbach-Sande nachgewiesen
werden. Dagegen ist das Vorkommen beider Arten in der
mittleren Stufe (Mosbach 2) der Mosbach-Sande gesichert.
1971 verglich die Göttinger Paläontologin Gerda Schütt
(1931–2007) das Gebiss der Mosbacher Tüpfelhyäne mit
demjenigen anderer Arten und Unterarten. Dabei fand sie
heraus, dass sich die Mosbacher Tüpfelhyäne von ihren
Artgenossen aus dem jüngeren Eiszeitalter und der Gegenwart durch ein weniger spezialisiertes Backenzahngebiss
unterscheidet. Die Unterschiede rechtfertigten nach ihrer
Ansicht die Aufstellung einer eigenen Unterart namens
Crocuta crocuta praespelaea n. sp. *(praespelaea* = Vorläufer der
Höhlenhyäne *Crocuta crocuta spelaea* aus dem jüngeren Eiszeitalter*)*. Fundort des Holotyps, dem Schädel NMM 1962/
1452 aus dem Naturhistorischen Museum Mainz, nach dem
diese Unterart beschrieben wurde, ist der Steinbruch der
Dyckerhoff-Zementwerk AG beim Bahnhof Wiesbaden
Ost. Als Stücke, die neben dem Holotyp zu der neuen Art
gehörten, führte Schütt weitere Hyänenfossilien aus dem
Naturhistorischen Museum Mainz auf: einen Vorderschädel
(NMM 1961/775), einen Oberkiefer (NMM 1965/255),
einen Unterkiefer (NMM 1962/858) sowie Einzelzähne.

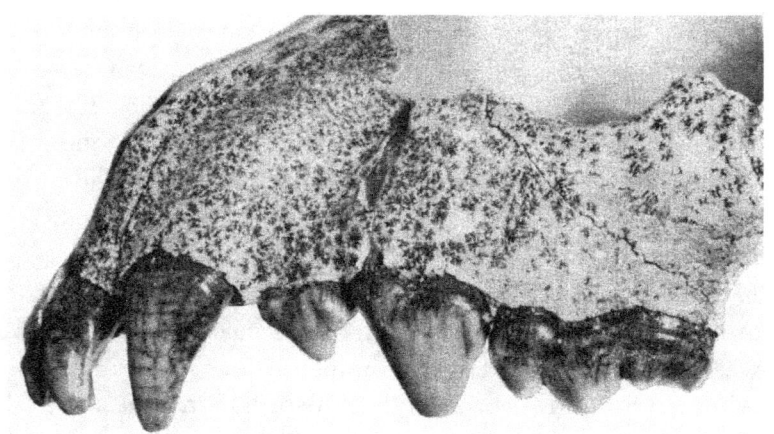

*Schädel einer Tüpfelhyäne (Crocuta crocuta praespelaea)
aus den Mosbach-Sanden bei Wiesbadne.
Foto aus Gerda Schütt: „Die Hyänen der Mosbacher Sande
(Altpleistozän, Wiesbaden (Hessen) mit einem Beitrag
zur Stammesgeschichte der Gattung Crocuta".
Mainzer Naturwissenschaftliches Archiv, Mainz 1971.*

Laut Online-Lexikon „Wikipedia" ist die Streifenhyäne *Hyaena perrieri* eng mit der Braunen Hyäne *(Hyaena brunnea* bzw. *Parahyaena brunnea)* verwandt. *Hyaena perrieri* erschien bereits im oberen Pliozän vor etwa 3,5 Millionen Jahren und behauptete sich bis zur Mindel-Kaltzeit (etwa 460.000 bis 400.000 Jahre). Diese Art war in Europa und Asien weit verbreitet. Fossile Reste barg man in Ausläufern des Pamir und Darwasa im südlichen Tadschikistan, im stromaufwärts gelegenen Teil des Kyslsu (etwa 1,5 bis 2,5 Millionen Jahre alt) und in der Höhle von Petralona in Griechenland.

Das Online-Lexikon „Wikipedia" spricht im Artikel über die Streifenhyäne *Hyaena perrieri* von einer taxonomischen Verwirrung. Der Paläontologe, Paläoanthropologe und Geologe Marcellin Boule (1861–1942), der Arzt, Anthropologe und Paläontologe Lucien Mayet (1874–1949) sowie der Geologe Frédéric Roman (1871–1943) betrachteten *Hyaena topariensis* als Synonym von *Hyaena perrieri*. Der britische Paläontologe und Geologie Guy Ellcock Pilgrim (1875–1943) glaubte, *Hyaena topariensis* sei eine Unterart von *Hyaena perrieri*. Der niederländische Naturwissenschaftler Joannes Jacobus Athanasius Bernsen (1888–1932) hielt die 1889 von dem Geologen und Paläontologen Karl Anton Weithofer (1866–1939) beschriebene Art *Hyaena robusta* für eine Unterart von *Hyaena perrieri*. Andere Autoren betrachten *Hyaena robusta* als Synonym von *Crocuta brevirostris* oder für ein Synonym von *Hyaena perrieri*. Pilgrim sah *Hyaena robusta* als Unterart von *Crocuta brevirostris* an. Angesichts eines solchen Wirrwarrs fällt es einem Laien wie mir schwer, in diesem Fall noch von Wissenschaft zu sprechen.

*Darmstädter Paläontologe und Zoologe
Johann Jakob Kaup (1803–1873).
Ausschnitt aus einem vermutlich um 1860 entstandenen Foto*

Die Hyänengattung *Crocuta* wurde 1828 von dem rührigen Darmstädter Paläontologen und Zoologen Johann Jakob Kaup (1803–1873) beschrieben. Früheste Fossilien der Gattung *Crocuta* aus Afrika stammen aus dem Pliozän vor etwa 3,7 Millionen Jahren und werden der Art *Crocuta dietrichi* zugewiesen. Die Erstbeschreibung der Art *Crocuta crocuta* erfolgte 1777 durch den Göttinger Gelehrten Johann Christian Polycarp Erxleben (1744–1777). Im Eiszeitalter erreichte die Gattung *Crocuta* ihre größte Verbreitung und kam in nahezu ganz Eurasien und Afrika vor.

Die Säugetierfamilie der Hyänen (Hyaenidae) aus der Ordnung der Raubtiere (Carnivora) ist heute mit 2 Unterfamilien und 4 Arten in weiten Teilen von Afrika sowie im westlichen und südlichen Asien vertreten. Zur Unterfamilie der Eigentlichen Hyänen (Hyaeninae) gehören 3 Arten: die Tüpfelhyäne oder Fleckenhyäne *(Crocuta crocuta)*, die Streifenhyäne *(Hyaena hyaena)* und die Schabrackenhyäne *(Hyaena brunnea bzw. Parahyaena brunnea)*, auch Braune Hyäne oder Strandwolf genannt. Die Unterfamilie Protelinae wird durch den Erdwolf *(Proteles cristatus)* repräsentiert.

Die heutige Tüpfelhyäne in Afrika ist mit einer Kopf-Rumpf-Länge von 1,25 bis 1,60 Metern ohne den bis zu 27 Zentimeter langen Schwanz, einer Schulterhöhe von 77 bis 81 Zentimetern und einem Gewicht von 45 bis 60 Kilogramm die größte Hyäne. Weibliche Tiere sind um 2,3 Prozent länger und haben geringfügig größere Schädel und Brustumfänge, aber keine längeren Beine als männliche Tiere. Charakteristisch sind ihr geflecktes Fell und die „Vermännlichung" des Genitaltraktes der weiblichen Tiere. Tüpfelhyänen leben in Gruppen bis zu 130 Tieren, die von weiblichen Tieren dominiert werden und ernähren sich vor

Göttinger Gelehrter
Johann Christian Polycarp Erxleben (1744–1777),
Erstbeschreiber der Hyäne Crocuta von 1777.
Bild: Porträt eines unbekannten Malers
(via Wikimedia Commons),
Lizenz: gemeinfrei (Public domain)

allem von größeren, selbst gerissenen Beutetieren. Jungtiere werden über ein Jahr lang gesäugt und in Gemeinschaftsbauten großgezogen. Wie alle Hyänen defäkieren und urinieren Tüpfelhyänen in eigens dafür angelegten Gruben.
Streifenhyänen mit gestreiftem Fell kommen gegenwärtig nicht nur in Afrika, sondern auch im westlichen und südlichen Asien vor. Sie sind nachtaktiv und leben als Einzelgänger oder in kleinen Gruppen. Ihre Nahrung besteht hauptsächlich aus dem Aas größerer Tiere. Daneben fressen sie auch selbst erlegte Kleintiere und pflanzliche Kost. Die Streifenhyäne ist mit einer Kopf-Rumpf-Länge von 1 bis 1,15 Meter, zu der noch ein bis zu 40 Zentimeter langer Schwanz kommt, einer Schulterhöhe von 66 bis 75 Zentimetern und einem Gewicht zwischen 26 und 41 Kilogramm die kleinste der drei Eigentlichen Hyänen.
Männliche und weibliche Tiere sind annähernd gleich groß. Eine graue oder gelbgraue Mähne erstreckt sich von den Ohren entlang des Rückens bis zum Schwanz. Wenn die Mähne aufgerichtet wird, wirkt das Tier merklich größer. Die Vorderbeine sind länger als die Hinterbeine, was den typischen fallenden Rücken erzeugt. Vorder- und Hinterpfoten enden jeweils in 4 Zehen, die mit nicht einziehbaren Krallen versehen sind.
Die Schabrackenhyäne hat eine Kopf-Rumpf-Länge von 1,10 bis 1,36 Meter ohne den bis zu 27 Zentimeter langen Schwanz und ein Gewicht zwischen 28 und 47,5 Kilogramm. Bei männlichen Tieren beträgt die Schulterhöhe rund 70 Zentimeter, bei weiblichen bis zu 74 Zentimeter. Die Schabrackenhyäne ist die einzige Hyäne, deren Fell kaum gemustert oder gestreift ist. Überwiegend ist sie

Heutige Tüpfelhyäne oder Fleckenhyäne (Crocuta crocuta) in Kenia 2010.
Foto: Joanna Golldby / CC BY 2.0 (via Wikimedia Commons), lizensiert unter Creative Commons-Lizenz by-2.0.
https://creativecommons.org/licenses/by/2.0/legalcode

nachtaktiv und hat ein komplexes Sozialverhalten. Obwohl sie in „Clans" bis zu 14 Tieren zusammenlebt, geht sie allein auf Nahrungssuche. Ihre Nahrung besteht vor allem aus dem Aas größerer Tiere. Daneben jagt sie aber auch selbst kleinere Tiere.
Der Erdwolf ist mit einer Kopf-Rumpf-Länge von 55 bis 80 Zentimetern, zu denen ein bis zu 30 Zentimeter langer buschiger Schwanz kommt, einer Schulterhöhe von 45 bis 50 Zentimetern und einem Gewicht zwischen 8 und 14 Kilogramm die kleinste Hyäne. Erdwölfe sind scheu, leben zurückgezogen in Grasländern und buschbestandenen Savannen, sind nachtaktiv und leben tagsüber in ihrem Bau. Ihre Nahrung besteht vor allem aus Termiten der Gattung *Trinervitermes*. Erdwölfe bewohnen Reviere in Paaren, deren 2 bis 4 Jungtiere oft nicht von dem männlichen Tier gezeugt werden, das mit dem weiblichen Tier zusammenlebt.

Literatur
BRONGERSMA, Leo Daniel: *Crocuta perrieri* (S. G. L.). In: On fossil remains of a hyaenid from Java. Zoologische mededelingen 20: S. 186–202, Leiden 1937.
BRONN, Heinrich G.: Index Palaeontologicus oder Übersicht der bis jetzt bekannten fossilen Organismen, unter Mitwirkung der H H. Prof. H. R. Göppert und Herrn. v. Meyer bearbeitet von Dr. H. G. Bronn. Erste Abtheilung. A. Nomenclator palaeontologicus, in alphabetischer Ordnung. Erste Halfte. A–M. Stuttgart 1848.
GEIB, Karl: Zwei Arten von Streifenhyänen aus dem deutschen Diluvium. In: Jahrbücher des Nassauischen Vereins für Naturkunde 68: S. 1–20, Wiesbaden 1915.

CROIZET, Jean-Baptiste / JOBERT, Antoine Claude Gabriel: Recherches sur les ossemens fossiles du Département du Puy-de-Dôme. Paris 1828.
KAHLKE, Hans-Dietrich: 25. *Hyaena perrieri* CROIZET & JOBERT: In: Revision der Säugetierfaunen der klassischen Pleistozän-Fundstellen Süßenborn, Mosbach und Taubach. In: Geologie – Zeitschrift für das Gesamtgebiet der Geologie und Mineralogie sowie der angewandten Geophysik 10(4/5): S. 506, 1961.
KURTÈN, Björn: The spotted hyena *(Crocuta crocuta)* from the middle Pleistocene of Mosbach at Wiesbaden, Germany. In: Commentationes Biologicae Societas Scientarium Fennica 24(3): S. 1–9, Helsinki 1962.
L. S. G.: Recherches sur les ossemens fossiles du Département du Puy de Dôme [review]. In: Bulletin des sciences naturelles Et de Géologie (2e section Bulletin univ. Ferussac) 16: S. 117–121, 1829.
PROBST, Ernst: Johann Jakob Kaup. Der große Naturforscher aus Darmstadt. München 2011.
REICHENAU, Wilhelm von: Über einen Schädel der *Hyaena Arvernensis* Croizet et Jobert aus dem Mosbacher Sande. In: Jahrbücher des Nassauischen Vereins für Naturkunde 58: S. 177–182, 1905.
RÖMER, August: Die Wirbelthiere des Mosbacher Diluvialsandes. In: Tagblatt der 60. Versammlung Deutscher Naturforscher und Ärzte in Wiesbaden. S. 257–258, Wiesbaden 1887.
RÖMER, August: Verzeichnis der im Diluvialsande von Mosbach vorkommenden Wirbeltiere. In: Jahrbücher des Nassauischen Vereins für Naturkunde 49: S. 186–199, Wiesbaden 1895.

RÖMER, August: Nachtrag zu dem im vorigen Band der Jahrbücher erschienenen Verzeichnisses fossiler Wirbelthiere von Mosbach. In: Jahrbücher des Nassauischen Vereins für Naturkunde 49: S. 232, Wiesbaden 1896.
SCHÜTT, Gerda: Die Hyänen der Mosbacher Sande (Altpleistozän, Wiesbaden (Hessen) mit einem Beitrag zur Stammesgeschichte der Gattung *Crocuta*. In: Mainzer Naturwissenschaftliches Archiv 10: S. 29–76, Mainz 1971.
WIKIPEDIA (Online-Lexikon): Jean-Baptiste Croizet.
https://de.wikipedia.org/wiki/Jean-Baptiste_Croizet
WIKIPEDIA (Online-Lexikon): Hyänen.
https://de.wikipedia.org/wiki/Hyänen
WIKIPEDIA (Online-Lexikon): Tüpfelhyäne.
https://de.wikipedia.org/wiki/Tüpfelhyäne
WIKIPEDIA (Online-Lexikon): Streifenhyäne.
https://de.wikipedia.org/wiki/Streifenhy%C3%A4ne
WIKIPEDIA (Online-Lexikon): Schabrackenhyäne.
https://de.wikipedia.org/wiki/Schabrackenhyäne
WIKIPEDIA (Online-Lexikon): Erdwolf.
https://de.wikipedia.org/wiki/Erdwolf
WIKIPEDIA (Online-Lexikon): Höhlenhyäne.
https://de.wikipedia.org/wiki/H%C3%B6hlenhy%C3%A4ne

*Heutiger Bisamrüssler (Desmana moschata),
auch Russischer Desman oder Wychochol genannt.
Zeichnung: Gustav Mutzel (1839–1893),
Brehms Tierleben (1927).
Bild: (via Wikimedia Clommons),
Lizenz: gemeinfrei (Public domain)*

Maulwurf im Wasser

Der Bisamrüssler *Desmana moschata mosbachensis*

Der Mainzer Paläontologe Otto Schmidtgen (1879–1938) machte 1924 erstmals fossile Reste eines Bisamrüsslers aus den Mosbach-Sanden bei Wiesbaden bekannt. Er verwendete den Namen *Myogale moschata* PALL., woraus später *Desmana moschata* und schließlich *Desmana moschata mosbachensis* entstand. Schmidtgen wies darauf hin, dass diese Fossilien aus den untersten Schichten der Mosbach-Sande stammten. Unter später entdeckten Fossilien von *Desmana* waren auch solche aus der mittleren Stufe und oberen Stufe der Mosbach-Sande. Demnach ist *Desmana* aus den Fundkomplexen Mosbach 1, Mosbach 2 und Mosbach 3 nachgewiesen.

In der Gegenwart sind Bisamrüssler *(Desmana moschata),* auch Russische Desmane oder Wychochol genannt, entlang der Flüsse Don, Wolga und Ural im südwestlichen Russland sowie in angrenzenden Teilen der Ukraine und Kasachstans verbreitet. Ihr Lebensraum sind Ufer von Flüssen, aber auch von Seen und Teichen. Sie bilden gemeinsam mit dem Pyrenäen-Desman die Gruppe der Desmane, die von allen Maulwürfen am meisten an eine wasserbewohnende Lebensweise angepasst sind.

Der Russische Desman wurde 1758 von dem schwedischen Naturforscher Carl von Linné (1707–1778) beschrieben und *Castor moschatus* genannt. Der heute gültige Name *Desmana moschata* geht auf den deutsch-baltischen Naturforscher Johann Anton Güldenstädt (1745–1781) aus Riga zurück, der 1777 diese Art beschrieb. In der Folgezeit hat

*Deutsch-baltischer Naturforscher
Johann Anton Güldenstädt (1745–1781),
Erstbeschreiber des Bisamrüsslers Desmana moschata von 1777.
Bild: Porträt eines unbekannten Künstlers*

man 11 verschiedene Gattungsnamen vorgeschlagen. Der Zoologe und Schriftsteller Alfred Brehm (1829–1884) beispielsweise prägte den Namen *Myogale*.

Heutige Russische Desmane erreichen eine Kopf-Rumpf-Länge von 18 bis 21 Zentimetern. Hinzu kommt ein 17 bis 23 Zentimeter langer Schwanz. Das Gewicht beträgt 100 bis 220 Gramm, womit Russische Desmane die schwersten Maulwürfe sind.

Der Kopf von Russischen Desmanen hat eine langgestreckte, rüsselartige Schnauze, die sehr beweglich ist und an einen Rüssel erinnert. Der Rüssel ist als Tastorgan, als Schnorchel und zur Nahrungssuche einsetzbar. Häufig steckt der Desman den Rüssel in den Mund und erzeugt schnatternde Geräusche wie eine Ente. Falls er angegriffen wird, pfeift und quiekt er wie eine Spitzmaus. Die Augen sind sehr klein und die Ohren fast gänzlich im Fell verborgen. Ohr- und Nasenöffnungen können beim Schwimmen verschlossen werden. Die Füße haben kleine Borstenhaare. Die Vorderfüße sind mit kurzen Schwimmhäuten und langen Krallen ausgestattet, die Hinterfüße mit voll ausgebildeten Schwimmhäuten versehen. Der lange Ruderschwanz ist seitlich abgeflacht, schuppig und nur spärlich behaart. Das an der Oberseite rotbraune und an der Unterseite aschgraue Fell besteht aus kurzer, dichter plüschiger Unterwolle und langen, steifen Schutzhaaren. Nahe der Schwanzwurzel befindet sich eine Duftdrüse, aus der Desmane ein moschusähnliches Sekret absondern.

Russische Desmane legen in Uferböschungen mit Wurzelwerk von Bäumen an stehenden oder langsam fließenden Gewässern ihre Baue an. Deren Eingänge liegen 10 bis 40 Zentimeter unter der Wasseroberfläche. Zu einem Bau

gehören bis zu 15 Meter lange Gänge sowie oft mehrere mit Blättern oder Moosen gepolsterte Nist- und Schlafkammern. Im Gegensatz zu anderen Insektenfressern leben Russische Desmane in Gruppen, wobei sich oft mehrere Tiere einen Bau teilen.
Diese wasserbewohnenden Maulwürfe werden vor allem in der Nacht aktiv, im Frühjahr auch am Tag. Manchmal gehen sie aber auch am Tag auf Nahrungssuche, die im Wasser erfolgt. Dabei durchwühlen sie mit ihrer Schnauze den Grund eines Gewässers. Sie sind gute Schwimme und Taucher. Auf dem Speisezettel stehen Würmer, Schnecken, Insektenlarven, Krebse, Frösche, kleine Fische und mindestens 30 Pflanzenarten. Damit legt der Desman sogar Nahrungsdepots an.
Meistens pflanzen sich Russische Desmane 2-mal im Jahr fort. Die Tragzeit dauert rund 40 bis 50 Tage. Die Geburten erfolgen in den Monaten Juni und November. Zu einem Wurf gehören häufig 2 bis 5 Jungtiere. Nach etwa 1 Monat werden Jungtiere entwöhnt. In freier Natur erreichen Desmane ein Alter bis zu 5 Jahren.
Bis zum Ende des 19. Jahrhunderts kamen Russische Desmane noch relativ häufig vor. Danach begann ein starker Rückgang der Bestände wegen intensiv betriebener Jagd auf diese Tiere. Man wollte ihres Fells und ihres Drüsensekrets, das man für die Parfümherstellung verwendete, habhaft werden. Um 1900 verarbeitete man in Russland jährlich rund 20.000 Desman-Felle. 1957 verbot man die Jagd auf Russische Desmane. Heutige Bedrohungen sind die Gewässerverschmutzung sowie die Konkurrenz durch eingeschleppte Nutrias und Bisamratten. Der Gesamtbestand der Russischen Desmane wird heute auf etwa

40.000 bis 50.000 Tiere geschätzt. Die „International Union for Conservation of Nature" (IUCN) stuft den Russischen Desman als gefährdet ein.

Literatur
ABEL, Othenio: Otto Schmidtgen †. Ein Gedenkblatt mit Bildnis. In: Paläontologische Zeitschrift 21: S. 79–86, 1939.
KAHLKE, Hans-Dietrich: 2. *Desmana moschata mosbachensis* (SCHMIDTGEN): In: Revision der Säugetierfaunen der klassischen Pleistozän-Fundstellen Süßenborn, Mosbach und Taubach. In: Geologie – Zeitschrift für das Gesamtgebiet der Geologie und Mineralogie sowie der angewandten Geophysik 10(4/5): S. 502, 1961.
SCHMIDTGEN, Otto: *Myogale moschata* PALL. aus dem Mosbacher Sand. In: Notizblatt des Vereins für Erdkunde und der Hessischen Geologischen Landesanstalt 5: S. 132–140, Darmstadt 1924.
WIKIPEDIA (Online-Lexikon): Russischer Desman. https://de.wikipedia.org/wiki/Russischer_Desman
ZOOTIER-LEXIKON
https://www.zootier-lexikon.org

Heutiger Europäischer Maulwurf (Talpa europaea).
Foto: Mark E. Talbot / CC BY-SA 3.0
(via Wikimedia Commons),
lizensiert unter Creative Commons-Lizenz by-sa-3.0,
https://creativecommons.org/licenses/by-sa/3.0/legalcode

Graben mit einer Hand

Die Maulwürfe *Talpa minor* und *Talpa europaea*

Schon der Wiesbadener Präparator und Konservator August Römer (1825–1899) nannte 1887 und 1895 die Maulwurf-Gattung *Talpa* in einer Artenliste für die Mosbach-Sande bei Wiesbaden. Die Gattung *Talpa* wurde 1758 von dem schwedischen Naturforscher Carl von Linné (1707–1778) beschrieben. Der Berliner Geologe und Paläontologe Henry Schröder (1859–1927) stellte jedoch 1898 das Vorkommen von *Talpa* als „nicht sicher erkannt" in Frage. In der Folgezeit kamen aber weitere sichere Funde von *Talpa* hinzu. Der Mainzer Naturforscher Wilhelm von Reichenau (1847–1925) führte *Talpa* 1910 mit näheren Angaben versehen in der Mosbacher Artenliste auf. Die Paläontologen Wighart von Koenigswald (damals Darmstadt) und Heinz Tobien (Mainz) erwähnten 1987 in einer Artenliste für die Mosbach-Sande die Maulwurfs-Arten *Talpa minor* und *Talpa europaea*. Beide sind aus den Fundkomplexen Mosbach 2 und Mosbach 3 der Mosbach-Sande bekannt.

Im älteren Eiszeitalter vor etwa 1,8 Millionen bis vor ungefähr 780.000 Jahren existierten zeitweise 2 Größenvariationen von Maulwürfen. Die kleinere Form namens *Talpa minor* verschwand irgendwann im mittleren Eiszeitalter vor etwa 780.000 bis 125.000 Jahren.

Die größere Form aus dem älteren Eiszeitalter wird wahlweise mit *Talpa fossilis* und dem Europäischen Maulwurf *Talpa europaea* in Verbindung gebracht. Erstere Bezeichnung geht auf den ungarischen evangelischen Pfarrer und Zoologen Salamon János Petény (1799–1855) zurück. Er

Ungarischer evangelischer Pfarrer und Zoologe
Salamon János Petény (1799–1855).
Zeichnung eines unbekannten Künstlers von 1864.
Bild: (via Wikimedia Commons),
Lizenz: gemeinfrei (Public domain)

wurde 1834 Konservator und später Kustos am Nationalmuseum in Budapest und gilt als Begründer der Ornithologie in Ungarn. Seine Beiträge wurden zu Lebzeiten wenig publiziert. Die Erstbeschreibung von *Talpa vulgaris fossilis* aus Beremend in Ungarn durch Petény wurde erst 1864 nach seinem Tod bekannt.

Den Namen *Talpa fossilis* hat der französische Geologe, Paläontologe und Botaniker Auguste Pomel (1821–1898) bereits 1848 für verschiedene Fossilreste aus Höhlenfundstellen des Eiszeitalters in Europa verwendet, die ihn stark an den Europäischen Maulwurf erinnerten. Nachfolgende Autoren sahen vor allem im 20. Jahrhundert *Talpa fossilis* als zeitlich von *Talpa europaea* abzusetzende Art an. Dies führte dazu, dass vor allem Funde aus dem mittleren Eiszeitalter wahlweise einer der beiden Formen zugewiesen wurden, beispielsweise aus Hundsheim in Niederösterreich, aber auch an Fundstellen aus Ungarn oder von der Apenninen-Halbinsel. Andere Lokalitäten, von denen Reste von *Talpa europaea* bekannt wurden, sind unter anderem Schöningen in Niedersachsen und Petersbuch in Bayern.

Eine Analyse von 2015, die mehr als 110 Oberarmknochen von *Talpa fossilis* und *Talpa europaea* aus verschiedenen Fundstellen in Ungarn und Deutschland einbezog, kam zu dem Schluss, dass beide als eigenständige Arten aufgefasst werden können. Dieses Maulwurf-Wirrwarr dürfte wohl nicht jeder auf Anhieb verstehen.

Im ausgehenden mittleren Eiszeitalter im Übergang zum jüngeren Eiszeitalter, das vor etwa 125.000 Jahren begann, kam in Europa weitgehend nur der Europäische Maulwurf *(Talpa europaea)* vor. Zu den Fundstellen dieser Art gehören Neumark-Nord im Geiseltal in Sachsen-Anhalt und Weimar-Ehringsdorf in Thüringen. Stellvertretend für den Beginn des jüngeren Eiszeitalters steht die Kleinsäugerfauna von Bad Cannstatt in Stuttgart. Die Funde jener Zeit stimmen, was die Maße betrifft, weitgehend mit dem heutigen Europäischen Maulwurf überein.

Gegen Ende der letzten Kaltzeit kam es zu einer auffälligen Größenzunahme beim Europäischen Maulwurf. Dies ist an Funden aus der Alleröd-Wärmeschwankung vor etwa 13.400 bis 12.730 Jahren in Gönnersdorf und Kettig im Neuwieder Becken in Rheinland-Pfalz ersichtlich. Die dort geborgenen Zähne und Gliedmaßenknochen übertreffen mit ihren Maßen jene des Europäischen Maulwurfs deutlich. Mitunter wies man diese Funde der Unterart *Talpa europaeus magna* zu, die manche Forscher auch als eigenständige Art betrachteten. Doch die Abtrennung als Art stieß weitgehend auf Ablehnung, weil vermittelnde Übergangsformen bekannt sind. Es ist unklar, was die damalige Größenzunahme verursachte.

Zu Beginn der Heutzeit (Holozän) vor 11.700 Jahren trat wieder der Europäische Maulwurf in seiner gegenwärtigen Größe auf. Aus dieser Zeit liegen fossile Reste des Europäischen Maulwurfs aus der mittelsteinzeitlichen Siedlung von Bedburg-Königshoven in Nordrhein-Westfalen vor. Dort fand man 2 Hirschschädelmasken, die vor nahezu 10.000 Jahren von Schamanen als Vermummung getragen wurden.

In der Gegenwart kommt der Europäische Maulwurf in Mitteleuropa, aber auch in Westeuropa und Osteuropa vor. Dieses Tier aus der Ordnung der Insektenfresser hat einen spitz zulaufenden Kopf, kurzen Hals, zylindrischen Körper, breite schaufelartige Vordergliedmaßen mit kräftigen Krallen und einen kurzen Schwanz. Das Fell ist überwiegend dunkelbraun bis schwarz.

Heutige Europäische Maulwürfe haben eine Kopf-Rumpf-Länge von 11,3 bis 15,9 Zentimetern, einen 2,5 bis 4 Zentimeter langen Schwanz und ein Gewicht von 72 bis 128 Gramm. Der Schädel ist zwischen 34 und 37,3 Millimetern lang und am Hirnschädel zwischen 16,4 und 17,8 Millimeter breit. Männliche Tiere sind zwischen 26 und 33 Prozent größer als weibliche. Maulwürfe in nördlicheren Breitengraden und höheren Berglagen tendieren zu geringerer Größe. Häufig nimmt im trockenen Sommer das Körpergewicht stark ab, was sich im Herbst und Winter wieder ausgleicht.

Der jetzige Europäische Maulwurf ist gut an die unterirdische grabende Lebensweise angepasst. Die breiten Vordergliedmaßen sind kurz, breit und seitwärts orientiert. Alle 5 Finger tragen außerordentliche Krallen. Ein zusätzliches sichelförmiges Sesambein vergrößert die Fläche der Hände. Die Hände sind nach außen gedreht und bilden ein effektives Grabwerkzeug. Die 1,7 bis 2,8 Zentimeter langen Hintergliedmaßen wirken eher grazil und die Krallen an den jeweils 5 Zehen sind deutlich schwächer ausgebildet. Die Augen befinden sich in einer Lidspalte, ihre Größe ist stark reduziert, haben aber ihre Funktion nicht vollständig eingebüßt. Äußerlich sichtbare Ohren sind nicht vorhanden. Das Gebiss setzt sich aus 44 Zähnen zuammen. Zum Graben setzt der Europäische Maulwurf überwiegend nur eine Hand ein. Er führt 2 bis 3 Grabbewegungen durch, bevor er zu der anderen Hand wechselt. Die jeweils nicht zum Graben eingesetzte Hand dient als Haken, der den Körper am Boden stabilisiert und die Vorwärtsbewegung ermöglicht. Die Krallen der Hintergliedmaßen werden ebenfalls in den Boden gerammt. Der Schwanz liegt auf dem Körper und der Kopf blickt in die entgegengesetzte Richtung zur Grabhand. Das gelockerte Erdreich wird weitgehend an die Wände der Tunnel gepresst, weswegen kein Aushub an die Erdoberfläche gebracht werden muss,. Die selbst gegrabenen Tunnel und Gänge mit einem Durchmesser von 5 Zentimetern dienen in oberflächennahen Bereichen meistens der Nahrungssuche. In bis zu 1 Meter in den Untergrund reichenden tieferen Bereichen befinden sich die Wohn-, Schlaf- und Ruheplätze. An der Erdoberfläche werden die Ein- und Ausgänge zu den Tunnelsystemen durch charakteristische Auswurfhügel markiert, die sogenannten Maulwurfshügel.

Europäische Maulwürfe ernähren sich vor allem von Regenwürmern, aber auch von anderen Wirbellosen bis hin zu kleinen Wirbeltieren. Für den Winter legen sie Vorräte an.

Die einzelnen Tiere leben als Einzelgänger und nutzen Reviere. Ihre Aktivität ist in 3 Wach- und Schlafphasen aufgeteilt. Die Wachphasen sind meist vormittags, nachmittags und gegen Mitternacht mit einer Dauer jeweils 4 bis 5 Stunden. Ein Tier verbringt meist etwa die Hälfte seiner Zeit ruhend im Nest oder in den Gängen.

Nur zur Paarungszeit finden männliche und weibliche Tiere zusammen. Dafür untenehmen männliche Tiere teilweise längere Wanderungen. Der Nachwuchs kommt nach kurzer Tragzeit im Frühjahr zur Welt und wird etwa 5 bis 6 Wochen lang aufgezogen. Jungtiere sind in der Regel erst im Folgejahr fortpflanzungsfähig.

Lokal steht der Europäische Maulwurf teilweise unter Schutz. Der Gesamtbestand gilt aber nicht als gefährdet.

Literatur
KAHLKE, Hans-Dietrich: 3. *Talpa* sp.: In: Revision der Säugetierfaunen der klassischen Pleistozän-Fundstellen Süßenborn, Mosbach und Taubach. In: Geologie – Zeitschrift für das Gesamtgebiet der Geologie und Mineralogie sowie der angewandten Geophysik 10(4/5): S. 502, 1961.
PROBST, Ernst: Die Mittelsteinzeit in Nordrhein-Westfalen. Leipzig 2019.
SCHILLING, Detlef / SINGER, Detlef / DILLER, Helmut: Maulwurf *Talpa europaea* Linné 1758. In: BLV Bestimmungsbuch Säugetiere. 181 Arten Europas. S. 33–34. München, Wien, Zürich 1983.
WIKIPEDIA (Online-Lexikon): Europäischer Maulwurf. https://de.wikipedia.org/wiki/Europ%C3%A4ischer_Maulwurf
WIKIPEDIA (Online-Lexikon): Salamon János Petényi. https://de.wikipedia.org/wiki/Salamon_J%C3%A1nos_Pet%C3%A9nyi

Heutige Fledermaus Plecotus.
Zeichnung aus „Kunstformen der Natur" (1904)
des Mediziners, Zoologen, Philosophen und Zeichners
Ernst Haeckel (1834–1919).
Bild: (via Wikimedia Commons),
Lizenz: gemeinfrei (Public domain)

Fragliche Glattnase
Die Fledermaus *Plecotus* sp.

1889 und 1892 erwähnte der Frankfurter Lehrer, Geologe, Paläobotaniker und Paläontologe Georg Friedrich Kinkelin (1836–1913) in 2 Publikationen, er habe in den Mosbach-Sanden bei Wiesbaden Fossilien entdeckt, die er als *Sorex* sp. oder *Plecotus* sp. bezeichnete. Die Veröffentlichung von 1889 hieß „Der Pliozänsee des Rhein-Mainthales und die ehemaligen Rheinläufe". Jene von 1892 trug den Titel „Die Tertiär- und Diluvial-Bildungen des Untermainthales, der Wetterau und des Südabhanges des Taunus". Das Problem bei diesen beiden Erwähnungen ist, dass es sich nach heutiger Kenntnis bei *Sorex* um eine Rotzahnspitzmaus und bei *Plecotus* um eine Langohrfledermaus handelt.

Kinkelin wusste vermutlich selbst nicht genau, was er in den Mosbach-Sanden gefunden hatte. In seinen Publikationen von 1889 und 1892 führte er nur die Gattungsnamen *Sorex* und *Plecotus* an. Eine Ordnung wie Insectivora (Insektenfresser) bei *Sorex* oder *Chiroptera* (Fledertiere) bei *Plecotus* gab Kinkelin nicht an.

Wenn es sich bei dem Neufund von Kinkelin um *Plecotus* gehandelt hätte, wäre dies der erste Nachweis einer Fledermaus aus den Mosbach-Sanden gewesen. Mit Ausnahme von Georg Friedrich Kinkelin und Hans-Dietrich Kahlke (1924–2017) haben keine anderen Forscher in einer Artenliste für Mosbach jemals das Vorkommen von Fledermäusen in Mosbach erwähnt. Kahlke erwähnte 1961 lediglich Vespertilioniden-Funde, auf welche Kinkelin 1889 und 1892 hingewiesen hatte.

Französischer Zoologe
Étienne Geoffrey Saint-Hilaire (1772–1844) aus Paris.
Gravur des Kartographen und Graveurs
Ambroise Tardieu (1788–1841) von 1823.
Bild: (via Wikimedia Commons),
Lizenz: gemeinfrei (Public domain)

1978 erwähnte der Mainzer Paläontologe Herbert Brüning (1911–1983) in einer Artenliste über in den Mosbach-Sanden nachgewiesene Tierarten „Vespertilioniden (wahrscheinlich Anura)". Deutete er damit an, dass es sich statt Fledermäusen aus der Familie der Glattnasen um Reste von Froschlurchen (Anura) handelte?
Vespertilioniden (Vespertilionidae) gehören zu den Glattnasen, der artenreichsten Familie der Fledermäuse. Zu ihnen werden weltweit etwa 45 Gattungen und 350 Arten gerechnet, was einem Drittel aller bekannten Fledermaus-Arten entspricht. Der Name Glattnasen beruht darauf, dass sie im Gegensatz zu anderen Fledermäusen keine Nasenaufsätze haben. Den wissenschaftlichen Namen Vespertilionidae für diese Überfamilie hat 1823 der britische Zoologe John Edward Gray (1800–1875) aus London geprägt. Der Gattungsname *Plecotus* wurde 1818 von dem französischen Zoologen Étienne Geoffrey Saint-Hilaire (1772–1844) aus Paris vorgeschlagen. Die Gattung *Plecotus* existiert noch heute in Euopa, Asien und Afrika.
Jetzige Glattnasen erreichen eine Kopf-Rumpf-Länge von 3,2 bis 10,5 Zentimetern, eine Schwanzlänge von 2,5 bis 7,5 Zentimetern und ein Gewicht von 4 bis 50 Gramm. Ihre Augen sind klein, ihre Ohren dagegen groß. Bei Langohrfledermäusen wie *Plecotus* sind die Ohren bis zu 4 Zentimeter lang und über einen Ohrdeckel verschlossen. Das Fell kann braun, grau oder schwarz sein. Es existieren auch rötliche, gelbe und gemusterte Arten. Der Schwanz ist in der Schwanzflughaut eingebettet.
In der Gegenwart sind Glattnasen weltweit in gemäßigten, subtropischen und tropischen Zonen verbreitet. Nur in der Arktis und auf entlegenen Inseln fehlen sie. Aus Europa

sind etwa 35 Arten bekannt, aus Mitteleuropa rund 25. Mit
Ausnahme mehrerer Hufeisennasen, der Europäischen
Bulldoggfledermaus *(Tadarida teniotis)* und des Nilflughundes *(Rousettus aegyptiacus)* auf der Mittelmeerinsel Zypern
rechnet man alle anderen europäischen Fledermäuse zur
Familie der Glattnasen.

Vor allem Höhlen dienen den Glattnasen als Schlafplätze.
Man trifft sie aber auch in Minen, Gebäuden, Baumhöhlen
oder in großen Blättern an. Bei manchen Arten leben die
Fledermäuse als Einzelgänger, bei anderen Spezies in riesigen Gruppen bis zu hunderttausenden von Tieren. Arten in
kühleren Regionen wechseln während der kalten Jahreszeit
in wärmere Gebiete oder halten einen Winterschlaf, wozu
sie Winterquartiere aufsuchen. Wie die Mehrheit der Fledermäuse sind auch die Glattnasen nachtaktiv.

Bevorzugte Nahrung von Glattnasen sind Insekten, die im
Flug mit Hilfe der Schwanzflughaut gefangen werden. Einige Arten sammeln Insekten kriechend oder fressen Fische.
Fischfang wird mit Hilfe der Hinterbeine, mit denen die
Beute aus Seen und Flüssen geholt wird, betrieben.

Bei zahlreichen Glattnasen-Arten tun sich weibliche Fledermäuse in „Wochenstuben" zusammen, in die sie sich zur
Geburt und in der Zeit der Aufzucht des Nachwuchses
gemeinsam zurückziehen. Männliche Tiee beteiligen sich
nicht an der Aufzucht.

Bei Arten in kühleren Gebieten erfolgt die Paarung im
Herbst oder im Winter. Das Sperma männlicher Tiere wird
im Fortpflanzungstrakt der weiblichen Tiere aufbewahrt
und erst im Frühjahr befruchtet. In wärmeren Gebieten
erfolgt die Paarung das ganze Jahr über. Die Tragzeit dauert durchschnittlich 40 bis 70 Tage. Meistens einmal im Jahr

kommt ein einzelnes Jungtier zur Welt. Selten sind es bis zu 4 Jungtiere. Manche Glattnasen werden in freier Natur bis zu 20 Jahre und mehr alt.
Fossile Vorfahren der Glattnasen sind seit dem mittleren Eozän vor mehr als 40 Millionen Jahren bekannt. Überreste der Fledermaus *Plecotus* aus dem Eiszeitalter sind aus den niederösterreichischen Fundorten Deutsch-Altenburg und Hundsheim bekannt. Die jetzigen Glattnasen werden in einer eigenen Überfamilie (Vespertilionidae) eingeordnet. Zu den 6 Unterfamilien gehören zahlreiche Gattungen.

Literatur
KAHLKE, Hans-Dietrich: 4. Vespertilioniden-Funde: In: Revision der Säugetierfaunen der klassischen Pleistozän-Fundstellen Süßenborn, Mosbach und Taubach. In: Geologie – Zeitschrift für das Gesamtgebiet der Geologie und Mineralogie sowie der angewandten Geophysik 10(4/5): S. 503, 1961.
KINKELIN, Georg Friedrich: Der Pliozänsee des Rhein-Mainthales und die ehemaligen Rheinläufe. In: Berichte der Senckenbergischen Naturforschenden Gesellschaft, S. 39–161, Frankfurt 1889.
KINKELIN, Georg Friedrich: Die Tertiär- und Diluvial-Bildungen des Unternainthales, der Wetterau und des Südabhanges des Taunus. Berlin 1892.
WIKIPEDIA (Online-Lexikon): Glattnasen.
https://de.wikipedia.org/wiki/Glattnasen
WIKIPEDIA (Online-Lexikon): Ètienne Geoffroy Saint-Hilaire.
https://de.wikipedia.org/wiki/%C3%89tienne_Geoffroy_Saint-Hilaire

Heutiger Feldhase (Lepus europaeus)
auf der Insel Schiermonnikoog, Niederlande.
Foto: MOdmate (via Wikimedia Commons),
Lizenz: gemeinfrei (Public domain)

Hasen-Rätsel

Der Hasenartige *Lepus* sp.

Den ersten Hinweis auf einen Hasenartigen aus den Mosbach-Sanden bei Wiesbaden gab 1884 der damals in Heidelberg lehrende junge Professor für Paläontologie und Geologie, Achilles Andreae (1859–1905). Er entdeckte bei Mosbach einen fossilen Unterkiefer-Zahn, der mit dem Schneehasen *(Lepus tinidus)* identisch sein sollte. Der Schneehase war bereits 1758 von dem schwedischen Naturforscher Carl von Linné (1707–1778) beschrieben worden. Andreae war einer der Wenigen, die *Lepus* sp. als sicheren Fund aus den Mosbach-Sanden in einer Artenliste erwähnten. Nicht taten dies Fridolin Sandberger 1875, Carl Koch 1880, August Römer 1887 und 1895, Georg Friedrich Kinkelin 1889 und 1892, Hans Pohlig 1889, Henry Schröder 1898 sowie Wolfgang Soergel 1912 und 1914. Dagegen schrieb 1937 der deutsch-britische Geologe und Paläontologe Frederick Everard Zeuner (1905–1963), unter neuen Funden aus den Mosbach-Sanden befände sich ein Hinweis für *Lepus* sp.

In einer Artenliste über die Säugetierfossilien in der Mosbach-Sammlung des Museums Wiesbaden fehlen Hasenartige. Der Mainzer Paläontologe Herbert Brüning (1911–1983) erwähnte in einer Artenliste von 1978 den Hasenartigen *Lepus* sp. In der ebenfalls 1978 von Brüning zusammengestellten Tabelle über die Fundhäufigkeit der Säugetierfamilien in Mosbach dagegen sind keine Hasenartigen (Lagomorpha) erwähnt. 1961 veröffentlichte der Weimarer Paläontologe Hans-Dietrich Kahlke (1924–2017)

Paläontologe und Geologe Achilles Andreae (1859–1905).
Foto aus „Der Lehrkörper Ruperto Carola zu Heidelberg
im Jahre 500 ihres Bestehens", Heidelberg 1886.
Foto: (via Wikimedia Commons),
Lizenz: gemeinfrei (Public domain)

eine Artenliste über Mosbach-Funde, in der 2 Hasenartige mit Fragezeichen stehen. Nämlich: ? *Ochotona pusillus* (PALLAS) und *Lepus* sp. Hinweise auf sichere Fundstücke sucht man allerdings vergebens. Dagegen führten 1987 die Paläontologen Wighart von Koenigswald (damals Darmstadt) und Heinz Tobien (Mainz) sowohl den Echten Hasen (*Lepus* sp.) als auch den Steppenpfeifhasen (*Ochotona pusilla*) in einer Artenliste auf.

Keine Hasenartigen werden in Artenlisten anderer bedeutender deutscher Fundstellen mit fossilen Tierresten aus dem Cromer-Komplex aufgeführt. Das ist beispielsweise in Mauer bei Heidelberg, Frankenbach bei Heilbronn (beide Baden-Württemberg), Würzburg-Schalksberg (Bayern), Jockgrim (Rheinland-Pfalz) sowie in Süßenborn und Voigtstedt (beide Thüringen) der Fall. Dagegen taucht der Hasenartige *Lepus* sp. in Artenlisten der niederösterreichischen Fundstelle Deutsch-Altenburg auf.

Die Erstbeschreibung der heute noch existierenden Gattung *Lepus* erfolgte 1758 durch den schwedischen Naturforscher Carl von Linné (1707–1778). *Lepus* gehört zu den Echten Hasen. Jene verfügen im Vergleich zu anderen Hasenartigen über sehr lange Hinterbeine, die rund doppelt so lang sind wie die Vorderbeine, und sehr große Ohren. Echte Hasen sind in der Gegenwart in Eurasien, Afrika, Nordamerika und im südlichen Mexiko verbreitet. In Australien, Neuseeland, Argentinien und Chile wurden sie von Menschen eingebürgert. Überwiegend leben Echte Hasen in offenen, wenig bewaldeten Landschaften.

Der Schädel von Echten Hasen ist dünner als bei anderen Hasenartigen. Die Arten der Gattung *Lepus* besitzen 4 Schneidezähne, von denen die beiden vorderen groß und

Männliche Tiere sind nach einem Jahr geschlechtsreif, weibliche bereits nach 4 oder 5 Wochen. Bereits im ersten Jahr ist der erste Wurf möglich.

Literatur
ANDREAE, Achilles: Der Diluvialsand von Hangenbieten im Unter-Elsaß, seine geologischen und palaeontologischen Verhältnisse und Vergleich seiner Fauna mit der recenten Fauna des Elsass. In: Abhandlungen zur Geologischen Specialkarte von Elsass-Lothringen. Ein Beitrag zur Kenntniss des Elsässer Tertiärs. 4(2): S. 1–91, Straßburg 1884.
DÖPPES, Doris / ROSENDAHL, Wilfried: Die Frankenbacher Schotter bei Heilbronn – ein wichtiges Archiv aus der Zeit des *Homo heidelbergenis*. In: Abhandlungen der Geologischen Bundesanstalt 62: S. 139–143, Wien, August 2008.
FRANK, Christa / RABEDER, Gernot (Herausgeber): Deutsch-Altenburg. In: DÖPPES, Doris / RABEDER, Gernot (Herausgeber): Pliozäne und pleistozäne Faunen Österreichs. Ein Katalog der wichtigsten Fossilfundstellen und ihrer Faunen. Mitteilungen der Kommission für Quartärforschung der Österreichischen Akademie der Wissenschaften, Band 120. Mit Beiträgen von Petra Cech, Doris Döppes, Thomas Einwögerer, Florian A. Fladerer, Christa Frank, Karl Mais, Doris Nagel, Marion Niederhuber, Martina Pacher, Rudolf Pavuza, Gernot Rabeder, Christian Reisinger, Harald Temmel, Gerhard Withalm. S. 238–269, Wien 1997.
KAHLKE, Hans-Dietrich: 7. *Lepus* sp. (PALLAS): In: Revision der Säugetierfaunen der klassischen Pleistozän-Fundstellen Süßenborn, Mosbach und Taubach. In:

Geologie – Zeitschrift für das Gesamtgebiet der Geologie und Mineralogie sowie der angewandten Geophysik 10(4/5): S. 503, 1961.
RUTTE, Erwin: Die Cromer-Wirbeltierfundstelle Würzburg-Schalksberg. In: Abhandlungen des Naturwissenschaftlichen Vereins Würzburg 8: S. 5 –27, Würzburg 1967.
WIKIPEDIA (Online-Lexikon): Echte Hasen. https://de.wikipedia.org/wiki/Echte_Hasen
WILSON, Don E. / REEDER, DeeAnn M. (Herausgeber): Mammal Species of the World. A Taxonomic and Geographic Reference. 3. Auflage. John Hopkins University Presse. Baltimore 2005.

Schädel eines heutigen Feldhasen (Lepus europaeus) im Museum Wiesbaden.
Foto: Klaus Rassinger und Gerhard Cammerer, Museum Wiesbaden / CC BY-SA 3.0
(via Wikimedia Commons),
lizensiert unter Creative Commons-Lizenz by-sa-3.0,
https://creativecommons.org/licenses/by-sa/3.0/legalcode

Heutiger Steppenpfeifhase (Ochotona pusillus).
Zeichnung aus „Iconographia Zoologica" zwischen 1700 und 1880.
Bild: (via Wikimedia Commons),
Lizenz: gemeinfrei (Public domain)

Fraglicher Pfeifhase
Der Steppenpfeifhase *Ochotona pusillus*

Der Steppenpfeifhase *(Ochotona pusillus)* ist ein Tier, bei dem man als Autor überlegt, ob man ihn in einem Buch über die Mosbach-Sande erwähnen soll. In Artenlisten von 1927, 1961 und 1987 über die Mosbach-Sande wird er aufgeführt, in Artenlisten von 1895, 1898 und 1978 dagegen nicht. Andererseits ist diese Tierart in Niederösterreich durch fossile Reste nachgewiesen.
Den Steppenpfeifhasen *Ochotona pusillus* hat 1769 der preußische Naturforscher Peter Simon Pallas (1741–1811) unter dem Namen *Lepus pusillus* beschrieben. Er war 1767 zum ordentlichen Mitglied der Akademie der Wissenschaften in Sankt Petersburg ernannt worden und unternahm von 1768 bis 1774 sowie 1793/1794 – gefördert durch die Zarin Katharina II. die Große (1729–1796) – Expeditionen durch Sibirien und das südliche Russische Reich.
Der deutsch-britische Geologe und Paläontologe Frederick Everard Zeuner (1905–1963) erwähnte 1927 *Lagomys pusillus* PALLAS in einer Artenliste für die Mosbach-Sande bei Wiesbaden. Zeuner berief sich bei den für Mosbach neuen Formen auf eine neue Artenliste, die er von dem Mainzer Paläontologen Otto Schmidtgen (1879–1938) erhalten hatte: „The list of the Mosbach fauna was completed with the aid of a newly compiled list supplied by Professor O. Schmidtgen ...".
In einer Artenliste des Weimarer Paläontologen Hans-Dietrich Kahlke (1924–2017) von 1961 über die mittlere Stufe der Mosbach-Sande wird ein Pfeifhase (? *Ochotona pusillus*

Heutige Pfeifhasen (Ochotona curzoniae) in Kham (Osttibet).
Foto: Kunsang / CC BY-SA 3.0 (via Wikimedia Commons),
lizensiert unter Creative Commons-Lizenz by-sa-3.0,
https://creativecommons.org/licenses/by-sa/3.0/legalcode

PALLAS) mit Fragezeichen aufgeführt. In den Artenlisten des Wiesbadener Konservators August Römer (1825-1899) von 1895, des Berliner Geologen und Paläontologen Henry Schröder (1859-1927) von 1927 und des Mainzer Paläontologen Herbert Brüning (1911–1983) von 1978 fehlt der Steppenpfeifhase. Dagegen wird dieser 1987 in der Artenliste der Paläontologen Wighart von Koenigswald (damals Darmstadt) und Heinz Tobien (Mainz) als *Ochotona pusillus* erwähnt. Ihnen zufolge ist der Steppenpfeifhase aus dem Fundkomplex Mosbach 2 der Mosbach-Sande bekannt. An einigen Fundstellen in Deutsch-Altenburg (Niederösterreich) hat man Fossilien des Pfeifhasen (*Ochotona* sp.) entdeckt.

In der heute gültigen Systematik gehört die gegenwärtig noch existierende Art *Ochotona pusillus* zur Ordnung Hasenartige (Lagomorpha), Familie Ochotonidae, Gattung Pfeifhasen *(Ochotona)* und zur Art *Ochotona pusillus*.

Das Verbreitungsgebiet der jetzigen Art *Ochotona pusillus* umfasst Teile von Kasachstan und Russland und reicht von der Wolga und dem südlichen Ural bis zur Grenze von China. In China selbst kommt diese Art nicht vor.

Bei den Pfeifhasen pfeifen sowohl die männlichen als auch die weiblichen Tiere. Der Gesang der männlichen Tiere besteht aus einer Serie langer Pfeiftöne, die in bis zu 2 Kilometer Entfernung gehört werden können. Die kürzeren Rufe der weiblichen Tiere dienen dazu, männliche Tiere anzulocken. Letztere reagieren oft auf Rufe anderer weiblicher Tiere.

Der Steppenpfeifhase erreicht in der Gegenwart eine Körperlänge von etwa 15 bis 21 Zentimetern. Sein Körpergewicht liegt zwischen 125 und 400 Gramm. Unter den

Pfeifhasen ist der Steppenpfeifhase einer der Kleinsten. Die männlichen und die weiblichen Tiere sind etwa gleich groß. Der flache Kopf ist klein und trägt kleine gerundete Ohren. Die Hinterbeine sind etwas länger als die Vorderbeine und die Füße auf der Unterseite mit Fell besetzt. An der Rückenseite und an den Seiten ist der Steppenpfeifhase graubraun, am Bauch dagegen weiß. Im Winter ist das Fell heller als im Sommer.
Bevorzugter Lebensraum des Steppenpfeifhasen sind Steppengebiete, in denen die Tiere ihre Baue graben. Sie leben vor allem im feuchten Boden, der von Gräsern und Gebüschen bewachsen ist. Der Steppenpfeifhase ist am Tag und in der Nacht aktiv. Im Gegensatz zu den meisten anderen Pfeifhasen sucht er auch nachts Nahrung und kann die ganze Nacht rufen. Die Tiere sind gesellig und leben in größeren Gruppen und Familien zusammen.
Die Nahrung des Steppenpfeifhasen besteht vor allem aus Gräsern, die er in kleinen Haufen sammelt. Mitunter plündern Tiere die Grashaufen anderer Artgenossen. Teilweise wird die gesammelte Nahrung in den Bauen eingelagert. Dies reicht aber nicht aus, um die Tiere im gesamten Winter zu versorgen. Einen Winterschlaf halten sie nicht. Vor allem an windarmen Tagen kommen Steppenpfeifhasen an die Erdoberfläche und graben im Schnee nach Futter.
Weibliche Steppenpfeifhasen bringen im Jahr 3 bis 5 Würfe mit durchschnittlich je 8 bis 9 Jungtieren zur Welt. Die Tragzeit beträgt etwa 2 bis 24 Tage. Die Jungen werden bis zu 1 Monat von der Mutter gesäugt. Jungtiere wiegen bei der Geburt etwa 9 Gramm, sind nackt und haben geschlossene Augen. Sie wachsen schnell und verlassen nach rund 30 Tagen den Bau.

Männliche Tiere sind nach einem Jahr geschlechtsreif, weibliche bereits nach 4 oder 5 Wochen. Bereits im ersten Jahr ist der erste Wurf möglich.

Literatur
GACK, C. / JAHN, Theo: Pfeifhasen. In: HERDER LEXIKON TIERE, S. 201, Freiburg im Breisgau.1976.
KAHLKE, Hans-Dietrich: 6. *Ochotona pusillus* (PALLAS): In: Revision der Säugetierfaunen der klassischen Pleistozän-Fundstellen Süßenborn, Mosbach und Taubach. In: Geologie – Zeitschrift für das Gesamtgebiet der Geologie und Mineralogie sowie der angewandten Geophysik 10(4/5): S. 503, 1961.
WIKIPEDIA (Online-Lexikon): Steppenpfeifhase. https://de.wikipedia.org/wiki/Steppenpfeifhase

*Französischer Naturforscher
Georges Cuvier (1769–1832) aus Paris,
Mitbegründer der Zoologie als vergleichende Anatomie.
An ihn erinnert der Artname Trogontherium cuvieri.
Bild: James Thomson (1789–1850)
(via Wikimedia Commons),
Lizenz: gemeinfrei (Public domain)*

Kein Monsterbiber

Trogontherium cuvieri und *Castor fiber*

Einige Jahrzehnte, bevor in Sandgruben von Mosbach erstmals Tierreste entdeckt wurden, beschrieb 1809 der deutsche Zoologe, Anatom, Entomologe, Paläontologe, Geologe und Bibliothekar Gotthelf Fischer von Waldheim (1771–1853) den Biber *Trogontherium cuvieri*. Mit dem Artnamen *cuvieri* ehrte er den französischen Naturforscher Georges Cuvier (1769–1832), bei dem er während eines Aufenthaltes in Paris studiert hatte. Fischer nahm die Erstbeschreibung anhand eines Schädelfundes aus der Nähe von Taganrog in Russland vor.

Gotthelf Fischer von Waldheim wurde in Waldheim im Kurfürstentum Sachsen als Sohn eines Leinenwebers geboren, besuchte in Mainz die Schule und studierte in Leipzig Medizin. 1798 schloss er sein Studium mit der Promotion zum Dr. med. ab. Danach arbeitete er als Lehrer für Naturgeschichte und Bibliothekar an der Centralschule. 1797/1798 unternahm Fischer mit seinem Freund, dem Forschungsreisenden Alexander von Humboldt (1769–1859), eine Reise nach Wien und Paris. Wegen seiner zoologischen Arbeiten erhielt er einen Ruf auf den Lehrstuhl für Naturgeschichte in Moskau, wo er Direktor des Naturgeschichtlichen Kabinetts der Akademie und kaiserlich russischer Staatsrat wurde. In Russland betrieb er auch Forschungen auf den Gebieten der Paläontologie und Geologie. Wegen seiner Verdienste um die wissenschaftliche Erforschung Russland ernannte man ihn zum Staatsrat und erhob ihn in den Adelsstand.

Deutscher Zoologe, Anatom, Entomologe, Paläontologe, Geologe und Bibliothekar
Gotthelf Fischer von Waldheim (1771–1853).
Bild: (via Wikimedia Commons),
Lizenz: gemeinfrei (Public domain)

Nach der Erstbeschreibung von *Trogontherium cuvieri* entdeckte man diese Art in England, Frankreich, Deutschland, Ungarn, Tschechien, der Ukraine, Kasachstan und in China (Fundort Zhoukoudien, früher Choukoutien). Auffällig ist die eher nördliche Verbreitung, während Funde aus dem Mittelmeergebiet fehlen.

Die meisten Fundstellen von *Trogontherium* in Europa stammen aus dem mittleren Eiszeitalter und werden in den Cromer-Komplex, die Mindel-Kaltzeit oder in die Holstein-Warmzeit eingeordnet. Beispiele sind Neede (Niederlande), West Runton, Hoxne, Clacton (England) sowie Süßenborn, Voigtstedt, Mosbach bei Wiesbaden, Mauer bei Heidelberg, Miesenheim I, Bilzingsleben und Schöningen (Deutschland). Funde aus Saugbrunnen entlang des Rheins bei Groß-Rohrheim und Reilingen deuten darauf hin, dass *Trogontherium* möglicherweise auch in der Eem-Warmzeit existiert hat.

In der Literatur wird *Trogontherium cuvieri* als Großbiber und Riesenbiber bezeichnet. Man hielt ihn ursprünglich für größer als den Europäischen Biber *(Castor fiber)* und betrachtete ihn als Gegenstück zur nordamerikanischen Gattung *Castoroides*. In Wirklichkeit hatten *Trogontherium* und *Castor* eine ähnliche Größe. *Castoroides dilophoides* und *Castoroides ohioensis* aus Nordamerika dagegen wurden so groß wie ein Schwarzbär und verdienten zu Recht den Namen Riesenbiber.

Die nordamerikanischen Riesenbiber erreichten Längen von mehr als 2,50 Meter. Sie waren die größten Nagetiere in Nordamerika während der letzten Eiszeit und hatten mit schätzungsweise 60 bis 100 Kilogramm ungefähr das Gewicht eines heutigen Schwarzbären. Manche Schätzungen

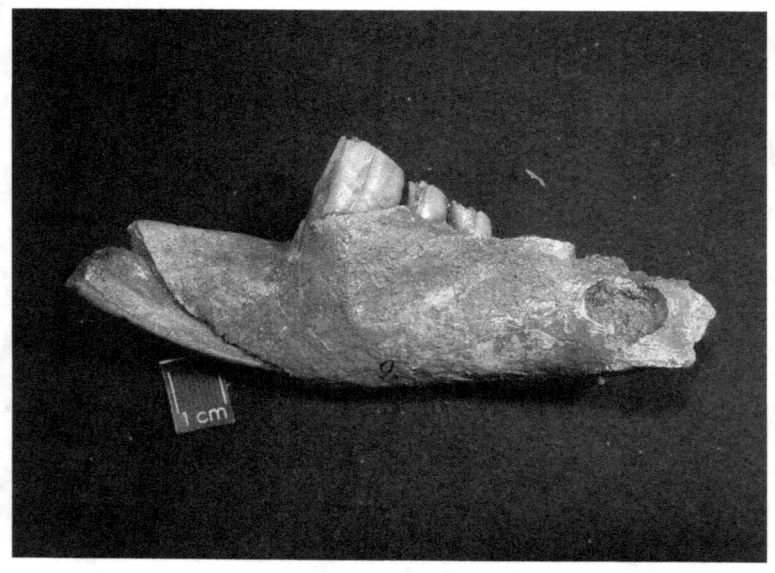

*Unterkiefer des Großbibers Trogontherium cuvieri
aus den Mosbach-Sanden bei Wiesbaden
im Museum Wiesbaden. Inventar-Nummer 9
Foto: Museum Wiesbaden*

gehen sogar von 220 Kilogramm aus. Ihre Hinterfüße waren viel größer als bei modernen Bibern. Da die Weichteile fossil jedoch nicht überliefert sind, ist nicht bekannt, ob wie bei den modernen Bibern Schwimmhäute zwischen den Zehen vorhanden waren. Man weiß nicht, ob der Schwanz des nordamerikanischen Riesenbibers dem des modernen Bibers ähnelte. Skelettanatomisch muss der Schwanz der Riesenbiber länger, aber schmäler gewesen sein. Die Schneidezähne waren 15 Zentimeter lang und hatten stumpfe, abgerundete Spitzen. Im Gegensatz dazu haben die Schneidezähne moderner Biber meißelartige Spitzen. Die Backenzähne waren gut an das Zermahlen von Nahrung angepasst und ähnelten somit denen der Wasserschweine, die ein S-förmiges Muster auf den Schleifflächen haben. Ihre große Masse könnte ihre Bewegung an Land eingeschränkt haben. Wie Isotopenuntersuchungen ergaben, ernährten sich die Riesenbiber nicht vor allem von Zweigen, Rinde und Blättern wie ihre heutigen Verwandten, sondern von Wasserpflanzen.

Der Biber *Trogontherium cuvieri* wurde Mitte des 19. Jahrhunderts unter den frühesten Funden aus den Mosbach-Sanden bei Wiesbaden erwähnt. Eine wissenschaftliche Bearbeitung erfolgte 1912 durch den Mainzer Naturforscher Wilhelm von Reichenau (1847–1925). Synonyme von *Trogontherium cuvieri* sind: *Castor trogontherium* Cuvier, 1812, *Diabroticus schmerlingi* Pomel, 1848, *Conodontes boisvilleti* Laugel, 1862, *Trogontherium soergeli* Rüger, 1928, *Sinocastor andersoni* Teilhard de Chardin, 1942.

Anhand von Funden aus Mauer bei Heidelberg und Mosbach bei Wiesbaden beschrieb 1928 der Geologe und Paläontologe Ludwig Rüger (1896–1955) eine neue Art

*Niederländische Paläontologin
Antje Schreuder (1887–1952).
Foto von 1948: Cor van Weele (1918–1989)*

namens *Trogontherium soergeli,* die an den damals in Breslau lehrenden Paläontologen Wolfgang Soergel (1887–1946) erinnerte. Doch die niederländische Paläontologin Antje Schreuder (1887–1952) machte 1928 darauf aufmerksam, dass diese „neue Art" auf einem bedauerlichen Irrtum beruhte. Rüger hatte Unterkieferzähne von Mauer und Mosbach mit den Figuren 5 und 7 auf Tafel XIX in Newtons Arbeit über den *Trogontherium*-Schädel von East-Runton bei Cromer (Ostengland) verglichen. Leider meinte er irrtümlich, auf den Abbildungen von Newton seien Unterkieferzähne abgebildet und wies ausführlich auf die Unterschiede gegenüber denen von Mauer und Mosbach hin Doch die englischen Abbildungen stellen, wie in einer Erklärung der Tafel zu lesen ist, Zahnreihen von Schädeln aus Taganrog (Russland) und East-Runton (Ostengland) dar und sind Oberkieferzähne. Rüger hatte die Zahnreihen des Unterkiefers und Oberkiefers verwechselt.

Auch in anderen Arbeiten von Antje Schreuder aus den Jahren 1929 und 1935 sowie von Dirk Albert Hooijer (1919–1993) im Jahr 1959 wurden Mosbacher Reste von *Trogontherium* erwähnt.

Antje Schreuder stellte 1929 die Hypothese auf, es gäbe zwei Arten von *Trogontherium*. *Trogontherium boisvilleti* sei westlich des Rheins in Frankreich, England und in den Niederlanden (Tegelen) vorgekommen. *Trogontherium cuvieri* (unter anderem aus Mosbach und Mauer) sei östlich des Rheins verbreitet gewesen. Heute ordnet man alle Funde nur einer Art zu. Der Paläontologe David F. Mayhew (1948–2012) unterschied 1978 zwei Unterarten, die nicht geografisch, sondern zeitlich getrennt wären. Die ältesten Vorkommen (vor der Mindel-Kaltzeit) nannte er *Trogon-*

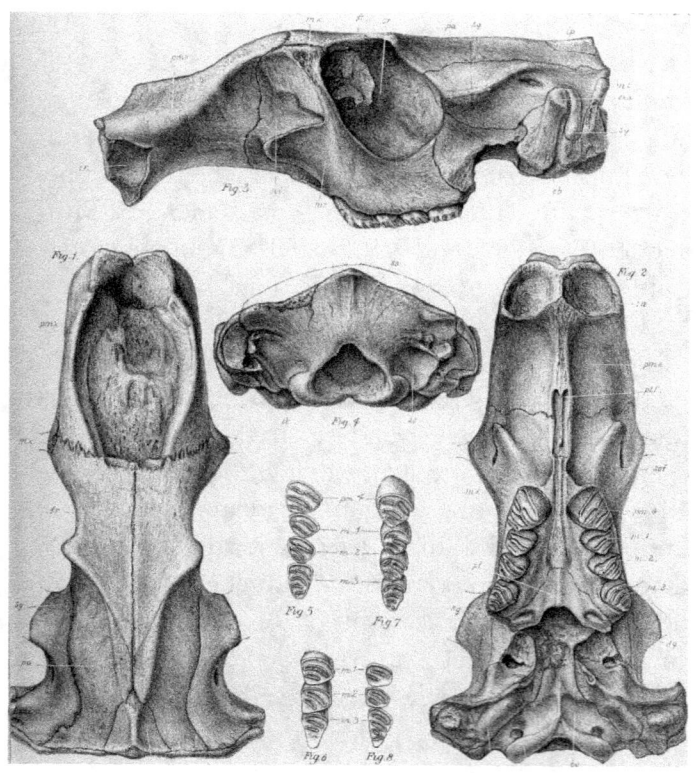

Schädel und Zähne des Großbibers Trogontherium cuvieri.
Zeichnung: E. T. Newton (1893).
Bild: (via Wikimedia Commons),
Lizenz: gemeinfrei (Public domain)

therium cuvieri boisvilleti. Die jüngeren Funde bezeichnete er als *Trogontherium cuvieri cuvieri*. Der Berliner Geologe und Paläontologe Karlheinz Fischer meinte 1991, das Zahnmaterial von Tegelen sei etwas kleiner als das von Mosbach. All diese Befunde widersprechen denen der Lübecker Paläontologin Helga Mai (1978), die glaubte, *Trogontherium* habe sich wie der Europäische Biber während des frühen und mittleren Pleistozäns nicht oder kaum verändert. *Trogontherium* und der Europäische Biber kommen in den Fundkomplexen Mosbach 1 und Mosbach 2 der Mosbach-Sande zeitlich zusammen vor, hatten aber unterschiedliche Lebensweisen. Dies spiegelt sich im Aufbau der Zähne und des Skeletts wider. Mayhew stellte 1978 die Hypothese auf, *Trogontherium* habe wie die heutigen Nutrias gelebt. Nutrias bewohnen Flüsse und Seen in gemäßigten Regionen Südamerikas, kommen aber auch als Exoten in den Niederlanden vor. Die Tiere graben ihre Baue in Böschungen. Sie sind ausgezeichnete Schwimmer und verbringen viel Zeit im Wasser. Ihre Nahrung besteht vor allem aus Wasserpflanzen, Schilf und Seggen. Obwohl *Trogontherium cuvieri* große Nagerzähne hatte, dürften diese laut Mayhew nicht zum Fällen von Bäumen benutzt worden sein. Sie könnten zum Schälen von Rinde verwendet worden sein.

Von *Trogontherium cuvieri* hat man in den Mosbach-Sanden öfter Fossilien gefunden als vom Europäischen Biber *(Castor fiber)*. Allerdings erwähnte die Paläontologin Sabine Glienke 2014 nur 1 linkes Kieferfragment und 1 fragliches Unterkieferfragment von *Trogontherium* aus Mosbach im Museum Wiesbaden. *Trogontherium cuvieri* gehörte zu den frühesten Funden in Mosbach. *Castor fiber* war bereits in den ersten Listen über in Mosbach entdeckte Tierarten vertreten.

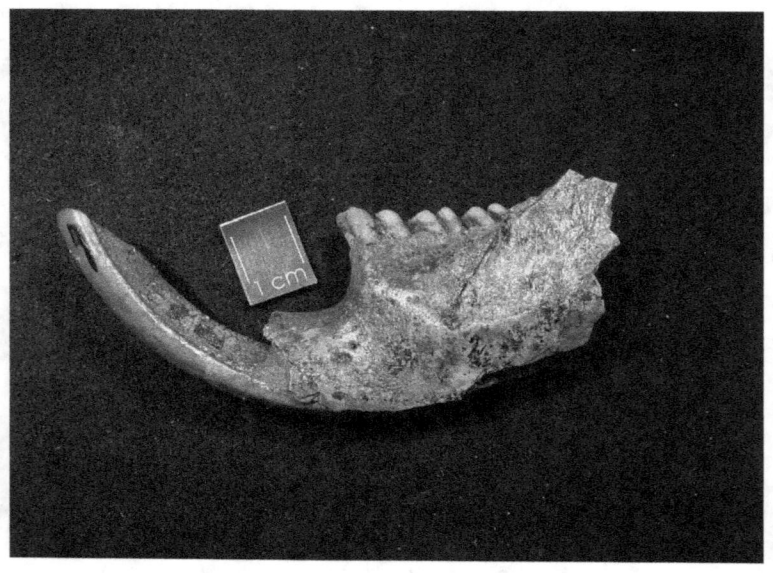

*Unterkiefer des Bibers Castor fiber
aus den Mosbach-Sanden bei Wiesbaden im Museum Wiesbaden.
Inventar-Nummer 2.
Foto: Museum Wiesbaden*

Die unterschiedliche Lebensweise von *Castor* und *Trogontherium* drückt sich nach der 1988 von dem niederländischen Amateur-Paläontologen Niek Kerkhoff publizierten Ansicht auch im Skelett aus. Einer der charakteristischsten Unterschiede soll das Fehlen stark entwickelter Querfortsätze an den Schwanzwirbeln von *Trogontherium* sein. Daraus ließe sich ableiten, dass *Trogontherium* anders als *Castor* einen runden Schwanz trug. Antje Schreuder vermutete 1951, der Körper von *Trogontherium* sei etwas länger und schlanker gewesen und er habe etwas höher auf seinen Beinen gestanden. Der Fuß sei viel größer als der des Europäischen Bibers, während die Hand etwas kleiner gewesen sei. Schreuder vermutete Schwimmhäute zwischen den Fußspitzen. Die Beweglichkeit der Hand und des Fußes könnte bei *Trogontherium* größer gewesen sein. Deshalb glaubte Schreuder, *Trogontherium* sei ein besserer Schwimmer gewesen als der Europäische Biber.

In der Mosbach-Sammlung des Museums Wiesbaden befinden sich 225 Fossilien von Bibern der Arten *Castor fiber* und *Trogontherium cuvieri*. Ein Unterkiefer von *Trogontherium cuvieri* (Inventar-Nummer 9) ist auf einer Internetseite des Museums Wiesbaden über deren Mosbach-Sammlung abgebildet. Von den 1090 Funden im Museum Wiesbaden stammen 2,3 Prozent von Bibern und von rund 15.000 (Stand: 1980) im Naturhistorischen Museum Mainz 3,3 Prozent.

Literatur
FISCHER, Karlheinz: Postkraniale Skelettreste von Bibern (*Castor* L., *Trogontherium* Fischer, Castoridae, Rodentia, Mamm.) aus dem Mittelpleistozän von Bilzingsleben. In:

Heutiger amerikanischer Biber Castor.
Foto: Steve from Washington, DC, USA / CC BY-SA 2.0
(via Wikimedia Commons),
lizensiert unter Creative Commons-Lizenz by-sa-2.0,
https://creativecommons.org/licenses/by-sa/2.0/legalcode

FISCHER, Karlheinz / GUENTHER, Ekke W. / HEINRICH, Wolf-Dieter / MANIA, Dietrich / MUSIL, Rudolf / NÖTZOLD, Tilo (Herausgeber): Bilzingsleben IV. Veröffentlichungen des Landesmuseums für Vorgeschichte in Halle/Saale 44: S. 63–70. Berlin 1991.
GEOLOGIE VAN NEDERLAND: *Castor fiber* Linnaeus, 1758.
https://www.geologievannederland.nl/fossielen/zoogdierregister/castor-fiber-linnaeus-1758
GEOLOGIE VAN NEDERLAND: *Trogontherium cuvieri* Fischer von Waldheim, 1809.
https://www.geologievannederland.nl/fossielen/zoogdierregister/trogontherium-cuvieri-fischer-von-waldheim-1809
GLIENKE, Sabine: 14) *Trogontherium cuvieri* FISCHER V. WALDHEIM, 1809: In: Katalog der im Hessischen Landesmuseum Wiesbaden befindlichen Belegstücke aus den Mosbacher Sanden. Jahrbücher des Nassauischen Vereins für Naturkunde 135: S. 48–50, Wiesbaden 2014.
KAHLKE, Hans-Dietrich: 8. *Castor fiber* LINNAEUS. In: Revision der Säugetierfaunen der klassischen Pleistozän-Fundstellen Süßenborn, Mosbach und Taubach. In: Geologie – Zeitschrift für das Gesamtgebiet der Geologie und Mineralogie sowie der angewandten Geophysik 10(4/5): S. 503, 1961.
KAHLKE, Hans-Dietrich: 9. *Trogontherium cuvieri* (FISCHER VON WALDHEIM). In: Revision der Säugetierfaunen der klassischen Pleistozän-Fundstellen Süßenborn, Mosbach und Taubach. In: Geologie – Zeitschrift für das Gesamtgebiet der Geologie und Mineralogie sowie der angewandten Geophysik 10(4/5): S. 503, 1961.
KERKHOFF, Niek: *Castor fiber* LINNAEUS EN *Trogon-*

therium cuvieri FISCHER VERSCHILLEN IN CALCA-
NEUM, ASTRAGALUS EN EPISTROPHEUS. In.
Cranium 5(2): S. 101–105, Amsterdam, Oktober 1988.
MAI, Helga: Untersuchung von Gebissen der pleistozänen
Biberarten *Trogontherium* und *Castor* und ihre stratigraphische
Einordnung. In: Schriften des Naturwissenschaftlichen
Vereins für Schleswig-Holstein 48: S. 35–39, Kiel 1978.
MAYHEW. David F.: Reinterpretation of the Extinct
Beaver *Trogontherium* (Mammalia, Rodentia). In: Philoso-
phical Transactions of the Royal Society B: Biological
Sciences 281: S. 407–438, 13. Januar 1978.
REICHENAU, Wilhelm von: Einiges über Schädel und
Gebiss der Biber (Castorinae). In: Jahrbücher des Nassau-
ischen Vereins für Naturkunde 45: S. 208–226, Wiesbaden
1912.
SCHREUDER, Antje: Bemerkungen zu *Trogontherium
soergeli* Rüger. In: Paläontologische Zeitschrift 10: S. 297,
Berlin 1928.
SCHREUDER, Antje: Bijdrage tot de kennis van *Conodontes*
en *Trogontherium*. In: Dissertation, Amsterdam. S. 49, 1928.
SCHREUDER, Antje: *Trogontherium cuvieri* in den Kiesen
von Süßenborn. In: Neues Jahrbuch für Mineralogie, Geo-
logie und Paläontologie, Abteilung B (11/12): S. 352–353,
Stuttgart 1949.
VAN DET, Minke / VAN DEN HOECK OSTENDE,
Lars: Antje Schreuder (1887–1952): een bescheiden pionier.
In: Cranium 19(2): S. 123–129, Amsterdam 2002.
VON KOENIGSWALD, Wighart / MENGER, Frank:
Mögliches Auftreten von *Trogontherium cuvieri* und *Alces
latifrons* im letzten Interglazial der nördlichen Oberrhein-
ebene. In: Cranium 14(2): S. 2–10, 1997.

VON WALDHEIM, Gotthelf Fischer: Sur l'*Elasmotherium* et le *Trogontherium* deux animaux fossiles et inconnus de la Russie. In: Memoires de la Societe Imperiale des Naturalistes de Moscou 2: S. 250–268, Moskau 1809.
WIKIPEDIA (Online-Lexikon): Gotthelf Fischer von Waldheim.
https://de.wikipedia.org/wiki/Gotthelf_Fischer_von_Waldheim
WIKIPEDIA (Online-Lexikon): Riesenbiber.
https://de.wikipedia.org/wiki/Riesenbiber
ZEUNER, Frederick Everard: A Comparison of the Pleistocene of East Anglia with that of Germany. In: Proceedings Prehistoric Society. S. 136–157, London 1937.

Heutiger Feldhamster Cricetus cricetus.
Foto: Sgh Viennna / CC BY-SA 4.0 (via Wikimedia Commons),
lizensiert unter Creative Commons-Lizenz by-sa-4.0,
https://creativecommons.org/licenses/by-sa/4.0/legalcode

Bekannter Wühler

Der Feldhamster *Cricetus cricetus*

Der Wiesbadener Präparator und Konservator August Römer (1825–1899) erwähnte 1887 erstmalig den Feldhamster *Cricetus cricetus* sp. aus den Mosbach-Sanden bei Wiesbaden. Bei dem betreffenden Fossil handelte es sich um eine vollständig erhaltene rechte Unterkieferhälfte. Über diesen Fund erklärte 1910 der Mainzer Naturforscher Wilhelm von Reichenau (1847–1925), er stamme sicher aus den Mosbacher Sanden und nicht aus einer Lößschicht. Später barg man eine zweite Unterkieferhälfte, die im Museum Wiesbaden aufbewahrt wurde. Beide Originalfunde liegen im Museum Wiesbaden und stammen aus dem Fundkomplex Mosbach 2 der Mosbach-Sande. Feldhamster gehören zu den Nagetieren (Rodentia) aus der Familie der Wühler (Cricetidae) und der Unterfamilie der Hamster (Cricetinae). Die Gattung *Cricetus* wurde 1779 von dem damals an der Universität Leipzig lehrenden außerordentlichen Professor für Naturgeschichte, Nathanael Gottfried Leske (1751–1786), beschrieben. Leske erhielt 1786 den Lehrstuhl für Finanzwissenschaft und Ökonomie an der Philipps-Universität Marburg, konnte aber sein Amt nicht antreten, weil er auf der Anreise verunglückte und kurz darauf starb. Die Erstbeschreibung der Art *Cricetus cricetus* erfolgte 1758 durch den schwedischen Naturforscher Carl von Linné (1707–1778).

Das Verbreitungsgebiet des Feldhamsters *(Cricetus cricetus)* reicht heute von Belgien über Mittel- und Osteuropa bis in die russische Altairegion und das nordwestliche China. Ur-

Naturforscher, Kameralist und Geologe
Nathanael Gottfried Leske (1751–1786),
Erstbeschreiber der Gattung Cricetus von 1779.
Bild: Porträt eines unbekannten Künstlers um 1780
(via Wikimedia Commons),
Lizenz: gemeinfrei (Public domain)

sprünglich war der Feldhamster in den Steppen von Osteuropa heimisch.
Jetzige Feldhamster erreichen eine Kopf-Rumpf-Länge von 20 bis 34 Zentimetern. Hinzu kommt ein 4 bis 6 Zentimeter langer, nahezu haarloser Schwanz. Ausgewachsene Feldhamster sind zwischen 200 und 650 Gramm schwer. Männliche Tiere sind oft größer und schwerer als weibliche.
Laut Online-Lexikon „Wikipedia" gilt der Hamster als das bunteste europäische Pelztier. Häufig ist die Oberseite gelbbraun und die Unterseite fast schwarz. Auf der Wange, an den Flanken sowie vor und hinter den Vorderbeinen befinden sich weiße Flecken. Falls ein Hamster vor einem Feind nicht mehr fliehen kann, richtet er sich zur Verteidigung auf. Die schwarze Bauchseite imitiert dann das Maul eines größeren Raubtieres mit den 4 weißen Pfoten als vermeintliche „Fangzähne". Die Region um die Schnauze und um die Augen ist rötlichbraun gefärbt. Die Füße und die Nasenspitze sind weiß. Es gibt aber auch fast gänzlich schwarze und auffällig helle Feldhamster.
Hamster besitzen dehnbare Backentaschen mit deren Hilfe sie bis zu 5 Kilogramm Körnervorrat in ihren Bau tragen. Eigentlich brauchen sie zum Überstehen des Winters nur 2 Kilogramm. Die breiten Füße sind mit Krallen versehen. Feldhamster sind Bodenbewohner und Einzelgänger. Sie werden vor allem in der Dämmerung und in der Nacht aktiv. Jedes erwachsene Tier gräbt im Lehm- oder Lössboden 0,50 bis 2 Meter tiefe Erdbaue, die es als Revier verteidigt. Winterbaue sind tiefer als Sommerbaue. Nach dem Erwachen aus dem Winterschlaf beginnen Feldhamster mit der Anlage oder Ausbesserung der Sommer-

*Feldhamster (Cricetus cricetus) im Getreidefeld.
Zeichnung des deutschen naturwissenschaftlichen Malers
und Tierillustrators Walter Heubach (1865–1923)
(via Wikimedia Commons),
Lizenz: gemeinfrei (Public domain)*

baue. Zu den verzweigten Erdbauen gehören eine Wohn- und eine Vorratskammer sowie Blindgänge zum Koten. Jeder Hamsterbau hat senkrechte Fallröhren und häufig 2 bis 3 flach verlaufende Eingänge.

Heutige Feldhamster ernähren sich von Getreidekörnern, Hülsenfrüchten, Klee, Luzernen, Kartoffeln, Rüben, Mais und Ackerunkräutern, aber auch von wirbellosen Kleintieren. Im Eiszeitalter vor etwa 600.000 Jahren gab es natürlich die von Menschen angebauten Pflanzen noch nicht.

Während der Herbst- und Wintermonate halten Feldhamster ihren Winterschlaf. Dieser wird von Aufwachphasen unterbrochen, während denen die Tiere von den im Sommer eingelegten Vorräten zehren, Urin und Kot absetzen und kurz schlafen.

Während der Fortpflanzungsperiode von Mai bis August erlaubt das weibliche Tier männlichen Artgenossen den Zugang zum eigenen Bau. Es ist nicht nur einem Partner treu. Nach einer Tragzeit von meist 17 Tagen kommt der Nachwuchs zur Welt. Früher umfasste ein Wurf bis zu 8 Jungtiere, weshalb es in manchen Jahren und Regionen zu Massenvermehrungen kam. Weil Feldhamster als Ernteschädlinge galten, hat man in den 1950er Jahren im Bezirk Magdeburg in der damaligen DDR jährlich mehr als 1 Million Hamster gefangen, getötet und ihr Fell verwertet.

Ab den 1950er Jahren sank die Wurfgröße kontinuierlich. Heute liegt sie nur noch bei 3 bis 4 Jungtieren pro Wurf. Weibliche Tiere werfen auch nicht mehr 2 bis 3 Würfe pro Jahr wie in den 1980er Jahren, sondern lediglich 1 bis 2 Würfe. Seit den 1980er Jahren geht der Bestand der Feldhamster zurück. Im Juli 2001 stufte man den Feldhamster

als „vom Aussterben bedroht" ein. Heute gibt es in Deutschland Programme zur Züchtung und Auswilderung von Feldhamstern, um dem lokalen Aussterben entgegenzutreten oder Feldhamster wieder anzusiedeln.
Neben viel Interessantem liest man im Online-Lexikon „Wikipedia" auch wenig Schmeichelhaftes über den Feldhamster: „Wegen seiner lebhaften Natur und der Gewohnheit, Vorräte anzulegen, wurde der Feldhamster schon früh zu einem Symbol für aufbrausende, habgierige und geizige Personen".

Literatur
KAHLKE, Hans-Dietrich: 10. *Cricetus cricetus* sp.: In: Revision der Säugetierfaunen der klassischen Pleistozän-Fundstellen Süßenborn, Mosbach und Taubach. In: Geologie – Zeitschrift für das Gesamtgebiet der Geologie und Mineralogie sowie der angewandten Geophysik 10(4/5): S. 503, 1961.
KÖHLER, Ute / GESKE, Christian / MAMMEN, Kerstin / MARTENS, Stefanie / REINERS, Tobias Erik / SCHREIBER, Ralf / WEINHOLD, Ulrich: Maßnahmen zum Schutz des Feldhamsters *(Cricetus cricetus)* in Deutschland. In: Natur und Landschaft 89(8): S. 344–349, 2014.
MEINIG, Holger / BUSCHMANN, Axel / REINERS, Tobias Erik / NEUKIRCHEN, Melanie / BALZER, Sandra / PETERMANN, Ruth: Der Status des Feldhamsters *(Cricetus cricetus)* in Deutschland. In: Natur und Landschaft 89(8): S. 338–343, 2014.
SCHILLING, Detlef / SINGER, Detlef / DILLER, Helmut: Feldhamster *Cricetus cricetus* Linné 1758. In: BLV

Bestimmungsbuch Säugetiere. 181 Arten Europas. S. 96–97. München, Wien, Zürich 1983.
WIKIPEDIA (Online-Lexikon): Feldhamster.
https://de.wikipedia.org/wiki/Feldhamster
WIKIPEDIA (Online-Lexikion): Nathanael Gottfried Leske.
https://de.wikipedia.org/wiki/Nathanael_Gottfried_Leske

Heutige Rotzahnspitzmaus Sorex araneus.
Foto: Soricida / CC BY-SA 3.0 (via Wikimedia Commons),
lizensiert unter Creative Commons-Lizenz by-sa-30
https://creativecommons.org/licenses/by-sa/3.0/legalcode

Ein Insektenfresser

Die Rotzahnspitzmaus *Sorex* sp.

Der Frankfurter Lehrer, Geologe, Paläobotaniker und Paläontologe Georg Friedrich Kinkelin (1836–1913) erwähnte 1889 erstmals und 1892 erneut Funde der zu den Spitzmäusen (Soricidae) gehörenden Gattung *Sorex* sp. aus den Mosbach-Sanden bei Wiesbaden. Der Gattungsname *Sorex* wurde bereits 1758 von dem schwedischen Naturforscher Carl von Linné (1707–1778) geprägt. In der Systematik gehört *Sorex* zur Ordnung der Insektenfresser (Eulipotyphla), Familie der Spitzmäuse (Soricidae), Unterfamilie Soricinae und zur Gattung der Rotzahnspitzmäuse.
1898 führten der Berliner Geologe und Paläontologe Henry Schröder (1859–1927), 1910 der Mainzer Naturforscher Wilhelm von Reichenau (1847–1925) sowie 1987 der damals in Darmstadt arbeitende Paläontologe Wighart von Koenigswald und der Mainzer Paläontologe Heinz Tobien (1911–1993) in ihren Berichten ebenfalls *Sorex*-Fossilien aus Mosbach auf. Auch unter den nach der Zerstörung des Naturhistorischen Museums Mainz im Zweiten Weltkrieg geborgenen Fossilien befinden sich fossile *Sorex*-Reste. *Sorex* ist – laut Koenigswald und Tobien – in den Fundkomplexen Mosbach 2 und Mosbach 3 der Mosbach-Sande nachgewiesen.
Die heutige Rotzahnspitzmaus der Gattung *Sorex* lebt in Europa, in nördlichen und zentralen Teilen von Asien sowie in Nord- und Mittelamerika (bis Guatemala). Sie bewohnt zahlreiche Lebensräume, bevorzugt aber eher Feuchtgebiete.

In Mitteleuropa existieren heute mehrere Arten der Rotzahnspitzmäuse: die Alpenspitzmaus *(Sorex alpinus)*, die Waldspitzmaus *(Sorex araneus)*, die Zwergspitzmaus *(Sorex minutus)*, die Schabrackenspitzmaus *(Sorex coronatus)* und die Valais-Spitzmaus *(Sorex antinorii)* in Italien und in der Südschweiz. In Süd-, Nord- und Osteuropa sowie in Amerika und Asien kommen weitere Arten vor. Insgesamt unterscheidet man – laut Online-Lexikon „Wikipedia" – 86 Arten. Bei „Wikipedia" ist eine lange Liste mit Artnamen veröffentlicht. Die Systematik einiger Arten sowie die Einteilung in Untergattungen ist noch nicht restlos geklärt. Mehrere Arten sind wegen der Zerstörung ihres Lebensraumes oder ihres kleinen Verbreitungsgebietes als gefährdet oder bedroht eingestuft.

Jetzige Rotzahnspitzmäuse der Gattung *Sorex* erreichen eine Kopf-Rumpf-Länge von 4,6 bis 10 Zentimetern. Hinzu kommt noch ein 2,5 bis 8,2 Zentimeter langer Schwanz. Das Gewicht beträgt zwischen 2 und 18 Gramm. Die Augen sind klein und die Ohren ragen kaum aus dem sandfarbenen, schwarzen oder gemusterten Fell. Bei erwachsenen Tieren ist der Schwanz oft unbehaart. Die 30 bis 32 Zähne besitzen rote Spitzen, worauf der Name Rotzahnspitzmäuse beruht.

Zur Jagdbeute von Rotzahnspitzmäusen aus der Gegenwart gehören vor allem Insekten, aber auch Spinnen, Würmer und Schnecken. Diese Rotzahnspitzmäuse sind sehr fruchtbar. Ein weibliches Tier kann mehrfach im Jahr nach einer Tragzeit von wenigen Wochen jeweils bis zu 10 Jungtiere zur Welt bringen.

1978 erwähnte der Mainzer Paläontologe Herbert Brüning (1911–1983) im „Mainzer Naturwissenschaftlichen Archiv", in den Mosbach-Sanden bei Wiesbaden seien bisher 12 Arten von Kleinsäugtieren gefunden worden. Dies habe ihm der Paläontologe Franz Malec mitgeteilt.

Literatur
BAHLO, Ekkehard / MALEC, Franz: Insectivoren (Mammalia) aus den oberen Mosbacher Sanden (Mittelpleistozän) bei Wiesbaden-Biebrich. In: Mainzer Naturwissenschaftliches Archiv 8: S. 56–75, Mainz 1969.
BURGIN, Connor / HASLAUER, Rudolf / HE, Kai / HIMCKEY, Arlo / HINTSCHE, Stefan / HUTTERER, Rainer / JENKINS, Paulina D. / MOTOKAWA, Masaharu / RUEDI, Manuel / SHEFTELK, Boris / WOODMAN, Neal: Soricidae (Shrews). WILSON, Don E. / MITTERMEIER, Russell A. (Herausgeber): Handbook of the Mammals of the World. Volume 8: Insectivores, Sloths, Colugos. Lynx Edicions, S. 332–551, Barcelona 2018.
KAHLKE, Hans-Dietrich: 1. *Sorex* sp.: In: Revision der Säugetierfaunen der klassischen Pleistozän-Fundstellen Süßenborn, Mosbach und Taubach. In: Geologie – Zeitschrift für das Gesamtgebiet der Geologie und Mineralogie sowie der angewandten Geophysik 10(4/5): S. 502, 1961.
WIKIPEDIA (Online-Lexikon): Rotzahnspitzmäuse. https://de.wikipedia.org/wiki/Rotzahnspitzmäuse

Lebende heutige Ostschermaus (Arvicola amphibius, Synonym: Arvicola terrestris) im Wildlife Centre im Weiler Newchapel nahe des Dorfes Lingfield in der Grafschaft Surrey im Südosten von England.
Foto: Peter Trimmels / CC BY 2.0 Flickr
https://www.flickr.com/photos/55426027@N03/6432467985
(via Wikimedia Commons),
lizensiert unter Creative Commons-Lizenz by-sa-2.0,
https://creativecommons.org/licenses/by/2.0/legalcode

Die Wasserratte
Die Schermaus *Arvicola mosbachensis*

1978 erwähnte der Mainzer Paläontologe Herbert Brüning (1911–1983) in einer Artenliste für die Mosbach-Sande bei Wiesbaden 6 Echte Mäuse oder Langschwanzmäuse (Muridae). Nämlich *Arvicola mosbachensis*, *Pitymys schmidtgeni*, *Microtus* sp., *Clethrionomys* sp., *Pliomys* sp. und *Lemmus* sp.
Die Schermaus *Arvicola mosbachensis*, deren Artname *mosbachensis* an den Fundort Mosbach-Sande erinnert, wurde 1911 durch den Mainzer Paläontologen Otto Schmidtgen (1879–1938) beschrieben. Seine Erstbeschreibung erschien im „Notizblatt des Vereins für Erdkunde zu Darmstadt und der Großherzoglichen geologischen Landesanstalt" und trug den Titel „Über Reste von Wühlmäusen aus dem Mosbacher Sand". Die von Schmidtgen untersuchten und beschriebenen fossilen Backenzähne von *Arvicola mosbachensis* werden im Forschungsinstitut Senckenberg in Frankfurt am Main aufbewahrt.
Auch der britische Zoologe Martin Alister Campbell Hinton (1883–1961) aus London betrachtete 1926 *Arvicola mosbachensis* als selbständige Art. Hinton war bis 1945 Kurator für Zoologie im Natural History Museum in London. Er wurde später verdächtigt, an der Fälschung des 1912 angeblich in einer Kiesgrube beim Dorf Piltdown gefundenen Piltdown-Menschen beteiligt gewesen zu sein. 1953 entlarvte man den Fund als Fälschung, wusste aber nicht, wer dahinter steckte. Erst 1978 fand man im Lager des Natural History Museums einen Schrankkoffer von Hinton, der Tierknochen und Zähne enthielt, die in einer

*Professoren Othenio Abel (1875–1946), links,
Otto Schmidtgen (1879–1938), Mitte,
Wolfgang Soergel (1887–1946). rechts.
Foto: Naturhistorisches Museum Mainz /
Landessammlung für Naturkunde Rheinland-Pfalz*

Art und Weise gefeilt und gefärbt waren, wie die Reste des Piltdown-Menschen. Kurz vor seinem Tod hatte Hinton einem Kollegen geschrieben, wie sehnsüchtig er als junger Student davon geträumt habe, in den Hügeln von Sussex das von Charles Darwin (1809–1882) propagierte fehlende Bindeglied (missing link) zwischen Mensch und Affe zu finden.
Doch nun zurück zur Schermaus *Arvicola mosbachensis*. 1932 bestätigte der damals an der Universität Gießen tätige deutsche Paläontologe Florian Heller (1905–1978), dass es sich bei *Arvicola mosbachensis* um eine selbständige Art handelte. Heller untersuchte vor allem fossile Säugetiere. 1987 veröffentlichten die Paläontologen Wighart von Koenigswald (damals Darmstadt) und Heinz Tobien (Mainz) im „Geologischen Jahrbuch Hessen" eine Artenliste über die Mosbach-Sande bei Wiesbaden, die 7 Mäuse aufführte: *Arvicola cantiana, Pitymys schmidtgeni, Microtus arvalinus, Microtus ratticepoides, Clethrionomys sp., Pliomys episcopalis und Lemmus sp.* Dabei erfuhr man, *Arvicola mosbachensis* heiße jetzt *Arvicola cantiana*. Letztere Art war bereits 1910 von dem erwähnten britischen Zoologen Hinton beschrieben worden.
2000 hieß es, am Typusmaterial, das zur Umbenennung von *Arvicola mosbachensis* in *Arvicola cantiana* geführt hatte, könne man keine artspezifischen Merkmale erkennen. Das Material sei weder von *Miomys savini* noch von *Arvicola terrestris* einndeutig abgrenzbar. Deshalb schlugen die Paläontologen Lutz Christian Maul, Leonid Rekovets, Wolf-Dieter Heinrich, Thomas Keller und Gerhard Storch vor, den Namen *Arvicola mosbachensis* für alle bisher so bezeichneten Fossilien weiter zu benutzen.

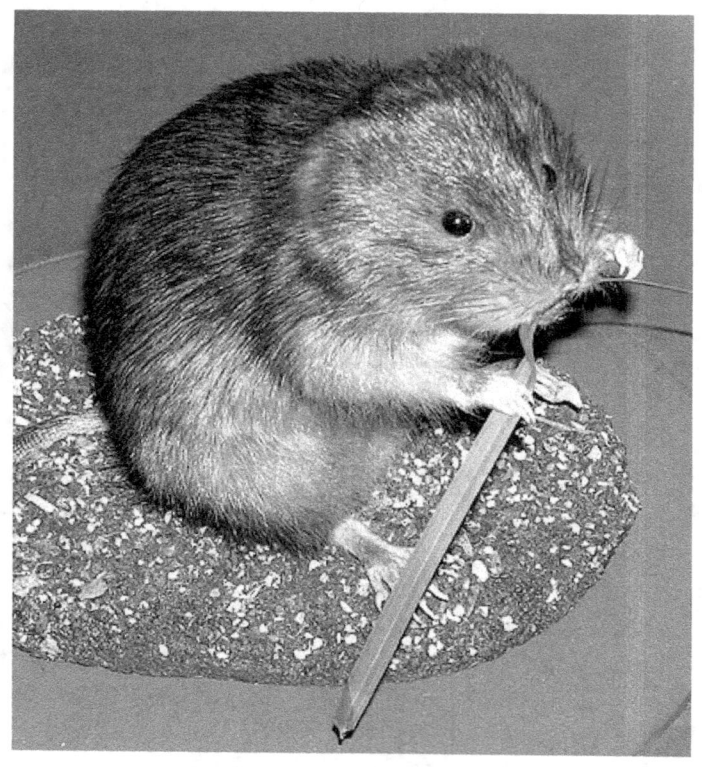

Präparat der heutigen Ostschermaus (Arvicola amphibius) im Bristol Museum, Bristol, England.
Foto: Adrian Pingstone (via Wikimedia Commons), Lizenz: gemeinfrei (Public domain)

Lange Zeit hat man in der Sandgrube am Grafenrain bei
Mauer an der Elsenz keine Relikte einer Kleinsäugetier-
Fauna gefunden. Dagegen kamen in den ähnlich alten
Mosbach-Sanden bei Wiesbaden fossile Reste von Wühl-
mäusen und anderen kleinen Wirbeltieren häufig vor. Im
September 1933 entdeckte Florian Heller bei einer Exkur-
sion in die Sandgrube am Grafenrain während der Tagung
der Paläontologischen Gesellschaft in Heidelberg in frisch
aufgeschlossenen Partien das Fragment eines Schneide-
zahn-Schmelzbelages einer *Microtus*-Art und danach ein
Unterkieferfragment von *Arvicola*. Letzterem Fossil maß
Heller „besondere Wichtigkeit" bei.
Die in den Mosbach-Sanden nachgewiesene Wühlmaus
Arvicola mosbachensis war etwas kleiner als die heute in
Deutschland lebende Ostschermaus *Arvicola amphibius*
(früher: *Arvicola terrestris*), die eine Kopf-Rumpf-Länge von
15 bis 19 Zentimeter, Schwanzlänge von 8 bis 12 Zentimeter und ein Gewicht von 100 bis 250 Gramm erreicht.
Wie andere Wühlmäuse besaß auch *Arvicola mosbachensis* in
jeder Kieferhälfte 3 Backenzähne sowie einen Schneidezahn (Nagezahn). Insgesamt verfügte diese Art also über
12 Backenzähne (im Oberkiefer 3 linke und 3 rechte, im
Unterkiefer 3 linke und 3 rechte) und insgesamt 4 Schneidezähne. Der erste untere Backenzahn ist durchschnittlich
3,2 Millimeter lang. Fast nie vollständig erhalten ist der wie
eine Banane gebogene und im hinteren Bereich sehr dünne
Schneidezahn, mit eine Länge bis zu 2 Zentimetern.
Durch das Vorkommen bestimmter Arten von Kleinsäuge-
tieren an einem Fundort aus dem Eiszeitalter kann man
dessen geologisches Alter bestimmen. Die *Mimomys savini*-
Fauna beispielsweise ist für den Cromer-Komplex und ei-

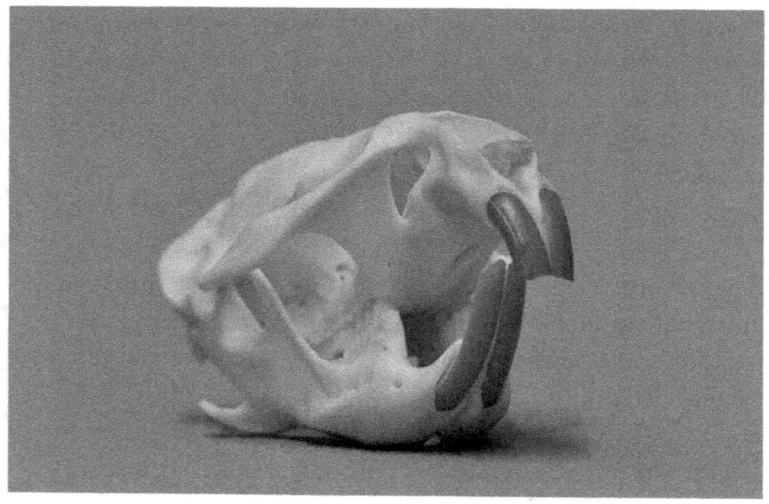

Schädel einer heutigen Ostschermaus (Arvicola amphibius) im Museum Wiesbaden.
Foto: Klaus Rassinger und Gerhard Cammerer, Museum Wiesbaden / CC BY-SA 3.0, lizensiert unter Creative Common-Lizenz by-sa-3.0, https://creativecommons.org/licenses/by-sa/3.0/legalcode

nen Teil der Mindel-Kaltzeit (Mindel-Eiszeit) typisch. Die *Arvicola*-Fauna, Typ 1, die in den mittleren und oberen Mosbach-Sanden vorkommt, entspricht der Mindel-Kaltzeit. Die *Arvicola*-Fauna, Typ 2, umfasst die Holstein-Warmzeit und möglicherweise die Riß-Kaltzeit (Riß-Eiszeit). Die *Arvicola*-Fauna, Typ 3, ist der Eem-Warmzeit gleichzusetzen. Der Paläontologe Lutz Christian Maul erwähnte 2000 in „Senckenbergiana lethaea" in einem Artikel über *Arvicola mosbachensis,* im Grauen Mosbach liege eine der ältesten Wühlmauspopulationen Mitteleuropas vor. *Arvicola* ist eine Gattung der Schermäuse, die 1799 von dem französischen Naturforscher, Zoologen und Ichthyologen Bernard Germain Lacépède (1756–1825) beschrieben wurde. Der vielseitige Lacépède bekleidete erstmals das Amt des Großkanzlers der Ehrenlegion und war außerdem Opernkomponist. In der Systematik gehört *Arvicola* zur Unterordnung Mäuseverwandte, Überfamilie Mäuseartige, Familie Wühler, Unterfamilie der Wühlmäuse, zum Tribus *Arvicola* und zur Gattung Schermäuse.

Wegen ihrer Gebundenheit an Wasser bezeichnet man Schermäuse auch als Wasserratten. In der Gegenwart werden 3 Arten unterschieden: die Ostschermaus *Arvicola amphibius* (Synonym: *Arvicola terrestris*) in Europa, Nord- und Westasien, die Westschermaus *Arvicola sapidus* in Frankreich, Spanien und Portugal sowie die Gebirgsschermaus *Arvicola scherman* in Nordspanien, Zentraleuropa und Südosteuropa.

Mit einer Kopf-Rumpf-Länge bis zu 24 Zentimetern gelten Schermäuse als die größten Wühlmäuse der Alten Welt. Die Ostschermaus kommt in weiten Teilen ihres Verbreitungsgebietes häufig vor und gilt vielerorts als Schädling.

Heutige Ostschermäuse (Arvicola amphibius).
Bild: (via Wikimedia Commons),
Lizenz: gemeinfrei (Public domain)

Dagegen ist die Westschermaus ein eher selten anzutreffendes Tier. Die Ostschermaus oder Große Wühlmaus ist nach der eingebürgerten Bisamratte die zweitgrößte Wühlmaus-Art in Europa. Aquatisch lebende Tiere sind merklich größer und schwerer als terrestrische. Ihre Kopf-Rumpf-Länge beträgt in aquatischen Beständen 13 bis 24 Zentimeter, ihre Schwanzlänge 10 bis 14,6 Zentimeter und ihr Gewicht 130 bis 320 Gramm. Terrestrisch lebende Schermäuse erreichen nur eine Kopf-Rumpf-Länge von 13 bis 16,5 Zentimetern und ein Gewicht von 65 bis 130 Gramm.

Bei den Ostschermäusen gibt es sowohl überwiegend aquatische wie auch terrestrische Bestände mit Übergangsformen. Sie sind nacht- und dämmerungsaktiv, seltener tagaktiv. Aquatisch lebende Ostschermäuse schwimmen und tauchen gut. Sie legen in dicht bewachsenen Uferböschungen ihre weitverzweigten Baue mit Nest und Vorratskammer an. Die Eingänge liegen teilweise unter Wasser und oberhalb der Wasseroberfläche. Die flach unter der Erdoberfläche verlaufenden Gangsysteme terrestrischer Bestände ähneln denen von Maulwürfen.

Die überwiegend pflanzliche Nahrung besteht bei aquatischen Beständen aus Wasserpflanzen, bei terrestrischen vor allem aus Wurzeln, Zwiebeln und Knollen. Gelegentlich verzehren heutige Schermäuse auch Mollusken, Insekten und sogar kleine Fische.

Mitunter werden die Schermäuse in der Literatur auch als Untergattung der Feldmäuse *(Microtus)* betrachtet. In diesem Fall ordnet man ihnen die Richardson-Wühlmaus *(Microtus richardsoni)* oder Amerikanische Schermaus als weitere Art zu. Durch ihre geringe Größe sind Schermäuse typische Beutetiere für größere räuberische Säugetiere und Vögel.

Literatur
HELLER, Florian: *Arvicola mosbachensis.* In: Die Wühlmäuse der Mosbacher Sande. Notizblatt des Vereins für Erdkunde und der Hessischen Geologischen Landesanstalt Darmstadt 1931/1932, 5(14): S. 109, Darmstadt 1933.
HELLER, Florian: *Arvicola mosbachensis* (SCHMIDTGEN 1911): In: Die Wühlmäuse (Mammalia, Rodentia, Arvicolidae) des Ältest- und Altpleistozäns Europas. Quartär. International Yearbook for Ice Age and Stone Age Research 19: S. 43, 1968.
HINTON, Martin Alister Campbell: A preliminary account of the Britisch fossil voles and lemmings, with some remarks on the Pleistocene climate and geography. In: Proceedings Geologist's Association 21: S. 489–507, London 1910.
KAHLKE, Hans-Dietrich: 11. *Arvicola mosbachensis* (SCHMIDTGEN): In: Revision der Säugetierfaunen der klassischen Pleistozän-Fundstellen Süßenborn, Mosbach und Taubach. Geologie – Zeitschrift für das Gesamtgebiet der Geologie und Mineralogie sowie der angewandten Geophysik 10(4/5): S. 504, 1961.
KOENIGSWALD, Wighart von: Veränderungen in der Kleinsäugerfauna von Mitteleuropa zwischen Cromer und Eem (Pleistozän). In: Eiszeitalter und Gegenwart 23/24: S. 159–167, Öhningen/Württemberg 1973.
KOENIGSWALD, Wighart von / TOBIEN, Heinz: Bemerkungen zur Altersstellung der pleistozänen Mosbach-Sande bei Wiesbaden. In: Geologisches Jahrbuch Hessen 115: S. 227–237, Wiesbaden 1987.
MAUL, Lutz Christian / REKOVETS, Leonid L. / HEINRICH, Wolf- Dieter / KELLER, Thomas / STORCH,

Ger-hard: *Arvicola mosbachensis* (Schmidtgen, 1911) of Mosbach 2, a basic sample for the early evulution of the genus and a reference for further biostratigraphical studies. In: Sencken-bergiana lethaea 80(1): S. 129–147, Frankfurt am Main.
WIKIPEDIA (Online-Lexikon): Bernard Germain Lacépède.
https://de.wikipedia.org/wiki/Bernard_Germain_Lac%C3%A9p%C3%A8de
WIKIPEDIA (Online-Lexikon): Ostschermaus.
https://de.wikipedia.org/wiki/Ostschermaus
WIKIPEDIA (Online-Lexikon): Schermäuse.
https://de.wikipedia.org/wiki/Schermäuse

*Heutige Savii-Kleinwühlmaus (Pitymys savii),
teilweise auch als Microtus savii bezeichnet.
Zeichnung von Jean-Joseph Zéphirin Gerbe (1810–1890).
Bild: (via Wikimedia Commons),
Lizenz: gemeinfrei (Public domain)*

Schädlicher Wühler

Die Wühlmaus *Pitymys schmidtgeni*

Der Paläontologe Florian Heller (1905–1978) stellte 1931 nach der Untersuchung von *Pitymys*-Resten aus den Mosbach-Sanden bei Wiesbaden die neue Wühlmaus-Art *Pitymys schmidtgeni* auf. Diese Spezies stand nach seiner Ansicht der Art *Pitymys gregaloides* nahe, die 1923 der britische Zoologe Martin Alister Campbell Hinton (1883–1961) anhand von Fossilien des Freshwater Bed bei West Runton nahe der Stadt Cromer (Ostengland) beschrieben hatte.
Der Gattungsname *Pitymys* geht auf den amerikanischen Paläontologen Henry McMurtrie (1793–1865) zurück. Dieser hatte das Werk „The Animal Kingdom" des Pariser Paläontologen Georges Cuvier (1769–1832) von der französischen in die englische Sprache übersetzt. Mit dem Artnamen *schmidtgeni* ehrte Heller den Mainzer Paläontologen Otto Schmidtgen (1879–1938). Jener war von 1914 bis 1938 Direktor des Naturhistorischen Museums Mainz und machte sich um die Erforschung der Mosbach-Sande bei Wiesbaden verdient.
Der Weimarer Paläontologe Hans-Dietrich Kahlke (1924–2017) schrieb 1961, die Aufstellung der Art *Pitymys schmidtgeni* müsse beim Anfallen neuer Funde überprüft werden. Der Mainzer Paläontologe Herbert Brüning (1911–1983) führte 1978 *Pitymys schmidtgeni* in einer Artenliste für die Mosbach-Sande erneut auf und vermutete 2 Arten. Die Paläontologen Wighart von Koenigswald (damals Darmstadt) und Heinz Tobien (Mainz) erwähnten 1987 in einer Artenliste für die Mosbach-Sande die Wühlmaus *Pitymys*

schmidtgeni, die nur im Fundkomplex Mosbach 2 geborgen worden ist.

Die Statur der Alpen- bzw. Fatio-Kleinwühlmäuse (*Pitymys multiplex*) und der Italien- bzw. Savii-Kleinwühlmäuse (*Pitymys savii*) aus der Gegenwart ähnelt derjenigen der heutigen Feldmaus (*Microtus arvalis*). Letztere erreicht eine Kopf-Rumpf-Länge von 8 bis 11 Zentimetern. Alpen- und Italien-Kleinwühlmäuse kommen jetzt fast nur im Süden der Alpen vor. Dort können sie an landwirtschaftlichen Kulturen erhebliche Schäden anrichten. *Pitymys multiplex* ist im ganzen Tessin verbreitet, *Pitymys savii* nur im südlichen Tessin. Beide Arten unterscheiden sich von anderen Wühlmaus-Arten durch ihre sehr kleinen Augen und Ohren. Sie leben vor allem unterirdisch und übernehmen oft Gangsysteme von Maulwürfen.

Savii-Kleinwühlmäuse vermehren sich stärker als Fatio-Kleinwühlmäuse. 1938 wurden Savii-Kleinwühlmäuse von dem belgischen Politiker und Naturforscher Edmond de Sélys-Longchamps (1813–1900) beschrieben. Selys-Longchamps war ein wohlhabender belgischer Aristokrat, wurde zu Hause ausgebildet und besuchte nie eine Universität. Trotzdem entwickelte er sich zu einem der führenden Forscher auf dem Gebiet der Libellen (weltweit), Netzflügler (weltweit) und Heuschrecken (vor allem Europa) sowie zu einem bedeutenden Ornithologen. Die Erstbeschreibung der Fatio-Wühlmäuse erfolgte 1905 durch den schweizerischen Geologen Victor Fatio (1838–1906) aus Genf. Sobald sie in eine Obstanlage eingedrungen sind, sind Fatio-Kleinwühlmäuse von allen Wühlmäusen am schädlichsten. Sie benagen die Bäume aus der Tiefe ihrer Gangsysteme und zerstören die Wurzeln von jungen Bäumen.

Literatur
ABEL, Othenio:; Otto Schmidtgen (19. Dezember 1879 bis 23. Dezember 1938). In: Paleobiologica 7(2): S. 81–94, 1939.
HELLER, Florian: *Pitymys schmidtgeni*. In: Die Wühlmäuse der Mosbacher Sande. Notizblatt des Vereins für Erdkunde und der Hessischen Geologischen Landesanstalt Darmstadt 1931/1932, 5(14): S. 111, Darmstadt 1933.
HELLER, Florian: *Pitymys schmidtgeni* (HELLER 1933): In: Die Wühlmäuse (Mammalia, Rodentia, Arvicolidae) des Ältest- und Altpleistozäns Europas. Quartär. International Yearbook for Ice Age and Stone Age Research 19: S. 45, 1968.
KAHLKE, Hans-Dietrich: 13. *Pitymys schmidtgeni* HELLER: In: Revision der Säugetierfaunen der klassischen Pleistozän-Fundstellen Süßenborn, Mosbach und Taubach. In: Geologie – Zeitschrift für das Gesamtgebiet der Geologie und Mineralogie sowie der angewandten Geophysik 10(4/5): S. 504, 1961.
WIKIPEDIA (Online-Lexikon): Florian Heller. https://de.wikipedia.org/wiki/Florian_Heller_(Pal%C3%A4ontologe)

Heutige Feldmaus (Microtus arvalis).
Foto: Dieter TD / CC BY-SA 3.0 (via Wikimedia Commons),
lizensiert unter Creative Commons-Lizenz by-sa-3.0,
https://creativecommons.org/licenses/by-sa/3.0/legalcode

Kleinohrige Maus
Die Wühlmaus *Microtus*

1911 erwähnte der Mainzer Paläontologe Otto Schmidtgen vorläufig 3 Arten der Wühlmaus-Gattung *Microtus* aus den Mosbach-Sanden bei Wiesbaden. Nämlich die 1761 von dem schwedischen Naturforscher Carl von Linné (1707–1778) beschriebene Erdmaus *Microtus agrestis*, die 1841 von Alexander Graf von Keyserling (1815–1891) und Professor Johann Heinrich Blasius (1809–1870) beschriebene Nordische Wühlmaus *Microtus ratticeps* (heute: *Microtus oeconomus*) sowie die 1778 von dem preußischen Naturforscher Peter Simon Pallas (1741–1811) beschriebene Feldmaus *Microtus arvalis*. Schmidtgen fügte aber hinzu, zur sicheren Bestimmung müsste weiteres Material abgewartet werden.

Die Vorsicht von Otto Schmidtgen war nicht unbegründet. Denn die 1911 von ihm aufgeführten 3 *Microtus*-Arten spielten in 1961, 1978 und 1987 folgenden Artenlisten für die Mosbach-Sande keine Rolle mehr.

1932 nahm der Paläontologe Florian Heller (1905–1978) eine Revision der *Microtus*-Funde aus den Mosbach-Sanden bei Wiesbaden vor. Dabei stellte er die neue Art *Microtus subarvalis* auf.

1978 führte der Mainzer Paläontologe Herbert Brüning (1911–1983) die Wühlmaus *Microtus* sp. in einer Artenliste für die Mosbach-Sande auf und vermutete 2 Arten. In dieser Artenliste erwähnte Brüning auch die 1914 von dem ungarischen Zoologen Lajos von Méhely 1862–1953) beschriebene Gattung *Pliomys*. Der Gattungsname *Pliomys* wurde später durch den Namen *Microtus* ersetzt. Die Erst-

Deutscher Paläontologe Florian Heller (1905–1978), Erstbeschreiber etlicher fossiler Arten von Mäusen. Foto: Dr. Brigitte Hilpert, Geozentrum Nordbayern, Fachgruppe PaläoUmwelt, Erlangen

*Ungarischer Zoologe Lajos von Méhely 1862–1953),
Erstbeschreiber der Gattung Pliomys.
Foto: (via Wikimedia Commons),
Lizenz: gemeinfrei (Public domain)*

Deutscher katholischer Geistlicher, Professor,
Botaniker und Insektenforscher Franz de Paula von Schrank
(1747–1835), ab 1808 Ritter von Schrank.
Erstbeschreiber der Gattung Microtus von 1788.
Bild: (via Wikimedia Commons),
Lizenz: gemeinfrei (Public domain)

beschreibung der Gattung *Microtus* erfolgte 1788 durch den deutschen katholischen Geistlichen, Professor, Botaniker und Insektenforscher Franz de Paula von Schrank (1747–1835), ab 1808 Ritter von Schrank.
1987 erwähnten die Paläontologen Wighart von Koenigswald (damals Darmstadt) und Heinz Tobien (Mainz) in einer Artenliste für die Mosbach-Sande die Wühlmause *Microtus arvalinus* und *Microtus ratticepoides*. Beide stammten aus dem Fundkomplex Mosbach 2. *Microtus arvalinus* und *Microtus ratticepoides* wurden 1923 von dem britischen Zoologen Martin Alister Campbell Hinton (1883–1961) nach Funden bei West Runton nahe der Stadt Cromer (Ostengland) beschrieben.
Die heutige Erdmaus *(Microtus agrestis)* ist meist etwas größer als die sehr ähnliche Feldmaus *(Microtus arvalis)*. Sie erreicht eine Kopf-Rumpf-Länge von 9,5 bis 13,3 Zentimetern ohne den bis zu 4,7 Zentimeter langen Schwanz und ein Gewicht von 20 bis 47 Gramm. Die Erdmaus bevorzugt relativ feuchte und kühle Gebiete, in Mitteleuropa vor allem lichte Wälder, Lichtungen, vergraste Schonungen und Feuchtwiesen. Von allen Kleinsäugern in Mitteleuropa dringt sie am weitesten in Hochmoore vor. In den Alpen behauptet sie sich bis in 1800 Meter Höhe. Erdmäuse sind tag- und nachtaktiv. Die Nahrung besteht vor allem aus Gras und Kräutern, im Winter auch aus Baumrinde und Wurzeln. Das rundliche Nest wird flach unterhalb der Bodenoberfläche errichtet. Der Bestand schwankt stark in einem etwa vierjährlichen Rhythmus. Zu einem Wurf gehören maximal 8 Jungtiere.
Die jetzige Feldmaus *(Microtus arvalis)* mit einer Kopf-Rumpf-Länge von 8 bis 11 Zentimetern und einem Gewicht von 20 bis 30 Gramm gilt als eines der häufigsten

Säugetiere in Mitteleuropa. Sie verzehrt Gräser, Kräuter, Sämereien und Getreide. Die Tiere leben in Kolonien in komplexen Erdbauen. Feldmäuse sind tag- und nachtaktiv. Eine Aktivitätsphase dauert 3 bis 4 Stunden, worauf eine ebenso lange Ruhephase folgt.
Nach einer Tragzeit von etwa 3 Wochen kommen bis zu 13 Jungmäuse zur Welt. Weibliche Jungmäuse sind bereits im Alter von 12 bis 14 Tagen geschlechtsreif und werden häufig begattet. Den ersten Wurf kann ein Weibchen schon im Alter von 33 Tagen zur Welt bringen. Begattungen unmittelbar nach der Geburt der Jungen erfolgen so oft, dass die weiblichen Feldmäuse unter optimalen Bedingungen alle 20 Tage werfen können. Der lokale Bestand schwankt wegen der zyklischen Massenvermehrungen sehr stark. Etwa alle 3 Jahre entsteht in Mitteleuropa eine maximale Dichte mit mehr als 1000 Feldmäusen pro Hektar. Solche Maximalbestände brechen durch Hunger und Erschöpfung meist plötzlich und sehr schnell zusammen. Im Normalfall folgt auf eine Massenvermehrung ein Jahr mit sehr niedriger Bestandsdichte. Die Feldmaus gehört seit langem zu den bedeutendsten Schädlingen in Landwirtschaft und Gartenbau.
Die gegenwärtige Kurzohrmaus, Kleinwühlmaus oder Kleinäugige Wühlmaus (*Microtus subterraneus*) wurde bereits 1836 von dem belgischen Politiker und Naturforscher Edmond de Sélys-Longchamps (1813–1900) als *Pitymys subterraneus* beschrieben. Diese Maus mit einer Kopf-Rumpf-Länge von 7,7 bis 10,5 Zentimetern ohne den 2,4 bis 4 Zentimeter langen Schwanz und einem Gewicht von 13 bis 23 Gramm gilt als die kleinste heimische Wühlmaus. Mit Ausnahme eines kleinen Areals am Nordrand der Türkei ist ihr Verbreitungsgebiet auf Europa beschränkt.

Äußerlich ähnelt die Kurzohrmaus einer gegenwärtigen Feldmaus *(Microtus arvalis)*, Die Kurzohrmaus ist aber merklich kleiner als eine Feldmaus und hat kleinere Augen mit einem Durchmesser von maximal 2 Millimetern. Lediglich 7 bis 10 Millimeter lang sind die Ohren, nur 1,3 bis 1,6 Zentimeter lang die Hinterfüße.

In Mitteleuropa bevorzugt die Kurzohrmaus Hanglagen und trockene Böden mit viel Humus sowie einer Deckung bietenden Bodenvegetation. Sie lebt in Wäldern aller Art, auf trockenen oder feuchten Wiesen in Meereshöhe bis oberhalb der Baumgrenze, in Gemüsegärten und Weinbergen. In Deutschland kommt sie nur inselförmig vor, in Österreich fast in allen Landesteilen, aber im Flachland selten, in der Schweiz in allen Kantonen, doch im Mittelland selten. Die dauerhafte Besiedlung eines Lebensraumes gelingt der Kurzohrmaus nur, wenn die größere Feldmaus *(Microtus arvalis)* fehlt. Letztere hat mehr Nachwuchs. Beim Zusammentreffen zweier Artgenossen ist ein „zwitschernder Zanklaut" zu hören.

Kurzohrmäuse leben in Kolonien und sind am Tag und in der Nacht aktiv. Über den Tag verteilt, halten sie 12 bis 14 Aktivitätsphasen von 24 bis 40 Minuten ein. Weibliche Tiere entfernen sich bis zu 100 Meter von ihrem Bau, männliche bis zu 400 Meter. Reviere weiblicher Kurzohrmäuse sind bis zu 250 Quadratmeter groß, Reviere männlicher Tiere bis zu 1000 Quadratmeter.

Ihr unterirdisches Gangsystem legen Kurzohrmäuse flach unterhalb der Erdoberfläche an. Bei der Errichtung eines Baus schieben sie mit der Stirn das Erdmaterial ins Freie. Mit dem Maul tragen sie kleine Steine und Wurzelstücke nach draußen. Bei Erweiterungen werden alte aufgelassene Gänge als Ablagerungplätze benutzt. Oft schließen Kurz-

ohrmäuse ihre Gänge mit Spaltöffnungen an bestehende Gangsysteme von Schermäusen oder Maulwürfen an. Oberirdische Laufwege liegen gut versteckt unter der Vegetation. Die fast ausschließlich pflanzliche Nahrung besteht vor allem aus Gras, Blättern, Kräutern, Wurzeln, Stielen und Moosen, aber auch Knollen, Zwiebeln, Früchten und Samen. Gelegentlich verzehren Kurzohrmäuse auch Insekten oder Schnecken.
Die Fortpflanzung erfolgt von Mai oder April bis zum September oder November. Nach einer Tragzeit von 3 Wochen kommen 1 bis 4 etwa 2 Gramm schwere Jungmäuse zur Welt, im Sommer meist noch mehr. Im Vergleich mit anderen Wühlmaus-Arten haben Kurzohrmäuse merklich weniger Nachwuchs. Ein Wurf der Feldmaus beispielsweise besteht aus 4 bis 10 Jungtieren. Nach 4 Tagen können Jungtiere hören, nach 8 Tagen haben sie ein plüschartiges Fell. Nach 12 bis 14 Tagen öffnen sich ihreAugen und wagen sie kleine Streifzüge, bei denen sie ihre Nahrung selbst suchen. Wenn das Gebiss nach 6 bis 20 Tagen vollständig entwickelt ist, sind Jungmäuse selbständig, Nach 7 bis 8 Wochen werden Jungtiere geschlechtsreif. Im Frühjahr geborene Jungmäuse pflanzen sich noch im selben Jahr fort. Die Lebenserwartung in freier Natur beträgt 11 bis 14 Monate.

Literatur
HELLER, Florian: *Microtus subarvalis*. In: Die Wühlmäuse der Mosbacher Sande. Notizblatt des Vereins für Erdkunde und der Hessischen Geologischen Landesanstalt Darmstadt 1931/1932, 5(14): S. 113, Darmstadt 1933.
HELLER, Florian: *Microtus arvalinus* (HELLER 1933): In: Die Wühlmäuse (Mammalia, Rodentia, Arvicolidae) des Ältest- und Altpleistozäns Europas. Quartär. International

Yearbook for Ice Age and Stone Age Research 19: S. 46, 1968.

HÖHN, H. / MEYLAN, A.: Die Kleinen Wühlmäuse *(Microtus* und *Pitymys)*. In: Schweizerische Eidgenossenschaft. Eidgenössisches Volkswirtschaftsdepartement EVD. file:///C:/Users/Ernst/Downloads/4979-263-depub%20(2).pdf

KAHLKE, Hans-Dietrich: 14. *Microtus subarvalis* HELLER: In: Revision der Säugetierfaunen der klassischen Pleistozän-Fundstellen Süßenborn, Mosbach und Taubach. In: Geologie – Zeitschrift für das Gesamtgebiet der Geologie und Mineralogie sowie der angewandten Geophysik 10(4/5): S. 504, 1961.

KLEINSÄUGER.AT: Kurzohrmaus – *Microtus subterraneus*. https://kleinsaeuger.at/microtus-subterraneus.html

RESCH, Christine / RESCH, Stefan Resch: Feldmaus – *Microtus arvalis*. In: kleinsaeuger.at – Internethandbuch über Kleinsäugerarten im mitteleuropäischen Raum: Körpermerkmale, Ökologie und Verbreitung. apodemus – Privates Institut für Wildtierbiologie, Haus im Ennstal. 2022.

WIKIPEDIA (Online-Lexikon): Edmond de Selys Longchamps.
https://de.wikipedia.org/wiki/Edmond_de_Selys-Longchamps

WIKIPEDIA (Online-Lexikon): Franz de Paula von Schrank.
https://de.wikipedia.org/wiki/Franz_de_Paula_von_Schrank

WIKIPEDIA (Online-Lexikon): Lajos von Méhjely.
https://de.wikipedia.org/wiki/Lajos_M%C3%A9hel%C3%BF

Heutige Rötelmaus (Myodes glareolus).
Foto: Christian Schulz / CC BY-SA 3.0 DE
(via Wikimedia Commons),
lizensiert unter Creative Commons-Lizenz by-sa-3.0 DE,
https://creativecommons.org/licenses/by-sa/3.0/de/legalcode

Rötlicher Schimmer

Die Rötelmaus *Myodes*

Der Mainzer Paläontologe Herbert Brüning erwähnte 1978 in einer Artenliste für die Mosbach-Sande bei Wiesbaden die Rötelmaus *Clethrionomys* sp. Auch die Paläontologen Wighart von Koenigswald (damals Darmstadt) und Heinz Tobien (Mainz) führten *Clethriomys* sp. in ihrer 1987 veröffentlichten Artenliste für die Mosbach-Sande auf. Beide erwähnten, *Clethriomys* sp. sei aus dem Fundkomplex Mosbach 2 bekannt.
Die Erstbeschreibung der Gattung *Clethriomys* erfolgte 1850 durch den Arzt, Naturforscher, Zeichner und Kupferstecher Wilhelm Gottlieb Tilesius von Tilenau (1769–1857). Der wissenschaftliche Name *Clethriomys* sp. ist heute ungültig. Denn 2003 untersuchten die Zoologen Guy G. Musser (1936–2019) und Michael D. Carleton die Geschichte der Namensgebung der Gattung *Clethrionomys* und kamen zu dem Schluss, dass *Myodes* der ältere und gültige Name ist. *Myodes* war bereits 1811 von dem preußischen Naturforscher Peter Simon Pallas (1741–1811) erstmals beschrieben worden.
Der Paläontologe Florian Heller stellte 1968 in seiner Arbeit „Die Wühlmäuse (Mammalia, Rodentia, Arvicolidae) des Ältest- und Altpleistozäns" fest, Reste von *Myodes* seien nur sehr schwer bestimmbar. Denn bei einzelnen Arten bestehe eine große Variabilität und träten nur recht geringfügige, wirklich typische Unterschiede auf.
Rötelmäuse haben sich nach dem Ausklang der Würm-Kaltzeit (Würm-Eiszeit) vor etwa 11.700 Jahren stark verbreitet. Wegen der Vorliebe der Rötelmäuse für bewaldete

Gebiete gelten Fossilien dieser Nagetiere für die Paläontologie als Indikator für Bewaldung und gemäßigtes Klima. Typisch für heutige Rötelmäuse ist der rötliche Schimmer des ansonsten grauen Fells der Oberseite. An den Flanken fehlt der Schimmer. Die Unterseite ist je nach Art grau oder weiß. Von der ähnlichen Gestalt der Feldmäuse *(Microtus)* unterscheiden sich Rötelmäuse durch etwas größere Ohren und Augen sowie eine Schwanz-Endquaste.
Rötelmäuse leben heute in gemäßigten und kalten Klimazonen. In der gemäßigten Zone sind sie in Wäldern heimisch, nördlich davon auch in der Tundra. Nach Angaben in „Mammal Species of the World" (2005), der Weltnaturschutzunion (IUCN) und des Online-Lexikons „Wikipedia" gehören 13 Arten zur Gattung *Myodes*.
Die heutige Rötelmaus *(Myodes glareolus,* Synonym: *Clethrionomys glareolus)* erreicht eine Kopf-Rumpf-Länge von 7 bis 13 Zentimetern, eine Schwanzlänge von 3 bis 6,5 Zentimetern und ein Gewicht zwischen 12 und 35 Gramm. Die Ohren sind bis zu 16 Millimeter groß. Das Nagetier-Gebiss besteht aus je 2 vergrößerten Schneidezähnen und je 6 Backenzähnen im Ober- und Unterkiefer. Mit zunehmendem Alter bekommen alle Backenzähne Wurzeln.
Jetzige Rötelmäuse legen ihre Nester und Baue meist unterirdisch an. Gänge verlaufen nur wenige Zentimeter unter der Erdoberfläche. Nester dienen als Aufenthaltsort für Jungtiere und erwachsene Einzeltiere, als Fraßplatz oder Vorratsspeicher.
Die Aktivität der Rötelmäuse ist auf mehrere Phasen über den Tag verteilt. Im Sommer sind diese Tiere überwiegend nachtaktiv und weichen so der Verfolgung ihrer tagaktiven Fressfeinde aus. Im Winter verteilen sich die Aktivitätsphasen relativ gleichmäßig über den gesamten Tag. Im Herbst

und Frühjahr ist die Verteilung der Aktivität auf den Tag und die Nacht unregelmäßig und vom Übergang der unterschiedlichen Verhaltensweisen in Sommer und Winter geprägt.

Rötelmäuse verzehren im Frühjahr vor allem Gräser, Kräuter und Keimlinge sowie im Sommer und Herbst Knospen, Samen, Früchte, Moose und Pilze. Im Winter vertilgen sie Baumrinde in größeren Mengen. Für den Winter legen sie einen Vorrat aus Eicheln, Bucheckern und Samen an. Ganzjährig gehören Insekten, Spinnen und Würmer, gelegentlich auch Vogeleier, zum Speisezettel. Für Raubtiere, Raubvögel und Schlangen dient die Rötelmaus als Beute. Dominante weibliche Rötelmäuse verteidigen ihre Reviere, in denen sie mit ihrem Nachwuchs leben, gegen andere Weibchen und niederrangige Männchen. Dominante Männchen verteidigen größere Reviere, die sich mit denen mehrerer Weibchen überlappen. Bei der Paarung bevorzugen die Weibchen dominante, ortsansässige Männchen gegenüber rangniederen, ortsfremden Männchen.

Die Fortpflanzung der Rötelmäuse erfolgt meist im Sommerhalbjahr. In Jahren mit knappem Nahrungsangebot beschränkt sich der Fortpflanzungszeitraum auf Mai bis Juli. Bei gutem Nahrungsangebot kann sich der Fortpflanzungszeitraum auf März bis November ausdehnen. In Bergwäldern pflanzen sich Rötelmäuse bei sehr gutem Nahrungsangebot sogar ganzjährig fort. Die Tragzeit dauert durchschnittlich 3 Wochen. Dann kommen 3 bis 7 blinde und nackte Junge zur Welt. Die Gehörgänge öffnen sich am 11. Tag nach der Geburt, einen Tag später öffnen die Jungtiere ihre Augen. Entwöhnt sind sie erst nach 20 bis 25 Tagen. Weibliche Jungtiere der Rötelmäuse sind bereits nach 4 Wochen geschlechtsreif, männliche Jungtiere frühestens nach

8 Wochen. Wenn sich Jungtiere früh und stark an der Fortpflanzung beteiligen, kommt es in nahrungsreichen Sommern zu einem schnellen Anwachsen der Bestände. Früh im Jahr geborene Weibchen, die sich bereits in ihrem Geburtsjahr an der Fortpflanzung beteiligen, überleben den folgenden Winter meist nicht.

In Jahren mit hoher Bevölkerungsdichte sind die Reviergrößen der Rötelmäuse deutlich kleiner. Der Stress bei den Tieren und die Aggressivität untereinander werden erheblich größer. In solchen Jahren und bei Nahrungsknappheit kommt es zur Tötung von Jungtieren durch Weibchen an den Jungen von Weibchen in benachbarten Revieren. Die getöteten Jungtiere werden meist aufgefressen.

Die Lebenserwartung von freilebenden Rötelmäusen beträgt durchschnittlich anderthalb Jahre. In Gefangenschaft können sie ein Alter von 4 Jahren erreichen.

Literatur

CARLETON, Michael D. / MUSSER, Guy G. / PAVLINOV, Igor Ya.: *Myodes* PALLAS, 1811, is the valid name for the genus of red-backed voles. In: AVERIANOV, A. O. / ABRAMSON, N. I. (Herausgeber): Systematics, Phylogeny and Paleontology of Small Mammals. An International Conference Devoted to the 90th Anniversary of Prof. I. M. Gromov. Proceedings of the Zoological Institute, Saint Petersburg, S. 96–98, 2003.

HELLER, Florian: *Genus Myodes* (PALLAS 1811): In: Die Wühlmäuse (Mammalia, Rodentia, Arvicolidae) des Ältest- und Altpleistozäns Europas. Quartär. International Yearbook for Ice Age and Stone Age Research 19: S. 27, 1968.

WIKIPEDIA (Online-Lexikon): Rötelmäuse.
https://de.wikipedia.org/wiki/Rötelmäuse

WIKIPEDIA (Online-Lexikon): Wilhelm Gottlieb Tilesius von Tilenau.
https://de.wikipedia.org/wiki/Wilhelm_Gottlieb_Tilesius_von_Tilenau

WILSON, Don E. / REEDER, DeeAnn M. (Herausgeber): Mammal Species of the World. A taxonomic and geographic Reference. 3. Auflage. 2 Bände. John Hopkins University Press, Baltimore 2005.

*Heutiger Berglemming (Lemmus lemmus) in Norwegen.
Foto: Argro fin (via Wikimedia Commons),
Lizenz: gemeinfrei (Public domain)*

Kein Selbstmörder

Der Lemming *Lemmus* sp.

Der Echte Lemming *(Lemmus)* wurde 1795 von dem deutschen Naturwissenschaftler Heinrich Friedrich Link (1767–1851) aus Rostock beschrieben. 1978 führte der Mainzer Paläontologe Herbert Brüning (1911–1983) in einer Artenliste für die Mosbach-Sande bei Wiesbaden die Gattung *Lemmus* auf. Diese hatte 1961 in der Artenliste für die Mosbach-Sande des Weimarer Paläontologen Hans-Dietrich Kahlke (1924–2017) noch gefehlt. Die Paläontologen Wighart von Koenigswald (damals Darmstadt) und Heinz Tobien (Mainz) erwähnten *Lemmus* sp. 1987 in einer Artenliste für die Mosbach-Sande.
Je nach Lehrmeinung gehören heute 3 bis 5 Arten zu den Echten Lemmingen:
der Berglemming *(Lemmus lemmus)* in Skandinavien und auf der Kolahalbinsel,
der Sibirische Lemming *(Lemmus sibiricus)* in Sibirien,
der Braune Lemming *(Lemmus trimucronatus)* in den arktischen Regionen von Alaska und Kanada,
der Pribilof-Lemming *(Lemmus nigripes)* auf den Pribilof Islands,
der Amurlemming *(Lemmus amurensis)* in Ostsibirien vom Amurbecken bis Kamtschaka.
Der Braune Lemming und der Pibilof-Lemming werden oft als Unterarten dem Sibirischen Lemming zugeordnet.
Lemminge sind gesellig lebende Wühlmäuse. In der Gegenwart bewohnen sie Berg- und Tundrengebiete in Nordeuropa. Sie halten sich vor allem auf feuchten, mit Zwergsträu-

*Deutscher Naturwissenschaftler
Heinrich Friedrich Link (1767–1851) aus Rostock,
Erstbeschreiber des Echten Lemmings (Lemmus) von 1795.
Bild: Porträt eiens unbekannten Malers
(via Wikimedia Commons),
Lizenz: gemeinfrei (Public domain)*

chern bewachsenen Flächen, Mooren sowie offenen Bereichen der Weiden- und Birkenzone auf. Im Winter trifft man sie oft auf von Binsen und Seggen bewachsenen Grasheiden an.

Der heutige gedrungene und kurzschwänzige Berglemming *(Lemmus lemmus)* erreicht eine Kopf-Rumpf-Länge von 8 bis 15,5 Zentimetern. Hinzu kommt der 1,1 bis 1,9 Zentimeter messende Schwanz. Das Maximalgewicht beträgt 150 Gramm. Die Augen sind klein, die maximal 1,1 Zentimeter langen Ohren ragen kaum aus dem dichten Pelz. Das auffallend bunte Fell ist überwiegend rotbraun bis gelbbraun. Die Unterseite ist heller als die Oberseite. Scheitel und Vorderrücken sind schwarz. Die Krallen der Vorderfüße sind länger als jene der Hinterfüße, die Pfoten relativ breit. Berglemminge sind vor allem nachts aktiv, laufen schnell, schwimmen gut, springen aber nicht. Es heißt, sie seien unverträgliche Einzelgänger und sehr aggressiv. Im Sommer graben sie kurze unterirdische Gänge. An einem Ende des Ganges befindet sich oft unter einem Moospolster das kugelförmige, aus Gras und Moos angelegte Nest. Im Winter werden Gänge auf Steinen und zwischen Zweigen unter dem Schnee angelegt.

Berglemminge ernähren sich von Gräsern, Seggen, Moosen, Flechten, Wurzeln, Beeren, Pilzen, Samen, Knospen, Baumrinde und Insekten.

Die Paarungszeit dauert von April bis Ende September. Nach einer Tragzeit von jeweils etwa 3 Wochen erfolgen im Winter bis zu 3 Würfe mit je 2 bis 11 Jungtieren. Der Nachwuchs öffnet nach 11 Tagen seine Augen, wird 2 Wochen lang gesäugt, ist nach 3 Wochen selbständig und nach 4 Monaten geschlechtsreif.

Die Lebenserwartung der Berglemminge beträgt 2 bis 6 Jahre. Ihre Feinde sind Schnee-Eulen, Sperber-Eulen, Raubmöwen, Rauhfußbussarde, Eisfüchse, Rotfüchse und Marder. Bei Gefahr wetzen Berglemminge mit den Zähnen. Zu ihrem Lautäußerungs-Repertoire gehören Knurren, Fauchen, Keckern, schrilles Pfeifen und Zwitschern.
In klimatisch günstigen Jahren pflanzen sich Berglemminge massenhaft fort. Eine Massenvermehrung mit Wanderung kommt etwa alle 2 bis 4 Jahre vor. Während dieser Zeit bevölkern Lemminge auch Wälder des Tieflandes, Kulturflächen und Straßen. Bei ihren Wanderungen vernichten sie Jungwald und Weidefelder.
Der Zug der Berglemminge endet oft mit großen Massensterben, was zur falschen Theorie des Massenselbstmordes geführt hat. Die Disney-Dokumentation „Weiße Wildnis" (1958) griff diese Theorie auf und stellte sie nach. Laut Online-Lexikon „Wikipedia" handelte es sich nicht um einen echten Dokumentarfilm. Nach Recherchen der Canadian Broadcasting Corporation von 1982 konstruierten Techniker einen schneebedeckten sich drehenden Tisch, um den Eindruck von wild umherirrenden Lemmingen zu erzeugen, die sich über eine Klippe in das Meer stürzten. Diese Täuschung prägt bis heute das populäre Verständnis von Lemmingen. Tatsächlich bewegen sich Lemminge zeitweise in Schwärmen, begehen aber keinen kollektiven Selbstmord. Um spektakuläre Szenen filmen zu können, setzte man bei den Dreharbeiten Hunde ein, um Lemminge zu hetzen, bis sie sich in den Abgrund hinabstürzten. Die Hunde sind im Film nicht zu sehen.
Wahr ist, dass viele Berglemminge die Wanderungen auf der Suche nach neuen Lebensräumen nicht überleben.

Aufbauend auf dem Mythos des vermeintlichen Massenselbstmordes erschien 1991 das Spiel „Lemmings".
Kleiner und leichter als der Berglemming ist der jetzige Waldlemming *(Myopus schisticolor)*, der 1844 von dem schwedischen Zoologen Vilhelm Lilljeborg (1816–1908) aus Uppsala beschrieben wurde. Der Waldlemming erreicht eine Kopf-Rumpf-Länge von 8 bis 11 Zentimeter und ein Gewicht von 12 bis 45 Gramm. Sein Fell ist einfarbig schiefergrau. Auf dem Hinterrücken befindet sich eine mehr oder weni-ger ausgedehnte rotbraune Zeichnung, die manchmal als schmaler Streifen bis zwischen die Augen verläuft.
Der Waldlemming existiert in feuchten Nadelwäldern (vor allem Fichtenwäldern), oft auch in Jungwäldern mit dicker Moosschicht. Er lebt versteckt, ist nicht so aggressiv wie der Berglemming und legt in der Moosschicht sein weit verzweigtes Gangsystem an. Beim Waldlemming erfolgen keine Massenvermehrungen wie beim Berglemming. Es gibt aber zyklische Bestandszunahmen, die im Herbst oft Wanderungen auslösen. Waldlemminge verzehren überwiegend Moose, daneben Gräser und Seggen, Farne und Flechten, im Winter nur Moos. Im Winter erfolgen jeweils nach einer Tragzeit von ungefähr 3 Wochen 2 bis 4 Würfe mit je 3 bis 8 nackten und blinden Jungen. Die Lebenserwartung von Waldlemmingen beträgt bis zu anderthalb Jahre.

Literatur
BUTZIN, Friedhelm: Link, Heinrich Friedrich. In: Neue Deutsche Biographie 14: S. 629, 1985.
Online-Version: https://www.deutsche-biographie.de/

Schwedischer Zoologe Vilhelm Lilljeborg (1816–1908), Erstbeschreiber des Waldlemmings (Myopus schisticolor) von 1844.
Foto aus „Havar 8 dag" (1905),
(via Wikimedia Commons),
Lizenz: gemeinfrei (Public domain)

pnd104268190.html#ndbcontent
DRÖSSER, Christoph: Tierquäler Disney. Lemminge begehen kollektiven Selbstmord, indem sie sich ins Meer stürzen – Stimmt's? In: Zeit-online, 17. September 1997.
GACK, C. / JAHN, Theo: Lemminge. In: HERDER LEXIKON Tiere, S. 154–155, Freiburg im Breisgau. 1976.
SCHILLING, Detlef / SINGER, Detlef / DILLER, Helmut: Berglemming *Lemmus lemmus* Linné 1758. In: BLV Bestimmungsbuch Säugetiere. 181 Arten Europas. S. 94–95. München, Wien, Zürich 1983.
SCHILLING, Detlef / SINGER, Detlef / DILLER, Helmut: Waldlemming *Myopus schisticolor* Lilljeborg 1844. In: BLV Bestimmungsbuch Säugetiere. 181 Arten Europas. S. 95–96. München, Wien, Zürich 1983.
WIKIPEDIA (Online-Lexikon): Echte Lemminge.
https://de.wikipedia.org/wiki/Echte-Lemminge
WIKIPEDIA (Online-Lexikon): Vihelm Lilljeborg.
https://de.wikipedia.org/wiki/Vilhelm_Lilljeborg
WIKIPEDIA (Online-Lexikon): Waldlemming.
https://de.wikipedia.org/wiki/Waldlemming

Lebendrekonstruktion des Europäischen Waldelefanten (Palaeoloxodon antiquus),
Bild: DFoidl / CC BY 3.0 (via Wikimedia Commons),
lizensiert unter Creative Commons-Lizenz by-3.0,
https://creativecommons.org/licenses/by/3.0/legalcode

Echter Elefant

Der Europäische Waldelefant *Palaeoloxodon antiquus*

Ein Zeitgenosse verschiedener Mammut-Arten in Europa und Vorderasien war der im Eiszeitalter vor etwa 900.000 bis 33.000 Jahren vorkommende Europäische Waldelefant *(Palaeoloxodon antiquus)*, den man auch Eurasischer Altelefant oder nur Waldelefant nennt. Dieser gehört zu den „Echten Elefanten" (Elephantidae), für welche die Reduktion der unteren Schneidezähne, die Bildung von langen Stoßzähnen aus den oberen Schneidezähnen und eine bestimmte Lamellenstruktur der Backenzähne typisch ist. Der oft verwendete Name Waldelefant ist irreführend, weil dies zu Verwechslungen mit dem heutigen afrikanischen Waldelefanten *(Loxodonta cyclotis)* führen kann.

Fossilien von Europäischen Waldelefanten hat man auch in den Mosbach-Sanden bei Wiesbaden entdeckt. Im Naturhistorischen Museum Mainz bewahrt man zahlreiche Knochen und Zähne von Europäischen Waldelefanten auf. Im Museum Wiesbaden liegen 31 Fossilien von diesem Rüsseltier.

Der Europäische Waldelefant wurde bereits in frühen Zusammenstellungen der Mosbacher Säugetierfunde erwähnt. Nämlich 1895 vom Wiesbadener Konservator August Römer (1825–1899) und 1898 vom Berliner Geologen und Paläontologen Henry Schröder (1859–1927). Römer berichtete über ärgerliche Missgeschicke bei der Entdeckung von Waldelefanten-Resten in Mosbach. In den 1840er Jahren zerfiel ein von einem Engländer gefundener Sandblock, der ein ganzes Becken umschloss, mitsamt Inhalt bei der

Schottischer Paläontologe, Botaniker und Geologe
Hugh Falconer (1808–1865),
einer der Erstbeschreiber des Europäischen Waldelefanten.
Foto: Aufnahme eines unbekannten Fotografen
(via Wikimedia Commons),
Lizenz: gemeinfrei (Public domain)

Bergung. Im letzten Viertel des 19. Jahrhunderts zerschlugen Jugendliche an einem Sonntag einen Kopf mit Stoßzähnen, bevor er geborgen werden konnte. Laut einer 1987 von den Paläontologen Wighart von Koenigswald (damals Darmstadt) und Heinz Tobien (Mainz) veröffentlichten Artenliste für die Mosbach-Sande ist der Europäische Waldelefant aus dem Fundkomplex Mosbach 2 nachgewiesen.

Den Europäischen Waldelefanten haben 1847 der schottische Paläontologe, Botaniker und Geologe Hugh Falconer (1808–1865) sowie der englische Ingenieur und Paläontologe Sir Proby Cautley (1802–1871) erstmals beschrieben. Sie vergaben dabei den Artnamen *Elephas antiquus*. Grundlage für diese Benennung waren überwiegend Zahnfunde aus Ostengland (Essex, Norfolk), welche die beiden Paläontologen mit von ihnen auf ausgedehnten Reisen nach Südasien (Indien, Nepal) gesammelten Fossilien verglichen. Der japanische Zoologe, Paläontologe und Archäologe Hikoshichiro Matsumoto (1887–1975) aus Tokio führte 1924 anhand asiatischer Elefantenreste den heute noch gültigen Gattungsnamen *Palaeoloxodon* ein.

Männliche Europäische Waldelefanten erreichten eine Schulterhöhe bis zu 4,20 Metern und ein Gewicht zu Lebzeiten von schätzungsweise 6 bis 11 Tonnen. Weibliche Tiere jener Spezies brachten es auf eine Schulterhöhe bis zu 3 Metern und ein Gewicht von 6 Tonnen. In älterer Literatur trägt der Europäische Waldelefant auch die Artnamen *Elephas antiquus* und *Elephas namadicus*.

Die Körperform der Europäischen Waldelefanten ähnelte derjenigen heutiger Asiatischer Elefanten *(Elephas maximus)* mit einer steilen Stirnpartie und 2 Höckern auf dem Kopf,

*Englischer Ingenieur und Paläontologe
Sir Proby Cautley (1802–1871),
einer der Erstbeschreiber des Europäischen Waldelefanten.
Foto: Aufnahme eines unbekannten Fotografen
(via Wikimedia Commons),
Lizenz: gemeinfrei (Public domain)*

die manchmal einen Querwulst bilden. Vorder- und Hinterbeine waren etwa gleich lang, weswegen die Rückenlinie nicht so stark abfiel wie beim Wollhaar-Mammut *(Mammuthus primigenius)*. Auffällig waren die bis zu 3 Meter langen Stoßzähne, die nur leicht gebogen waren. Der Rüssel soll bis zu 2,80 Meter lang gewesen sein. Der Europäische Waldelefant lebte vor allem in parkähnlichen Landschaften und Laubwäldern und bevorzugte ein milderes Klima als das Steppenmammut *(Mammuthus trogontherii)* und das Wollhaar-Mammut. Wenn sich gegen Ende einer Warmzeit das Klima abkühlte, zog der Europäische Waldelefant jeweils in wärmere Gebiete und wurde in frühen Kaltzeiten durch das Steppenmammut und in späteren Kaltzeiten durch das Wollhaar-Mammut ersetzt.

Das erste Auftreten des Europäischen Waldelefanten in Europa erfolgte im späten frühen Eiszeitalter und im älteren mittleren Eiszeitalter in Südwesteuropa. Zu den ältesten Fundstellen gehören Huescar, Granada (Spanien) und Soleilhac (Frankreich). Ein einzelner Backenzahn aus dieser frühen Besiedlungsphase ist aus Slivia (Italien) bekannt. Spätestens im jüngeren Abschnitt des Cromer-Komplexes erreichte der Europäische Waldelefant auch Mitteleuropa nördlich der Alpen. Wichtige Fundstellen sind Mauer bei Heidelberg (Baden-Württemberg), Mosbach bei Wiesbaden (Hessen) und Pakefield (England). In folgenden Warmzeiten erschien er regelmäßig in dieser Region. Dies zeigen Funde von Swanscombe (England), Maastricht (Niederlande), Bilzingsleben (Thüringen), Schöningen (Niedersachsen), Steinheim an der Murr (Baden-Württemberg) oder Ehringsdorf (Thüringen) aus Warmzeiten des mittleren Eiszeitalters sowie Geiseltal (Sachsen-Anhalt), Lehringen

*Jagd auf einen Europäischnne Waldelefanten
in der Eem-Warmzeit vor etwa 120.000 Jahren
in der Gegend von Lehringen
bei Verden an der Aller (Niedersachsen).
Zeichnung von Fritz Wendler (1941–1995)
für das Buch „Deutschland in der Steinzeit" (1991)
von Ernst Probst*

Niedersachsen), Gröbern (Sachsen-Anhalt), Burgtonna (Thüringen) und Warschau (Polen) aus der Eem-Warmzeit. Unter den Funden aus dem etwa 400.000 Jahre alten Lager von Frühmenschen in Bilzingsleben (Thüringen) sind auch als Jagdbeute und Speiseabfälle interpretierte Reste des Europäischen Waldelefanten. Es dominieren vor allem Jungtiere mit zahlreichen Schädel- und Gebissresten. Überlieferte Langknochen und andere Skelettteile stammen aber meist von älteren Tieren. Bemerkenswert ist das Schienbeinfragment eines Waldelefanten, auf dem mit einem Feuersteingerät regelmäßige Ritzlinien eingeschnitten wurden, deren Bedeutung aber unbekannt ist.

Im Jägerlager von Schöningen (Niedersachsen) wurde ebenfalls der Europäische Waldelefant nachgewiesen. Die bekannten 8 Schöninger Speere dienten allerdings der Wildpferdjagd. Darüber hinaus wurde hier aber eine Rippe eines Europäischen Waldelefanten gefunden, die Schnittspuren trägt. Eine Elefantenkuh, die am ehemaligen Schöninger See eines natürlichen Todes starb, blieb mit ihrem nahezu vollständigen Skelett erhalten. Ihr Kadaver könnte von Frühmenschen genutzt worden sein, worauf etwa 30 Feuersteinartefakte in unmittelbarer Umgebung hinweisen.

Erste Hinweise aus Spanien, dass Frühmenschen den Europäischen Waldelefanten gejagt haben könnten, sind umstritten. In Torralba und Ambrona wurden vor etwa 400.000 Jahren fossile Reste von mehr als 60 Waldelefanten sowie Wildpferden, Auerochsen und Nashörnern ausgegraben. Da zusammen mit den ungefähr 1000 Steinartefakten mehrere angespitzte Holzstäbe gefunden und als Jagdwaffen gedeutet wurden, interpretierten die Ausgräber

die Fundstelle zunächst als Jagdplatz. Allerdings blieb diese Annahme nicht unwidersprochen, da eine solche „Massenjagd" auf Elefanten eher als unwahrscheinlich gilt.
1948 entdeckte man in Lehringen bei Verden an der Aller (Niedersachsen) das Skelett eines Europäischen Waldelefanten, zwischen dessen Rippen eine mehr als 2 Meter lange Lanze aus Eibenholz steckte. Damit gelang damals erstmals der Beweis, dass dieses Rüsseltier in der Eem-Warmzeit vor etwa 120.000 Jahren zur Jagdbeute von Urmenschen zählte. Zum Fundgut von dort zählten 25 Feuersteinartefakte, die vermutlich zum Zerteilen der Jagdbeute dienten. Ein ähnlicher Fund eines von Urmenschen manipulierten Kadavers aus der Eem-Warmzeit wurde 1987 im Tagebau Gröbern (Sachsen-Anhalt) ausgegraben. Bei ihm fand man über 20 Feuersteinartefakte, aber keine Jagdwaffe. Ein zweites im selben Jahr gefundenes Waldelefanten-Skelett in Gröbern wies keinerlei Spuren menschlicher Aktivitäten auf. Bei Burgtonna im Herzogthum Gotha fanden Bauern beim Sandschürfen 1695 Knochen eines Europäischen Waldelefanten, was für Aufsehen sorgte. Deswegen berief Herzog Friedrich II. von Sachsen-Gotha-Altenburg (1676–1732) einen Kongress ein, bei dem er in Anwesenheit seiner Hofärzte den Verdacht äußerte, diese Knochen seien „ein Spiel der Natur". Seine Hofärzte schlossen sich dieser Meinung an. Nur der herzogliche Bibliothekar Wilhelm Ernst Tentzel (1659–1707) verglich die bei Burgtonna geborgenen Knochen mit dem Skelett des heutigen Elefanten. 1696 veröffentlichte er in seinem Werk „Epistola de sceleto elephantino" seine Erkenntnis, dass es sich bei dem Fund bei Burgtonna um Reste eines Elefanten handeln müsse, der wahrscheinlich vor der biblischen Sintflut gelebt habe.

Literatur
COX, Barry / DIXON, Dougal / GARDINER, Brian / SAVAGE R. J. G.: *Elephas antiquus*. In: Die große Enzyklopädie der prähistorischen Tierwelt. Dinosaurier und andere Tiere der Vorzeit. S. 244, München 1989.
KAHLKE, Hans-Dietrich: 30. *Palaeoloxodon antiquus* (FALCONER): In: Revision der Säugetierfaunen der klassischen Pleistozän-Fundstellen Süßenborn, Mosbach und Taubach. In: Geologie – Zeitschrift für das Gesamtgebiet der Geologie und Mineralogie sowie der angewandten Geophysik 10(4/5): S. 507, 1961.
PROBST, Ernst: Die Lanze von Lehringen. Der Jahrhundertfund aus der Altsteinzeit. Leipzig 2021.
WIKIPEDIA (Online-Lexikon): Europäischer Waldelefant.
https://de.wikipedia.org/wiki/Europ%C3%A4ischer_Waldelefant
WIKIPEDIA (Online-Lexikon): Fundplatz Bilzingsleben.
https://de.wikipedia.org/wiki/Fundplatz_Bilzingsleben
WIKIPEDIA (Online-Lexikon): Hugh Falconer.
https://de.wikipedia.org/wiki/Hugh_Falconer
WIKIPEDIA (Online-Lexikon): Proby Thomas Cautley.
https://de.wikipedia.org/wiki/Proby_Thomas_Cautley
WIKIPEDIA (Online-Lexikon): Schöninger Speere).
https://de.wikipedia.org/wiki/Sch%C3%B6ninger_Speere

*Halbrelief eines Steppenmammuts
in der alten Ausstellung des Naturhistorischen Museum Mainz.
Foto: Naturhistorisches Museum Mainz /
Landessammlung für Naturkunde Rheinland-Pfalz*

Der König der Tiere
Das Steppenmammut *Mammuthus trogontherii*

Mit einer imposanten Schulterhöhe bis zu 5 Metern und einem Gewicht von maximal 10 Tonnen gilt das Steppenmammut *(Mammuthus trogontherii)* als eines der größten bekannten Rüsseltiere. Bullen dieser Art trugen mehr als 5 Meter lange Stoßzähne. Bei männlichen Tieren waren die Stoßzähne länger und dicker als bei weiblichen. Jene Giganten behaupteten sich im Eiszeitalter vor etwa 1,7 Millionen bis vor rund 200.000 Jahren. Funde von Knochen und Zähnen belegen das Vorkommen des Steppenmammuts in den Mosbach-Sanden bei Wiesbaden vor ca. 600.000 Jahren. Der deutsche Paläontologe und Geologe Hans Pohlig (1855–1937) aus Bonn hat 1885 das Steppenmammut unter dem Namen *Elephas trogontherii* erstmals beschrieben. Diesen Artnamen wählte er, weil zusammen mit dem Steppenmammut oft fossile Reste des großen Bibers *Trogontherium* gefunden wurden. Backenzähne des Steppenmammuts, deren Kaufläche sich von derjenigen des Waldelefanten und des Mammuts unterschied, waren Pohlig zuerst in Schottern von Süßenborn bei Weimar in Thüringen aufgefallen.
Das Steppenmammut ist vermutlich aus dem Südmammut *(Mammuthus meridionalis)*, auch Ur-Mammut genannt, hervorgegangen. Die ältesten Funde des Steppenmammuts stammen aus dem Nihwan-Becken in China und sind 1,66 Millionen Jahre alt. Im westlichen Eurasien trat jenes Mammut nicht vor etwa 750.000 Jahren auf.
Der Paläontologe Wolfgang Soergel (1887–1946) wies 1912 auf den großen Anteil der Fossilien von Steppenmammuten

Deutscher Paläontologe und Geologe
Hans Pohlig (1855–1937) aus Bonn,
Erstbeschreiber des Steppenmammuts von 1885.
Foto: Institut für Geowissenschaften (IFG),
Abteilung Paläontologie, der Universität Bonn

(Mammonteus trogontherii) von 75 Prozent an den Rüsseltier-Funden in den Mosbach-Sanden hin. Die restlichen 25 Prozent stammten von Europäischen Waldelefanten *(Palaeoloxon antiquus)*. 1927 gab der Mainzer Paläontologe Otto Schmidtgen (1879–1938) sogar einen Anteil von ungefähr 90 Prozent vom Steppenmammut und von nur 10 Prozent vom Waldelefanten an. Nach dem Fund eines linken Oberarmknochens (Humerus) von 1922 und eines Beckens von 1923 berechnete er für Bullen von *Mammonteus trogontherii* eine Widerristhöhe von 5 Metern. Die Steppenmammut-Reste in den Mosbach-Sanden stammen – laut den Paläontologen Wighart von Koenigswald und Heinz Tobien – aus den Fundkomplexen Mosbach 1 und Mosbach 2. Steppenmammute lebten unter merklich strengeren klimatischen Bedingungen als ihre Vorfahren. Sie entwickelten vermutlich als erste Art das typische Fell des Wollhaar-Mammuts. Dank ihrer starken Behaarung waren Steppenmammute an das Leben in einer kalten Region angepasst. Jene Rüsseltiere lebten in Herden zusammen und zogen mit ihnen durch Tundren und Steppen.
Aus dem Steppenmammut entwickelte sich in Nordasien das Wollhaar-Mammut *(Mammuthus primigenius)*. Nach einer kurzen Übergangsphase löste das Wollhaar-Mammut seinen Vorgänger, nämlich das Steppenmammut, ab.
In Kikinda (Serbien) entdeckte man 1996 das vollständigste Skelett eines Steppenmammuts. Dabei handelt es sich um ein weibliches Tier mit einer Schulterhöhe von 3,70 Metern, einem Lebendgewicht von schätzungsweise 7 Tonnen und mit 3,50 Meter langen Stoßzähnen. Männliche Tiere könnten in diesem Gebiet noch größer gewesen sein und noch längere Stoßzähne getragen haben.

*Skelett eines Steppenmammuts
im Spengler-Museum in Sangershausen (Sachsen-Anhalt).
Foto: Giorno2 / CC BY-SA 3.0 (via Wikimedia Commons),
lizensiert unter Creative Commons-Lizenz by-sa-3.0,
https://creativecommons.org/licenses/by-sa/3.0/legalcode*

2009 stieß man in der Kohlegrube der serbischen Stadt Kostolac auf das nahezu unversehrte Skelett eines männlichen Steppenmammuts. Seine Rekonstruktion ist knapp 4 Meter hoch. Zu Lebzeiten wog dieses Rüsseltier schätzungsweise bis zu 9,7 Tonnen. Seit 2014 ist jener Fund in einem unterirdischen Museum ausgestellt.
Komplette Skelette des Südmammuts sind im Staatlichen Museum von Stawropol in Russland, in Denver im US-Bundesstaat Colorado und im Muséum National d'Histoire Naturelle in Paris zu bewundern. Das Skelett des in Paris ausgestellten Südmammuts von Durfort ist mehr als 4 Meter hoch.
Das einzige montierte Skelett eines Steppenmammuts in Deutschland ist im Spengler-Museum in Sangershausen (Sachsen-Anhalt) ausgestellt. Dieses Museum ist nach dem Tischlermeister und Heimatforscher Gustav Adolf Spengler (1869–1961) benannt, der 1930 in einer Kiesgrube von Edersleben bei Sangershausen ein 475.000 Jahre altes Steppenmammut fand und 2 Jahre lang ausgrub.
Im Naturhistorischen Museum Mainz wird das Halbrelief eines Steppenmammuts präsentiert. An einer Wand dieses Museums zieht das lebensgroße Gemälde eines Steppenmammuts die Blicke auf sich.
Im Museum Wiesbaden stammen 21,6 Prozent von 1090 Funden aus den Mosbach-Sanden von Rüsseltieren, nämlich von Europäischen Waldelefanten und von Steppenmammuten. Unter den aufbewahrten Knochen und Zähnen ist der Unterkiefer eines Steppenmammuts mit der Inventarnummer 476 besonders eindrucksvoll.
Mit einzelnen Entwicklungsstufen der Mammute waren skelettanatomische Veränderungen verbunden. Es ver-

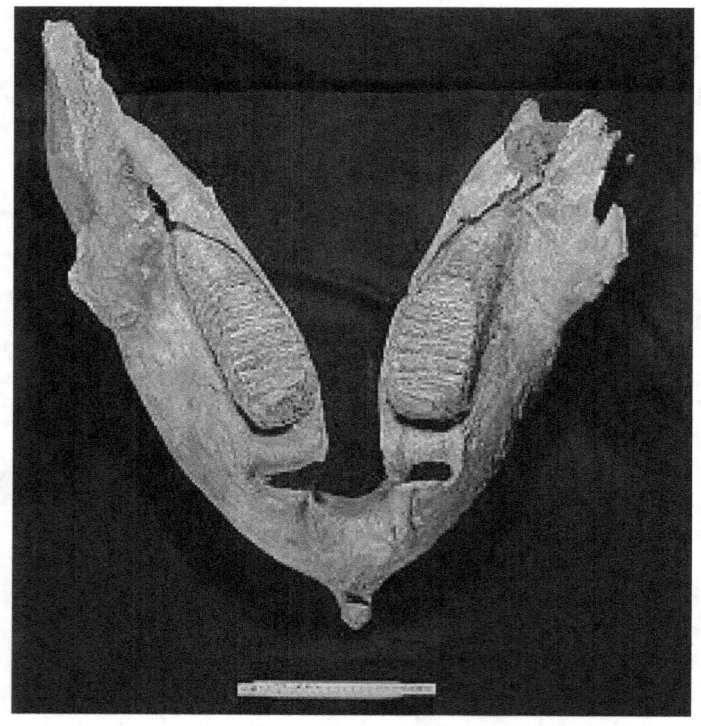

Unterkiefer eines Steppenmammuts (Mammuthus trogontherii) im Museum Wiesbaden. Inventar-Nummer 476.
Foto: Museum Wiesbaden

längerte sich das Hinterhaupt, wurde ein hoher Schädel ausgebildet, krümmten sich allmählich die Stoßzähne und änderte sich die Backenzahnstruktur. Bei den Backenzähnen nahmen die Schmelzlamellen deutlich zu. Gleichzeitig verringerte sich die Dicke des Zahnschmelzes. Der Backenzahn des Südmammuts besaß nur 13 bis 18 Schmelzlamellen mit einer durchschnittlichen Dicke von 2,0 bis 3,9 Millimetern. Dagegen hatte der Backenzahn des Steppenmammuts bereits zwischen 17 und 23 Schmelzlamellen mit einer Dicke von 1,0 bis 3,5 Millimetern. Die Zunahme der Schmelzfalten war ein Anzeichen für eine stärkere Anpassung an offene Landschaftsverhältnisse und eine steigende Spezialisierung auf die daraus resultierende Grasnahrung.

In Mosbach bei Wiesbaden (Hessen) und Süßenborn bei Weimar (Thüringen) existierten zwischen etwa 600.000 und 500.000 Jahren noch relativ große Steppenmammute. Ein in Mosbach geborgener Oberarmknochen eines Steppenmammuts ist 1,44 Meter lang. Zum Vergleich: Der Oberarmknochen des „Adams-Mammuts" in Sibirien misst nur 1 Meter und derjenige des „Beresowka-Mammuts" in Sibirien 85 Zentimeter Länge.

Der Abbau von Kies und Sand östlich von Süßenborn begann bereits Mitte des 18. Jahrhunderts. Bei diesen Kiesen und Sanden handelt es sich um Ablagerungen des Flusses Ilm, der vor etwa 500.000 Jahren einen anderen Lauf als heute hatte. Der Abbau erfolgte zunächst im Nebenerwerb durch Bauern mit Hacke und Schaufel. In den Kiesen von Süßenborn entdeckte man Knochen, Stoß- und Backenzähne von Steppenmammuten, Nashörnern, Bären und Wildpferden. 1793 ließ Johann Wolfgang von Goethe

(1749–1832) seine Gartenwege mit Süßenborner Sand auffüllen. Am 13 Mai 1831 besuchte der 81-jährige Goethe mit seiner Schwiegertochter Ottilie einen Kiesbruch von Süßenborn, um sich die Fundstelle eines Elefantenbackenzahns und anderer Knochen anzusehen, den er im Dezember 1831 in seine naturwissenschaftliche Sammlung aufnahm. Die um 1880 angelegte große Kiesgrube von Süßenborn mit Kieswerk wurde von 1913 bis 1923 durch eine Drahtseilbahn mit dem Weimarer Bahnhof verbunden. Süßenborner Kiese hat man bis 1995 abgebaut.

Literatur
BRÜNING, Herbert: Ein Halbskelett des Steppenelefanten *Mammonteus trogontherii* im Naturhistorischen Museum Mainz. In: Mainzer Naturwissenschaftliches Archiv 7: Mainz 1968.
COX, Barry / DIXON, Dougal / GARDINER, Brian / SAVAGE R. J. G.: *Mammuthus trogontherii*. In: Die große Enzyklopädie der prähistorischen Tierwelt. Dinosaurier und andere Tiere der Vorzeit. S. 245, München 1989.
KAHLKE, Hans-Dietrich: 29. *Mammonteus trogontherii* (POHLIG): In: Revision der Säugetierfaunen der klassischen Pleistozän-Fundstellen Süßenborn, Mosbach und Taubach. In: Geologie – Zeitschrift für das Gesamtgebiet der Geologie und Mineralogie sowie der angewandten Geophysik 10(4/5): S. 507, 1961.
LISTER, Adrian / BAHN, Paul: Mammuts – Riesen der Vorzeit. Sigmaringen 1997.
POHLIG, Hans: Über eine Hipparionen-Fauna von Maragha in Nord-Persien, über fossile Elephantenreste Kaukasiens und Persiens und über die Resultate einer Mono-

graphie der fossilen Elephanten Deutschlands und Italiens. In: Zeitschrift der Deutschen Geologischen Gesellschaft, Berlin 37(4): S. 1022–1027, 1885.
PROBST, Ernst: Vom Südelefanten bis zum Mammut. In: Deutschland in der Urzeit. Von der Entstehung des Lebens bis zum Ende der Eiszeit. S. 316–318, München 1986.
WIKIPEDIA (Online-Lexikon): Hans Pohlig.
https://de.wikipedia.org/wiki/Hans_Pohlig
WIKIPEDIA (Online-Lexikon): Steppenmammut.
https://de.wikipedia.org/wiki/Steppenmammut

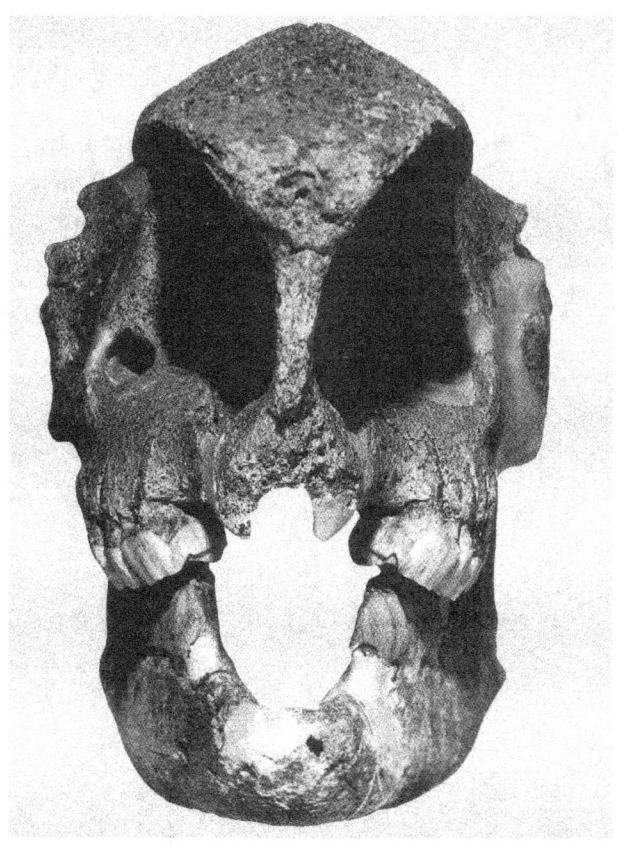

*Schädel des Etruskischen Nashorns (Stephanorhinus etruscus)
aus den Mosbach-Sanden bei Wiesbaden
im Naturhistorischen Museum Mainz.
Länge 64 Zentimeter, Breite 25 Zentimeter.
Foto: Naturhistorisches Museum Mainz /
Landessammlung für Naturkunde Rheinland-Pfalz*

Zwei Nashorn-Arten

Stephanorhinus etruscus und *Stephanorhinus kirchbergensis*

In Afrika leben gegenwärtig noch 2 Arten von Nashörnern. Nämlich das Breitmaulnashorn *(Ceratotherium simum)* und das Spitzmaulnashorn *(Diceros bicornis)*. In Asien kommen heute 3 Nashorn-Arten vor: das Panzernashorn *(Rhinoceros unicornis)*, das Sumatra-Nashorn *(Dicerorhinus sumatrensis)* und das Java-Nashorn *(Rhinoceros sondaicus)*. Zur Zeit der Ablagerung der Mosbach-Sande in der Wiesbadener Gegend vor etwa 600.000 Jahren existierten 2 Nashorn-Arten mit jeweils 2 Hörnern: das Etruskische Nashorn *(Stephanorhinus etruscus)* und das Kirchbergsche Nashorn *(Stephanorhinus kirchbergensis)*, auch Waldnashorn genannt.

Im Museum Wiesbaden stammen nur 3 Stücke von insgesamt 1090 Fossilien aus den Mosbach-Sanden bei Wiesbaden vom Nashorn, was 0,3 Prozent entspricht. Im Naturhistorischen Museum Mainz stammten 1980 von rund 15.000 Fossilien aus den Mosbach-Sanden 0,2 Prozent oder ungefähr 30 Stücke vom Nashorn. Fossilien von *Stephanorhinus etruscus* kamen in den Fundkomplexen Mosbach 1 und Mosbach 2 zum Vorschein, Reste von *Stephanorhinus kirchbergensis* nur im Fundkomplex Mosbach 2.

Der Gattungsname *Stephanorhinus* wurde 1942 von dem ungarischen Paläontologen Miklós Kretzoi (1907–2005) geprägt. Damit ehrte er Stephan I. (975–1038), den ersten König von Ungarn und heutigen Nationalheiligen des Landes. Zunächst setzte sich der Gattungsname *Stephanorhinus* kaum durch. Doch 1993 veröffentlichte der finnische Paläontologe Mikael Fortelius aus Helsinki eine umfang-

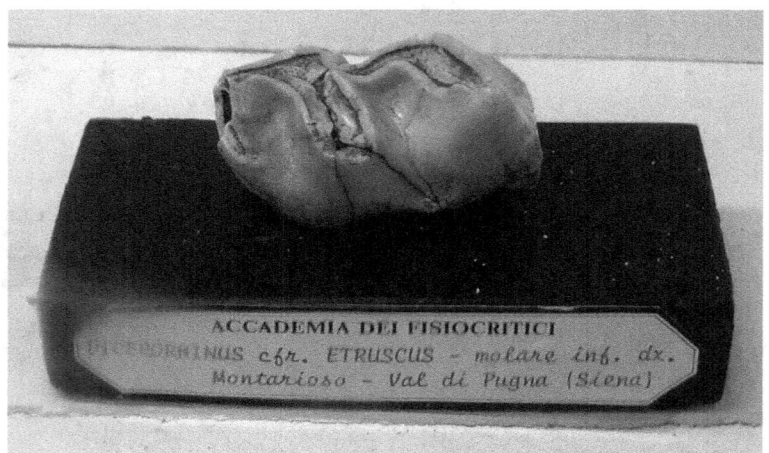

*Backenzahn des Etruskischen Nashorns (Stephanorhinus etruscus)
aus dem Val di Pugna (Siena)
in der Accademia dei Fisiocritici, Siena.
Foto: Ghedoghedo / CC BY-SA 4.0 (via Wikimedia Commons),
lizensiert unter Creative Commons-Lizenz b
y-sa-4.0,
https://creativecommons.org/licenses/by-sa/4.0/legalcode*

reiche Revision der westeurasischen *Stephanorhinus*-Arten und verhalf damit dem Gattungsnamen *Stephanorhinus* zur Anerkennung. 2012 erfolgte eine Revision osteurasischer Arten.
Die Erstbeschreibung des Etruskischen Nashorns unter dem Artnamen *Rhinoceros etruscus* wurde von dem schottischen Paläontologen Hugh Falconer (1808–1865) verfasst und 1868 nach seinem Tod veröffentlicht. Er hatte den wissenschaftlichen Namen bereits 1859 in einem Brief an den englischen Geologen David Thomas Anstedt (1814–1880) erwähnt. In der Literatur wird mal das Jahr 1859 und mal das Jahr 1868 als Datum der Erstbeschreibung genannt. Die Erstbeschreibung des Etruskischen Nashorns basierte auf Fossilen aus der Toskana (Italien), dem ehemaligen Besiedlungsgebiet der Etrusker. Wie erwähnt, führte 1942 der ungarische Paläontologe Miklós Kretzoi den heute gültigen Gattungsnamen *Stephanorhinus* ein. Das Etruskische Nashorn existierte vor etwa 2,588 Millionen bis vor ungefähr 700.000 Jahren.
In der Mosbach 2-Schicht gehörte das Etruskische Nashorn einer eher warmzeitlichen Tierwelt mit Flusspferd, Muscheln gemäßigter Zonen und Reh an. Dieses zierliche Nashorn war bis zu 2,50 Meter lang, maximal 1,60 Meter hoch und wog 700 bis 800 Kilogramm. Das heutige Breitmaulnashorn in Afrika ist merklich größer. Es hat eine Kopf-Rumpf-Länge von 3,40 bis 3,80 Metern, eine Schulterhöhe von 1,50 bis 1,80 Meter und ein Gewicht von 1,8 bis mitunter 3,5 Tonnen bei Bullen.
Der Schädel des Etruskischen Nashorns erreichte eine Länge bis zu 63 Zentimetern. Wie beim ausgestorbenen Waldnashorn und beim heutigen Sumatra-Nashorn war die

Schädelhaltung relativ waagrecht. Auf dem Nasenbein trug das Etruskische Nashorn ein langes und auf dem Stirnbein ein etwas kürzeres Horn. Der grazile Oberkiefer war fast einen halben Meter lang.

Dank vieler Funde ist das Rumpfskelett des Etruskischen Nashorns gut bekannt. Ein nahe der Stadt Terns in Mittelitalien entdecktes, fast komplettes Skelett besaß eine Wirbelsäule mit mindestens 7 Hals-, 18 Brust- und 4 Lendenwirbeln. Die Gliedmaßen waren sehr schlank. Die dreistrahligen Hände und Füße besaßen einen massiven Mittelstrahl, wobei der Mittelhandknochen 20 Zentimeter und der Mittelfußknochen 18 Zentimeter Länge erreichte. Wegen der waagrechten Kopfhaltung und der niedrigkronigen Zähne vermutet man, das Etruskische Nashorn habe sich vor allem von weicher Pflanzenkost ernährt. Blätter, Rinde, Blüten oder Knospen sollen die Hauptnahrung gewesen sein. Ein gewisser Anteil an harter Grasnahrung wird nicht ausgeschlossen.

Der Geologe, Paläontologe und Mineraloge Fridolin Sandberger (1826–1898) vermutete bereits 1875, dass das Etruskische Nashorn in Mosbach vorkam. Aber erst 1898 erkannte der Berliner Geologe und Paläontologe Henry Schröder (1859–1927) diese Art, die er *Rhinoceros etruscus* FALCONER nannte, in der Mosbacher Fauna. Laut Schröder kam jene Nashorn-Art unter den Funden in Mosbach häufig vor. Die besterhaltenen Stücke, nämlich je einen Schädel mit Zähnen, besaßen damals das Museum der Geologischen Landesanstalt in Darmstadt und das damalige Mainzer Museum. 1903 erfolgte eine erste zusammenfassende Bearbeitung des Mosbacher *Dicerorhinus etruscus*. Der Geologe und Paläontologe Adolf Wurm (1886–

1968) meinte 1912 und 1913, in Mosbach bei Wiesbaden und in Mauer bei Heidelberg hätten Übergangsformen zu *Dicerorhinus kirchbergensis* existiert. In Artenlisten für die Mosbach-Sande des Mainzer Naturforschers Wilhelm von Reichenau von 1906 und 1910, des Paläontologen Wolfgang Soergel von 1912 und 1914, des Hanauer Studienrates Wilhelm Wenz von 1921, des deutsch-britischen Geologen und Paläontologen Frederick Everard Zeuner von 1937, des Weimarer Paläontologen Hans-Dietrich Kahlke von 1961 sowie der Paläontologen Wighart von Koenigswald und Heinz Tobien von 1987 wurde jeweils *Dicerorhinus etruscus* erwähnt. Auf eine größere Zahl von Funden dieser Art gegenüber *Dicerorhinus kirchbergensis* wiesen 1912 der damals in Freiburg im Breisgau arbeitende Paläontologe Wolfgang Soergel (1887–1946) und 1952 der Stuttgarter Paläontologe Karl Dietrich Adam (1921–2012) hin. Ihre Beobachtung wurde durch neue Funde, darunter zwei nahezu vollständige Schädel, bestätigt.

Von den insgesamt 1090 Funden in der Mosbach-Sammlung des Museums Wiesbaden stammen 100 vom Nashorn. Der Anteil der Nashorn-Fossilien an allen Funden entspricht 9,2 Prozent. Im Museum Wiesbaden wird 1 Unterkiefer mit Zähnen des Etruskischen Nashorns aufbewahrt. Er war ein Teil aus der ehemaligen Sammlung des Wiesbadener Präparators und Konservators August Römer (1825–1899).

Noch 1961 wurde das Etruskische Nashorn von dem Weimarer Paläontologen Hans-Dietrich Kahlke (1924–2017) in seiner „Revision der Säugetierfaunen der klassischen deutschen Pleistozänfundstellen von Süßenborn, Mosbach

Lindwurmbrunnen in Klagenfurt (Kärnten)
auf einem Holzstich um 1880.
Für den Kopf des Drachen diente ein Fellnashorn-Schädel,
der 1335 im Zollfeld bei Klagenfurt entdeckt wurde,
rund 250 Jahre später einem unbekannten Bildhauer
als Vorbild.
Bild: (via Wikimedia Commons),
Lizenz: gemeinfrei (Public domain)

und Taubach" als *Dicerorhinus etruscus* bezeichnet. Heute ist
– wie gesagt – der Artname *Stephanorhinus etruscus* üblich.
Stephanorhinus ist mit *Dicerorhinus* verwandt, dessen einziger
lebender Verwandter das gegenwärtig in Südostasien
heimische und stark bedrohte Sumatra-Nashorn ist Beide
Gattungen gehören zu den Dicerorhinini. Das sind Nashörner mit 2 Hörnern, von denen das vordere auf dem
Nasenbein und das hintere auf dem Stirnbein sitzt.
Vom Etruskischen Nashorn stammte vielleicht das Fellnashorn *(Coelodonta antiquitatis)* ab, das man auch Wollhaar-Nashorn nennt. Das von etwa 550.000 bis vor ungefähr
12.000 Jahren existierende Fellnashorn wurde 1799 von
dem Göttinger Anatom und Anthropologen Johann Friedrich Blumenbach (1752–1840) beschrieben. Jenes bis zu
3,60 Meter lange und 1,60 Meter hohe Tier trug einen langen Schädel sowie ein 1 Meter langes Horn auf der Nase
und ein etwas kürzeres auf der Stirn. Dieses Nashorn mit
langen hell- bis dunkelbraunen Haaren (kein Fell) lebte in
Steppen. Mumienfunde aus dem Erdwachs von Starunia,
südlich von Lemberg (Lwow) in der Ukraine, und aus dem
sibirischen Dauerfrostboden sowie Felsbilder in Frankreich
(Rouffinac, Les Combarelles) informieren über das Aussehen dieses Tieres.
Im sibirischen Volksglauben galten die Schädel der Fellnashörner als Kopf des sagenhaften Vogels Greif. Mit diesen
Fabelwesen mussten angeblich die Vorfahren der Jakugiren
um das Wild in den Jagdgründen kämpfen. Die Hörner
deutete man als Krallen des Riesenvogels. In Europa gehen
viele Sagen von Drachen und Riesen auf fehlgedeutete
Knochen von Wollhaar-Mammut und Wollhaar-Nashorn
zurück. Ein Fellnashorn-Schädel, der 1335 im Zollfeld bei

Lebensbild des Kirchbergschen Nashorns (Stephanorhinus kirchbergensis). Ausschnitt aus einem Gemälde des Malers Fritz Wendler (1941–1995) für das Buch „Deutschland in der Urzeit" (1986) von Ernst Probst

Klagenfurt in Österreich entdeckt wurde, diente rund 250 Jahre später einem unbekannten Bildhauer als Vorbild für den Kopf eines Drachen, als er den Lindwurmbrunnen in Klagenfurt zu gestalten hatte.

Das Kirchbergsche Nashorn lebte im Eiszeitalter vor etwa 600.000 bis 100.000 Jahren. Der Name des Kirchbergschen Nashorns erinnert an den württembergischen Fundort Kirchberg an der Jagst. Dort wurden im Frühjahr 1823 mehrere Nashornzähne gefunden und 1833 von dem „Aufseher" (Direktor) des Königlichen Naturalienkabinetts in Stuttgart, Professor Georg Friedrich von Jäger (1785–1866), als *Rhinoceros kirchbergensis* beschrieben.

Das Kirchbergsche Nashorn ist mit dem Merck'schen Nashorn identisch. Der Artname *Rhinoceros merckii* wurde 1841 von dem Darmstädter Paläontologen und Zoologen Johann Jakob Kaup (1803–1873) für ein Nashorn im Großherzoglich Hessischen Landesmuseum Darmstadt geprägt. Der Artname *merckii* erinnert an den Darmstädter Herausgeber, Redakteur und Naturforscher Johann Heinrich Merck (1741–1791). Merck legte umfangreiche mineralogische, zoologische und paläontologische Sammlungen an, schrieb Abhandlungen, darunter die 3 „Knochenbriefe" (1782–1786), in denen er als einer der Ersten vergleichende Anatomie betrieb, und knüpfte Briefkontakte mit führenden Gelehrten in Europa.

1961 wurde des Kirchbergsche Nashorn von dem Weimarer Paläontologen Hans-Dietrich Kahlke noch als *Dicerorhinus kirchbergensis* bezeichnet. Heute verwendet man den Artnamen *Stephanorhinus kirchbergenis*.

In Deutschland hat man an mehr als einem Dutzend Fundstellen fossile Reste vom Kirchbergschen Nashorn gebor-

*Professor Georg Friedrich von Jäger (1785–1866),
„Aufseher" (Direktor) des Königlichen Naturalienkabinetts
in Stuttgart, Erstbeschreiber des Kirchbergschen Nashorns 1833.
Foto aus Julius von Hartmann (Herausgeber): Geschichte
der Stadt Stuttgart, Stuttgart 1905 (via Wikimedia Commons),
Lizenz: gemeinfrei (Public domain)*

*Darmstädter Herausgeber, Redakteur und Naturforscher
Johann Heinrich Merck (1741–1791),
Nach ihm wurde 1841 das Merck'sche Nashorn benannt.
Bild: Karl Mayer-Nürnberg, 19. Jahrhundert
(via Wikimedia Commons),
Lizenz: gemeinfrei (Public domain)*

gen. Es ist zum Beispiel in den etwa 600.000 Jahre alten Mosbach-Sanden bei Wiesbaden (Hessen) nachgewiesen. In der Mosbach-Sammlung des Museums Wiesbaden liegt 1 Unterkiefer mit Zähnen aus Mosbach vom Kirchbergschen Nashorn. Fossilien dieser Nashorn-Art entdeckte man auch am rund 370.000 Jahre alten *Homo erectus*-Fundplatz Bilzingsleben (Thüringen), am etwa gleichaltrigen Fundort von 8 Speeren in Schöningen (Niedersachsen), am ungefähr 300.000 Jahre alten Frühmenschen-Fundplatz Steinheim an der Murr (Baden-Württemberg) und in der schätzungsweise 120.000 bis 220.000 Jahre alten Neandertaler-Station Ehringsdorf (Thüringen). Ein fast vollständiges Skelett aus der Eem-Warmzeit vor etwa 125.000 bis 115.000 Jahren kam im Braunkohlen-Tagebau von Neumark-Nord im Geiseltal (Sachsen-Anhalt) zum Vorschein.
Weil im Gegensatz zum Wollnashorn *(Coelodonta antiquitatis)* keine Höhlenbilder oder gefrorene Kadaver vom Kirchbergschen Nashorn vorliegen, weiß man über sein Aussehen nicht gut Bescheid. Die Angaben über sein Körpergewicht schwanken zwischen 1,6 und maximal 2,9 Tonnen, was etwa dem heutigen Indischen Panzernashorn entspricht. Der Kopf ist zwischen 70 und 80 Zentimeter lang. Von 2 Hörnern befand sich das größere auf der Nase und ein kleines auf dem mittleren Schädelbereich. Nach der geringeren Ausdehnung der Ansatzflächen für die Hörner zu schließen, waren diese nicht so groß wie beim Etruskischen Nashorn. Wie bei allen *Stephanorhinus*-Arten fehlten im Gebiss die Schneidezähne. Mit seinen hochkronigen Zähnen zerkaute das Kirchbergsche Nashorn vor allem weiche Pflanzenkost wie Blätter, Blüten, Beeren und Früchte. Die Wirbelsäule hatte wenigstens 7 Hals-, 18

Brust- und 4 Lendenwirbel. Unklar ist, ob dieses Nashorn ein Fell hatte.

Im Laufe der Zeit wurde das Kirchbergsche Nashorn in der Literatur mit verschiedenen wissenschaftlichen Namen erwähnt. Im Online-Lexikon „Wikipedia" sind 13 Artnamen aufgelistet.

Ein Zeitgenosse des Etruskischen Nashorns sowie des Kirchbergschen Nashorns war das zweihörnige Hundsheimer Nashorn *(Stephanorhinus hundsheimensis)*. Diese vor etwa 1,2 Millionen bis vor rund 450.000 Jahren vorkommende Art wurde 1902 von dem österreichischen Paläontologen und Geologen Franz von Toula (1845–1920) aus Wien als *Rhinoceros hundsheimensis* beschrieben. Fossile Knochen und Zähne des Hundsheimer Nashorns entdeckte man 1902 bei der ersten wissenschaftlichen Grabung von Toula in der Hundshemer Spalte in Niederösterreich. Auf diese Spalte war man 1900 bei Steinbrucharbeiten gestoßen. Der später wegen der näheren Verwandtschaft mit dem Sumatra-Nashorn verwendete Gattungsname *Dicerorhinus* wurde 1942 durch *Stephanorhinus* ersetzt.

Das grazile Hundsheimer Nashorn erreichte eine Kopf-Rumpf-Länge von 2,70 Metern, eine Widerristhöhe von ungefähr 1,60 Metern und ein Gewicht von etwas weniger als 1 Tonne. Die Spätformen waren größer und schwerer als die ursprünglichen. Der Schädel des Hundsheimer Nashorns hatte eine Länge von 60 bis 75 Zentimetern. Seine Hörner und Beine waren länger als jene des Etruskischen Nashorns. An einigen vollständig erhaltenen Skeletten erkannte man, dass die Wirbelsäule des Hundsheimer Nashorns abweichend von anderen *Stephanorhinus*-Arten aus 7 Hals-, 19 Brust-, 3 Lenden-, 4 Kreuzbein- und minde-

*Wiener Paläontologe und Geologe
Franz von Toula (1845–1920).
Foto: Fernande (BNF) Gallica um 1882
(via Wikimedia Commons),
Lizenz: gemeinfrei (Public domain)*

stens 15 Schwanzwirbeln bestand. Die Gliedmaßen endeten in je 3 Zehen, was für moderne Nashörner typisch ist. Reste des Hundsheimer Nashorns hat man auch in Deutschland entdeckt. Aus dem frühen Eiszeitalter stammen die Funde aus Untermaßfeld (Thüringen) und Dorn-Dürkheim (Hessen). Ins mittlere Eiszeitalter datiert man die Funde aus Mauer bei Heidelberg (Baden-Württemberg) und Mosbach bei Wiesbaden (Hessen). Laut Online-Lexikon „Wikipedia" trat das Hundsheimer Nashorn in jüngeren Ablagerungen der Mosbach-Sande zum letzten Mal auf. 2007 berichteten Wighart von Koenigswald, B. Holly Smith und Thomas Keller in der „Paläontologischen Zeitschrift" über den gut erhaltenen Unterkiefer eines jugendlichen Hundsheimer Nashorns aus den Mosbach-Sanden. Nach der Abfolge der Zähne beim Zahnwechsel in der Kauleiste zu schließen, war dieses Tier etwa 7 Jahre alt. Der Unterkiefer hatte eine auffällige Anomalie in der Zahnreihe. In der Position, wo normalerweise beidseitig der untere Prämolar P3 ist, befinden jeweils 2 Zähne. Die Funktion des Gebisses wurde dadurch zwar nicht schwerwiegend gestört, dürfte sich aber „während einer besonders schwierigen Nahrungssituation als Nachteil erwiesen haben".

Literatur
ADAM, Karl Dietrich: Der Urmensch von Steinheim an der Murr und seine Umwelt. Ein Lebensbild aus der Zeit vor einer viertel Million Jahre. In: Jahrbuch des Römisch-Germanischen Zentralmuseums 35: S. 1–23, Mainz 1988.
DARMSTADT-STADTLEXIKON.DE: Merck, Johann Heinrich. https://www.darmstadt-stadtlexikon.de/m/merck-johann-heinrich.html

DIETRICH, Wilhelm Otto: Neue Funde des etruskischen Nashorns in Deutschland und die Frage der Villafranchium-Fauna. In: Geologie 2: S. 417–430, Berlin 1953.

FORTELIUS, Mikael / MAZZA, Paul / SALA, Benedetto: *Stephanorhinus* (Mammalia: Rhinocerotidae) oft the Western European Pleistocene, with a revision of *S. etruscus* (Falconer, 1868). In: Palaeontographica Italica 80: S. 63–155, 1993.

FRANK, Christa / RABEDER, Gernot: Hundsheim. In: DÖPPES, Doris / RABEDER, Gernot: Pliozäne und pleistozäne Faunen Österreichs. Ein Katalog der wichtigsten Fundstellen und ihrer Faunen (Endbericht des Forschungsberichtes Nr. 9320 des „Fonds zur Förderung der wissenschaftlichen Forschung") mit Beiträgen von Petra Cech, Doris Döppes, Thomas Einwögerer, Florian A. Fladerer, Christa Frank, Karl Mais, Doris Nagel, Marion Niederhuber, Martina Pacher, Rudolf Pavuza, Gernot Rabeder, Christian Reisinger, Harald Temmel, Gerhard Withalm. Mitteilungen der Kommission für Quartärforschung der Österreichischen Akademie der Wissenschaften 10: S. 270–274, Wien 1997.

GLIENKE, Sabine: 12) *Rhinoceros etruscus* FALCONER, 1859: In: Katalog der im Hessischen Landesmuseum Wiesbaden befindlichen Belegstücke aus den Mosbacher Sanden. Jahrbücher des Nassauischen Vereins für Naturkunde 135: S. 47–48, Wiesbaden 2014.

GLIENKE, Sabine: 13) *Rhinoceros mercki* JÄGER, 1841: In: Katalog der im Hessischen Landesmuseum Wiesbaden befindlichen Belegstücke aus den Mosbacher Sanden. Jahrbücher des Nassauischen Vereins für Naturkunde 135: S. 48, Wiesbaden 2014.

HAOWEN, Tong: Evolution oft the non Coelodonta dicerorhine lineage in China. In: Comtes Rendus Palevul 11(8): S. 1–8, 2012.

KAHLKE, Hans-Dietrich: 32. *Dicerorhinus etruscus* (FALCONER): In: Revision der Säugetierfaunen der klassischen Pleistozän-Fundstellen Süßenborn, Mosbach und Taubach. In: Geologie – Zeitschrift für das Gesamtgebiet der Geologie und Mineralogie sowie der angewandten Geophysik 10(4/5): S. 507–508, 1961.

KAHLKE, Hans-Dietrich: 33. *Dicerorhinus kirchbergensis* (JÄGER): In: Revision der Säugetierfaunen der klassischen Pleistozän-Fundstellen Süßenborn, Mosbach und Taubach. In: Geologie – Zeitschrift für das Gesamtgebiet der Geologie und Mineralogie sowie der angewandten Geophysik 10(4/5): S. 508, 1961.

KAHLKE, Hans-Dietrich: Die Rhinocerotiden-Reste aus dem Unterpleistozän von Untermaßfeld. In: KAHLKE, Ralf-Dietrich: Das Pleistozän von Untermaßfeld bei Meiningen (Thüringen). Teil 2. Monographien des RGZM 40(2): S. 501–555, Mainz 2001.

KAUP, Johann Jakob: Akten der Urwelt oder Osteologie der urweltlichen Säugethiere und Amphibien. Darmstadt 1841.

KOENIGSWALD, Wighart von: Lebendige Eiszeit. Klima und Tierwelt im Wandel. Stuttgart 2002.

KOENIGSWALD, Wighart von / SMITH, B. Holly / KELLER, Thomas: Supernumerary teeth in a subadult rhino mandibel *(Stephanorhinus hundsheimensis)* from the middle Pleistocene of Mosbach in Wiesbaden (Germany). In: Paläontologische Zeitschrift 81: S. 416–428, 2007.

KRETZOI, Miklós: Bemerkungen zum System der nachmiozänen Nashorn-Gattungen. In: Földani Közlöni 72: S. 4–12, Budapest 1942.
MADE, Jan van der: The rhinos from the Middle Pleistocene of Neumark-Nord (Saxony-Anhalt). In: MANIA, Dietrich u. a. (Herausgeber): Neumark-Nord: Ein interglaziales Ökosystem des mittelpaläolithischen Menschen. Veröffentlichungen des Landesmuseums für Vorgeschichte 62: S. 433–527, Halle/Saale 2010.
PROBST, Ernst: Das Nashorn mit der kurzen Lippe. In: Deutschland in der Urzeit. Von der Entstehung des Lebens bis zum Ende der Eiszeit. S. 322–324, München 1986.
SCHRÖDER, Henry: Die Wirbelthier-Fauna des Mosbacher Sandes. In: Abhandlungen der königlich preussischen geologischen Landesanstalt, N. F. 18: S. 1–143, Berlin 1903.
STAESCHE, Karl: Jäger, Georg Friedrich. In: Neue Deutsche Biographie 10: S. 268–269, 1974.
STEINER, Walter: Die Nashörner des Quartärs. In: Europa in der Urzeit. Die erdgeschichtliche Entwicklung unseres Kontinents von der Urzeit bis heute. S. 172–173, München 1993.
THIEME, Hartmut (Herausgeber): Die Schöninger Speere. Mensch und Jagd vor 400000 Jahren. Ausstellungskatalog, Stuttgart 2007.
TOULA, Franz: Das Nashorn von Hundsheim.: *Rhinoceros (Ceratorhinus* Osborn) *hundsheimensis* nov. Form.: mit Ausführungen über die Verhältnisse von elf Schädeln von *Rhinoceros (Ceratorhinus) sumatrensis*. In: Abhandlungen der Königlichen und Kaiserlichen Geologischen Reichsanstalt 19(1): S. 1–92, Wien 1902.

WIKIPEDIA (Online-Lexikon): Breitmaulnashorn.
https://de.wikipedia.org/wiki/Breitmaulnashorn
WIKIPEDIA (Online-Lexikon): Etruskisches Nashorn.
https://de.wikipedia.org/wiki/Etruskisches_Nashorn
WIKIPEDIA (Online-Lexikon): Hugh Falconer.
https://de.wikipedia.org/wiki/Hugh_Falconer
WIKIPEDIA (Online-Lexikon): Hundsheimer Nashorn.
https://de.wikipedia.org/wiki/Hundsheimer_Nashorn
WIKIPEDIA (Online-Lexikon): Georg Friedrich von Jäger.
https://de.wikipedia.org/wiki/Georg_Friedrich_von_J%C3%A4ger
WIKIPEDIA (Online-Lexikon): Johann Heinrich Merck.
https://de.wikipedia.org/wiki/Johann_Heinrich_Merck
WIKIPEDIA (Online-Lexikon): Miklós Kretzoi.
https://de.wikipedia.org/wiki/Mikl%C3%B3s_Kretzoi
WIKIPEDIA (Online-Lexikon): Stephanorhinus.
https://de.wikipedia.org/wiki/Stephanorhinus
WIKIPEDIA (Online-Lexikon): Waldnashorn.
https://de.wikipedia.org/wiki/Waldnashorn
WIKIPEDIA (Online-Lexikon): Wollnashorn.
https://de.wikipedia.org/wiki/Wollnashorn
ZEUNER, Frederick Everard: Die Beziehungen zwischen Schädelform und Lebensweise bei den rezenten und fossilen Nashörnern. In: Berichte der Naturforschenden Gesellschaft in Freiburg 34: S. 21–80, 1934.

Heutiges ausgewachsenes Wildschwein (Sus scrofa) im Wilderlebnispark Daun.
Foto: Superbass / CC BY-SA 3.0 (via Wikimedia Commons), lizensiert unter Creative Commons-Lizenz by-sa-3.0, https://creativecommons.org/licenses/by-sa/3.0/legalcode

Frühes Wildschwein

Das Wildschwein *Sus scrofa*

Bereits in den ältesten Artenlisten der Mosbach-Sande bei Wiesbaden wurden Wildschwein-Reste aufgeführt. 1895 erwähnte der Wiesbadener Konservator August Römer einen in gerader Linie 16 Zentimeter langen linken Eckzahn des Unterkiefers als große Seltenheit. 1898 schrieb der Berliner Geologe und Paläontologe Henry Schröder (1859–1927): „*Sus scrofa* L. Einzelne Eckzähne sind mehrfach gefunden; das Frankfurter Museum besitzt auch einen Backenzahn". Allerdings hat man zunächst keine einigermaßen gut erhaltenen Funde geborgen.
1932 untersuchte der Wissenschaftler Karlheinz Küthe (1908–2003) aus Gießen die Mosbacher Schweine-Reste und stellte die neue Unterart *Sus scrofa mosbachensis* auf, die an den Fundort Mosbach erinnert. Dies wurde mit Unterschieden im Zahnbau des Backenzahns M3 begründet. Bedauerlicherweise stand Küthe nicht ausreichend Material zur Verfügung, weshalb sein Ergebnis nicht überzeugte. Spätere Funde fügten sich gut in die bekannte Variationsbreite der 1758 von dem schwedischen Naturforscher Carl von Linné (1707–1778) beschriebenen Art *Sus scrofa* ein. Dieser Artname besteht aus dem lateinischen Begriff *sus* für Schwein und dem lateinischen Wort *scrofa* für Mutterschwein.
Fossile Wildschwein-Reste hat man bisher in den Fundkomplexen Mosbach 1 und Mosbach 2 der Mosbach-Sande selten entdeckt. Von den insgesamt 1090 Funden in der Mosbach-Sammlung des Museums Wiesbaden stammen

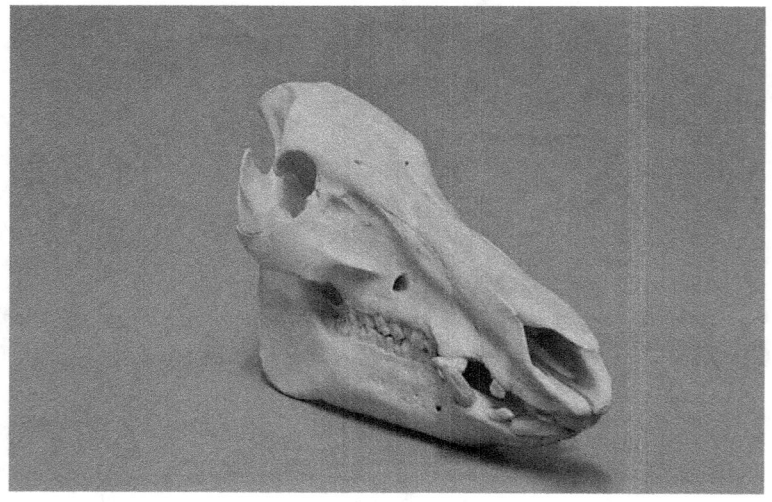

Schädel eines heutigen ausgewachsenen Wildschweines (Sus scrofa) im Museum Wiesbaden.
Foto: Klaus Rassinger und Gerhard Cammerer, Museum Wiesbaden / CC BY-SA 3.0 (via Wikimedia Commons), lizensiert unter Creative Commons-Lizenz by-sa-3.0, https://creativecommons.org/licenses/by-sa/3.0/legalcode

lediglich 4 vom Wildschwein. Das entspricht nur 0,4 Prozent aller Funde. Im Naturhistorischen Museum Mainz stammten 1980 von damals rund 15.000 Funden aus Mosbach 0,7 Prozent vom Wildschwein.

Das ursprüngliche Verbreitungsgebiet der Wildschweine reichte von Westeuropa bis Südostasien. Durch Aussetzen in Nord- und Südamerika, Australien sowie auf zahlreichen Inseln sind Wildschweine heute nahezu weltweit verbreitet. In Mitteleuropa nahmen die Bestände vor allem durch den vermehrten Anbau von Mais stark zu. Wildschweine wanderten verstärkt in besiedelte Bereiche ein und werden dort teilweise zur Plage.

In der Systematik gehören Wildschweine zur Ordnung der Paarhufer (Artiodactyla), zur Unterordnung der Schweineartigen (Suina), zur Familie der Echten Schweine (Suidae), zur Gattung *Sus* und zur Art Wildschwein.

Für das Wildschwein sind in der Jägersprache eigene Bezeichnungen üblich. Die Art heißt Schwarzwild, Schwarzkittel oder Sauen. Männliche Wildschweine nennt man Keiler. Starke, ältere Keiler bezeichnet man als Basse oder Hauptschwein. Das weibliche Wildschein heißt Bache, das Jungtier von der Geburt bis zum 12. Lebensmonat Frischling. Ab dem 13. bis zum 24. Lebensmonat nennt man junge Wildschweine Überläufer, Überläuferbache bzw. Überläuferkeiler.

In der Gegenwart erreichen weibliche Wildschweine ab dem 5. Lebensjahr eine Kopf-Rumpf-Länge von 1,40 bis 1,80 Meter. Ausgewachsene Bachen sind etwa 150 Kilogramm schwer. Ausgewachsene Keiler haben eine Kopf-Rumpf-Länge von 1,40 bis 1,80 Meter und ein Gewicht von rund 200 Kilogramm. Die Größe und das Gewicht variieren je

Heutige Wildschweine (Sus scrofa) in der Suhle.
Zeichnung des deutschen naturwissenschaftlichen Malers
und Tierillustrators Walter Heubach (1865–1923)
(via Wikimedia Commons),
Lizenz: gemeinfrei (Public domain)

nach geographischer Verbreitung und Jahreszeit. Wildschweine im Südwesten beispielsweise sind weniger schwer als jene im Nordosten. Im fernen Osten Russlands gab es früher bis über 300 Kilogramm schwere Keiler. Im Verhältnis zum gedrungenen und massiven Körper wirkt der keilförmige Kopf des Wildschweins fast zu groß. Die Augen liegen weit oben im Kopf. Die Ohren sind klein und von einem Rand zottiger Borsten umgeben. Im kräftigen Gebiss sitzen 44 Zähne. Der kurze, gedrungene Hals ist – laut Online-Lexikon „Wikipedia" – nur erkennbar, wenn Wildschweine ihr Sommerfell tragen. Im Winterfell scheint der Kopf direkt in den Rumpf überzugehen. Von vorn wirkt der Körper schmal. Von der Stirn bis über den Kopf verläuft ein Kamm langer Borsten, der aufgestellt werden kann. Die Körperhöhe nimmt zu den Hinterbeinen ab. Der bis zu den Fersengelenken reichende Schwanz ist sehr beweglich. Mit ihm drückt das Wildschwein durch Pendelbewegungen oder durch Anheben seine jeweilige Stimmung aus.

Das Fell der Wildschweine ist im Winter dunkelgrau bis braun-schwarz mit langen borstigen Deckhaaren und kurzen feinen Wollhaaren. Im Frühjahr verlieren Wildschweine ihr langes, dichtes Winterfell und bekommen ein kurzes, wollhaarfreies Sommerfell mit hell gefärbten Haarspitzen. Der Fellwechsel erfolgt in einem Zeitraum von etwa 2 Monaten und beginnt in Mitteleuropa im April oder Mai.

In Mitteleuropa haben Wildschweine die höchste Bestandsdichte in Laub- und Mischwäldern mit einem hohen Anteil an Eichen und Buchen, in denen es sumpfige Regionen und wiesenähnliche Lichtungen gibt. Wildschweine können sich unterschiedlichen Lebensräumen anpassen. Deshalb kom-

men sie außer in Laub- und Nadelwäldern auch in schilfbewachsenen Sumpfgebieten und im immergrünen Regenwald vor. Hochgebirge und Wüsten meiden sie.
Bei der Nahrungssuche durchwühlen Wildschweine den Boden nach essbaren Wurzeln, Würmern, Engerlingen, Insekten, Mäusen, Schnecken und Pilzen. Neben Wasserpflanzen verzehren sie auch Blätter, Triebe und Früchte zahlreicher Holzgewächse, Kräuter und Gräser. Als Allesfresser verschmähen sie auch Aas und Abfälle nicht. Gelegentlich fressen sie Muscheln, Eier und Jungvögel bodenbrütender Vögel sowie Jungkaninchen. Wenn Eichen und Buchen in Mastjahren besonders gut tragen, ernähren sich Wildschweine monatelang von deren Früchten.
Erhebliche Schäden richten Wildschweine gebietsweise an, weil sie alle Feldfrüchte fressen, die in Mitteleuropa in der Landwirtschaft angebaut werden. Bei Kartoffeln bevorzugen sie Frühkartoffeln. Beim Durchwühlen von Getreidefeldern verursachen sie mit ihrer Wühlarbeit mehr Schaden als durch das Fressen.
Wildschweine verbringen einen großen Teil des Tages ruhend. Sie liegen gern in speziellen Ruheplätzen, sogenannten Kesseln, die sie einzeln oder gemeinsam aufsuchen. Typisch ist das Suhlen in Schlammlachen. Jenes dient im Sommer der Wärmeregulierung und erschwert lästigen stechenden Insekten den Zugang zur Haut.
Die Paarungszeit beginnt in Mitteleuropa meist im November und endet im Januar oder Februar. Der Höhepunkt liegt im Dezember. Paarungen erfolgen aber auch außerhalb dieser Zeit. Weiblicher Nachwuchs ist bereits nach 8 bis 10 Monaten geschlechtsreif und pflanzt sich schon im ersten Lebensjahr fort. Nach einer Tragzeit des weiblichen Tieres

von etwa 4 Monaten kommen zwischen März und Mai 6 bis 7 Frischlinge im gepolsterten Geburtsnest zur Welt. Die Säugezeit der anfangs zwischen 700 und 1100 Gramm schweren Frischlinge dauert zweieinhalb bis dreieinhalb Monate. Die Bindung zwischen Bache und Frischling dauert durchschnittlich anderthalb Jahre.
Wildschweine leben oft in einer Mutterfamilie, die aus einem weiblichen Tier und dessen letztem Nachwuchs besteht Ab dem 2. Lebensjahr sind männliche Wildschweine Einzelgänger. In schwach bejagten Beständen beträgt die Lebenserwartung von Wildschweinen zwischen 3 und 6 Jahren. In Gefangenschaft erreichen Wildschweine ein maximales Alter von etwas mehr als 20 Jahren.

Literatur
KAHLKE, Hans-Dietrich: 34. *Sus scrofa* (LINNAEUS): In: Revision der Säugetierfaunen der klassischen Pleistozän-Fundstellen Süßenborn, Mosbach und Taubach. In: Geologie – Zeitschrift für das Gesamtgebiet der Geologie und Mineralogie sowie der angewandten Geophysik 10(4/5): S. 508, 1961.
KÜTHE, Karl Heinz: *Sus scrofa mosbachensis*. In: Notizblatt des Vereins für Erdkunde und der hessischen Geologischen Landesanstalt Darmstadt 5(14): S. 202–204, Darmstadt 1932.
SCHILLING, Detlef / SINGER, Detlef / DILLER, Helmut: Wildschwein *Sujs scrofa* Linné 1758. In: BLV Bestimmungsbuch Säugetiere. 181 Arten Europas. S. 181–183. München, Wien, Zürich 1983.
WIKIPEDIA (Online-Lexikon): Wildschwein. https://de.wikipedia.org/wiki/Wildschwein

In der Eem-Warmzeit vor etwa 125.000 bis 115.000 Jahren schwammen Flusspferde im Rhein wie heute im Luangwa-Tal in Sambia.
Foto: Paul Maritz / CC BY-SA 3.0 (via Wikimedia Commons), lizensiert unter Creative Commons-Lizenz by-sa-3.0, https://creativecommons.org/licenses/by-sa/3.0/legalcode

Hippos im Ur-Main

Das Alt-Flusspferd *Hippopotamus antiquus*

In der Ur-Werra schwammen bereits im Eiszeitalter vor etwa 1 Million Jahren riesenhafte Flusspferde der Gattung *Hippopotamus*. Jene Kolosse erreichten eine Kopf-Rumpf-Länge von rund 4 Metern und ein Gewicht von schätzungsweise 4 Tonnen. Fossile Reste dieser frühesten Flusspferde in Deutschland kamen bei Ausgrabungen in Untermaßfeld bei Meiningen in Thüringen zum Vorschein. Anfangs rechnete man die Knochen und Zähne der vermutlich bei Hochwasser ertrunkenen Tiere irrtümlich dem Cromer-Komplex (etwa 800.000 bis 480.000 Jahre) zu. Später erkannte man, dass sie aus dem Bavelium (etwa 1,07 Millionen bis 990.000 Jahre) stammten. In meinem Buch „Deutschland in der Urzeit" von 1986 werden die Funde aus Untermaßfeld noch – damaligem Wissensstand entsprechend – dem Cromer-Komplex zugeordnet.
Mit den Flusspferden von Untermaßfeld befasste sich 1987 Ralf-Dietrich Kahlke in seiner Dissertation an der Ernst-Moritz-Arndt-Universität in Greifswald. Der Titel seiner Doktorarbeit hieß: „Die unterpleistozänen Hippopotamiden-Reste von Untermaßfeld. Ein Beitrag zur Forschungs-, Entwicklungs- und Verbreitungsgeschichte fossiler Hippopotamiden in Europa". Ralf-Dietrich Kahlke leitete zeitweise die Ausgrabungen in Meiningen und bezeichnete die Flusspferde von dort als *Hippopotamus amphibius antiquus*, also als Unterart von *Hippopotamus*.
Die ersten Flusspferde lebten vielleicht bereits im Pliozän vor etwa 5 Millionen Jahren in Afrika. Eines der frühen

Französischer Geologe Nicolas Desmarest (1725–1815), Erstbeschreiber des Alt-Flusspferdes Hippopotamus antiquus. Bild: Porträt eines unbekannten Künslters (via Wikimedia Commons). Lizenz: gemeinfrei (Public domain)

Flusspferde war das 1928 von dem Berliner Paläontologen Wilhelm Otto Dietrich (1881–1964) beschriebene *Hippopotamus gorgos*. Dieser Tierriese erreichte eine Kopf-Rumpf-Länge von bis zu 4,50 Metern, eine Schulterhöhe von maximal 2 Metern und ein Gewicht von schätzungsweise 5000 Kilogramm. Jener Koloss hatte besonders hervortretende Augen, die ähnlich wie Periskope auf Stielen saßen. Damit konnte das Tier sogar dann die Umgebung überblicken, wenn sich sein Körper fast völlig unter Wasser befand.

„Hippos" aus Afrika kamen in Warmphasen des Eiszeitalters in mehreren zeitlich aufeinander folgenden Wellen nach Europa. Einen nahezu vollständigen Schädel des Alt-Flusspferds *Hippopotamus antiquus* aus der Übergangszeit vom Pliozän zum Eiszeitalter vor rund 2,6 Millionen Jahren hat man an einer Fundstelle in der griechischen Peleponnes-Provinz Elis geborgen. Das Alt-Flusspferd *Hippopotamus antiquus* wurde schon 1822 von dem französischen Geologen Nicolas Desmarest (1725–1815) beschrieben (griechisch: hippos = Pferd, potamus = Fluss).
In Deutschland wurden in den Mosbach-Sanden bei Wiesbaden (Hessen), in den Mauerer Sanden von Mauer bei Heidelberg (Baden-Württemberg) und in Würzburg-Schalksberg in Unterfranken (Bayern) fossile Reste von Flusspferden aus dem Cromer-Komplex gefunden. Diese Knochen und Zähne kamen in Flussablagerungen des Ur-Mains und des Neckars zum Vorschein. All diese Fossilien sind ungefähr 600.000 Jahre alt. In Würzburg hat man 1966 und 1976 beim Ausheben von Fundamenten für den Neubau der Universitätsklinik am Fuß des Schalksbergs viele fossile Reste aus dem Mittelmain-Cromer entdeckt.. Der im Okto-

*Unterkiefer eines jugendlichen Flusspferdes
(Hippopotamus antiquus) aus den Mosbach-Sanden bei Wiesbaden
im Naturhistorischen Museum Mainz. Länge: 55 Zentimeter.
Foto: Naturhistorisches Museum Mainz /
Landessammlung für Naturkunde Rheinland-Pfalz*

ber 1907 in Mauer bei Heidelberg durch einen Unterkriefer-Fund nachgewiesene Heidelberg-Mensch *(Homo heidelbergensis)* hat vermutlich lebende Flusspferde am und im Neckar gesehen.

Fossilien vom Alt-Flusspferd gehörten bereits zu den frühesten Funden aus den Mosbach-Sanden. Der Frankfurter Wirbeltierpaläontologe Hermann von Meyer (1801–1869) erwähnte schon 1841 das Flusspferd *Hippopotamus amphibius* var. Major CUVIER aus Mosbach. In Artenlisten für Mosbach von Fridolin Sandberger (1875), Carl Koch (1880), Achilles Andreae (1884), August Römer (1887, 1890 und 1895), Georg Friedrich Kinkelin (1889 und 1892), Henry Schröder (1808) und Wilhelm Freudenberg (1914) wurde ebenfalls *Hippopotamus amphibius* var. major CUVIER aufgeführt.

Der Berliner Geologe und Paläontologe Henry Schröder teilte 1898 in seiner „Revision der Mosbacher Säugethierfauna" mit: „Reste des Flusspferdes waren in den Museen bis vor Kurzem durch einige Eckzähne und 2 Backzähne vertreten. In der letzten Zeit hat jedoch das Frankfurter Museum 2 größere Unterkieferbruchstücke mit Schneidezähnen, Eckzähnen und Backzähnen und mehrere Gliedmaßenknochen erworben".

1939 wartete der Mainzer Paläontologe Eduard Schertz (1909–1941) in der „Mainzer Wochenschau" mit der Neuigkeit auf, vor einiger Zeit habe das Naturhistorische Museum Mainz den Unterkiefer eines Nilpferdes aus den Mosbacher Sanden erhalten. Das besonders schöne und wertvolle Stück sei inzwischen präpariert und im Lichthof des Museums ausgestellt. Den Namen des Entdeckers, den exakten Fundort und das genaue Funddatum verriet Schertz

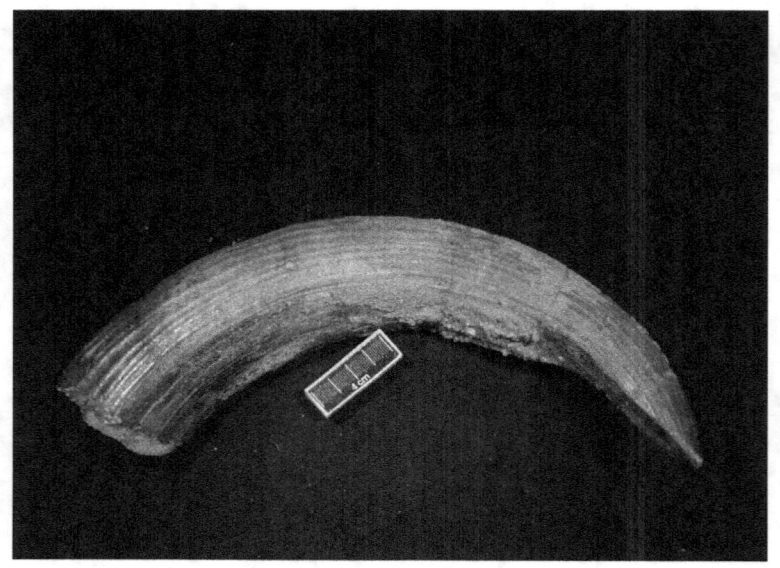

Eckzahn des Alt-Flusspferds (Hippopotamus antiquus)
aus den Mosbach-Sanden bei Wiesbaden im Museum Wiesbaden.
Inventar-Nummer 346.
Foto: Museum Wiesbaden

Bild auf Seite 381:

Artikel „Ein Nilpferd-Unterkiefer aus den Mosbacher Sanden"
in der „Mainzer Wochenschau" von 1939.
Bild: Naturhistorisches Museum Mainz /
Landessammlung für Naturkunde Rheinland-Pfalz

Ein Nilpferd-Unterkiefer aus den „Mosbacher Sanden".

Von Dr. Eduard Scherz

Vor einiger Zeit erhielt das Naturhistorische Museum der Stadt ein besonders schönes und wertvolles Stück aus den bekannten „Mosbacher Sanden". Es handelt sich dabei um einen Unterkiefer eines Nilpferdes, der inzwischen präpariert und jetzt in unserem Lichthof ausgestellt ist.

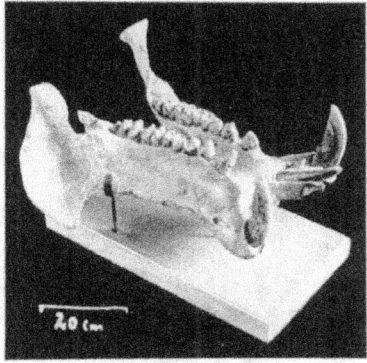

Die Mosbacher Sande, die in der Umgebung von Mainz überall auf den Höhen liegen, sind Ablagerungen des eiszeitlichen Rheines und Maines. Beide Ströme vereinigten sich hier in einem riesigen Schotterfeld, das bis Wiesbaden im Norden und Weisenau im Süden reichte. Als gewaltiger Strom flossen die Wässer dann am Südhang des Taunus weiter. In dem Schotterfeld bei Mainz aber lagerten Rhein und Main all das ab, was oberhalb in sie hineinfiel und was die Hochwässer des Frühjahres und Herbstes mitgerissen hatten. So finden sich heute in den Sandgruben, die die Mosbacher Sande abbauen, immer wieder die Reste der damals umgekommenen Tiere und das Museum bewahrt in seinen Sammlungen diese Zeugen aus der Vorzeit unserer rheinhessischen Heimat.

„Eiszeit" und „Nilpferd" sind zunächst zwei Begriffe, die offenbar nicht zusammengehören. Denn bei dem Wort „Eiszeit" (Diluvium) denkt man im allgemeinen an Schnee, Eis, Stürme, die über das damalige Land hinweggingen. Man muß sich aber vergegenwärtigen, daß vor der Eiszeit in unserer Heimat ein viel wärmeres Klima herrschte. Damals – in der sog. Tertiär-Zeit – wuchsen etwa Palmen noch bei Alzey, Weinheim, Flonheim, Nierstein und Laubbäume noch auf Spitzbergen. Aber je mehr es dem Ende des Tertiärs zugeht, umso merklicher wird das Klima schlechter – wir lesen das an den Tier- und Pflanzenfunden ab – bis dann auf dem Höhepunkt der Vereisung (von vier Eisvorstößen bildet der dritte den Höhepunkt) die skandinavischen Gletscher bis an das deutsche Mittelgebirge reichten und München und Mühldorf unter dem Eis, das von den Alpen herabquoll, begraben lagen. Das Rheintal selbst war nie vereist und nur die höchsten Höhen von Vogesen und Schwarzwald trugen Eiskappen. Zum Beginn dieser Eiszeit nun lagerten sich die tieferen Schichten der Mosbacher Sande ab, aus denen der Unterkiefer vom Nilpferd stammt. Heute lebt das Nilpferd nur in tropischen Breiten Afrikas. Aber wir wissen aus den Berichten von Seefahrern und Reisenden des 16. und 17. Jahrhunderts, daß damals noch in der heutigen Kapkolonie Nilpferde in den Strömen lebten. Ja man fand sie sogar draußen an der Küste und im Meere. Diese Gegend aber hat oft empfindliche Nachtfröste, wie sie auch das Rheintal zu dieser Zeit, die schon unter dem Einfluß der nordischen und alpinen Vergletscherung stand, gehabt hat. Aus den gleichen Schichten der Mosbacher Sande besitzt das Museum noch Reste von Breitstirn-Elch, einem großen (Mosbacher) Biber, Elefanten, Bisonten usw., Reste die uns von dem Aussehen unserer Heimat vor 800 000 Jahren erzählen. Denn jedes Tier lebt nur in der ihm zusagenden Umwelt, sei es nun Wald, Steppe oder Gebirge. Das war nur einige Jahrzehntausende ehe der primitive Mensch auch Rheinhessen zu seinem Jagdrevier erkor, von dem wir aus den mittleren und oberen Schichten der Mosbacher Sande die ältesten Kulturdokumente in Gestalt seiner Knochenwerkzeuge bewahren.

in der „Mainzer Wochenschau" nicht. Er war von 1939 bis 1941 Direktor des Naturhistorischen Museums Mainz und starb früh.

In der erwähnten „Mainzer Wochenschau" von 1939 wurde ein Foto von dem prächtig erhaltenen Flusspferd-Unterkiefer gezeigt. Schertz schrieb im Text viel Interessantes, teilweise aber auch Unrichtiges: „Die Mosbacher Sande, die in der Umgebung von Mainz überall auf den Höhen liegen, sind Ablagerungen des eiszeitlichen Rheines und Maines. Beide Ströme vereinigten sich hier in einem riesigen Schotterfeld, das bis Wiesbaden im Norden und Weisenau im Süden reichte. Als gewaltiger Strom flossen die Wasser dann am Südhang des Taunus weiter. In dem Schotterfeld bei Mainz aber lagerten Rhein und Main all das ab, was oberhalb in sie hineinfiel und was die Hochwasser des Frühjahres und Herbstes mitgerissen hatten. So finden sich heute in den Sandgruben, die die Mosbacher Sande abbauen, immer wieder die Reste der damals umgekommenen Tiere und das Museum bewahrt in seinen Sammlungen diese Zeugen aus der Vorzeit unserer rheinhessischen Heimat.

Eiszeit und Nilpferd seien zunächst zwei Begriffe, die offenbar nicht zusammengehörten, formulierte Schertz. Denn bei dem Wort Eiszeit denke man im allgemeinen an Schnee, Stürme, die über das damalige Land hinweggingen. Man müsse sich aber vergegenwärtigen, dass vor der Eiszeit in unserer Heimat ein viel wärmeres Klima geherrscht habe. Damals, in der Tertiärzeit, seien Palmen bei Alzey, Weinheim, Flonheim und Nierstein sowie Laubbäume auf Spitzbergen gewachsen. Aber je mehr es dem Ende des Tertiärs zuging, umso merklicher sei das Klima schlechter geworden. Zu Beginn der Eiszeit hätten sich die tieferen

Schichten der Mosbacher Sande abgelagert. Zur Entschuldigung von Schertz sei erwähnt, dass man damals nicht wusste, dass im Eiszeitalter vor etwa 2,6 Millionen Jahren bis vor etwa 11.700 Jahren immer wieder auf eine lang dauernde Kaltzeit eine kurze Warmzeit folgte. Insgesamt sind mehr als 20 Kalt-Warmzeit-Abfolgen aus dem Eiszeitalter bekannt. In den Warmzeiten war es zeitweise wärmer als heute. Die Mosbach-Sande sind entgegen der Behauptung von Schertz nicht zu Beginn des Eiszeitalters, sondern erst mehr als anderthalb Millionen Jahre später entstanden.

1957 legte der Paläontologe und Geologe Siegfried Ernst Kuss (1919–1993) aus Freiburg im Breisgau eine zusammenfassende Bearbeitung fossiler *Hippopotamus*-Reste vom Oberrhein vor. Darin berücksichtigte er auch weitgehend die Mosbacher Flusspferdfunde. Die europäischen *Hippopotamus*-Funde aus dem älteren Eiszeitalter zog Kuss zur Art *Hippopotamus antiquus* DESMAREST zusammen. 1961 erwähnte der Weimarer Paläontologe Hans-Dietrich Kahlke *Hippopotamus antiquus* DEMAREST in seiner „Revision der Säugetierfaunen der klassischen deutschen Pleistozän-Fundstellen von Süßenborn, Mosbach und Taubach". 1987 veröffentlichten die Paläontologen Wighart von Koenigswald (damals Darmstadt) und Heinz Tobien (Mainz) eine Artenliste für die Mosbach-Sande, in der *Hippopotamus amphibius antiquus* vorkam. Laut diesen beiden Autoren stammen die Mosbacher Flusspferde aus den Fundkomplexen Mosbach 1 und Mosbach 2.

In der Eem-Warmzeit (etwa 125.000 bis 115.000 Jahre) eroberten Flusspferde wieder den Rhein und waren bis nach England verbreitet. Davon zeugen vor allem Funde

von Eck- und Backenzähnen sowie seltener von Skelettknochen. Von der Rhone aus konnten sich Flusspferde über die Loire, die Seine und den Rhein weiter nach Norden ausbreiten. Der Bonner Paläontologe Wighart von Koenigswald erwähnte 1991 in „Eiszeitalter und Gegenwart", in den letzten Jahren seien in der Oberrheinebene mehr als 30 Flusspferd-Belege aus 10 Kiesgruben geborgen worden, wobei die Fossilien in Privatsammlungen nur unvollständig erfasst werden konnten. In einer Tabelle der wichtigsten Kiesgruben mit Großsäugerfunden aus der Eem-Warmzeit in der nördlichen Oberrheinebene zählte er die Flusspferd-Fundorte Brühl 1 bei Mannheim, Eich, Erfelden, Groß-Rohrheim, Hessenaue, Huttenheim, Leeheim, Mainz, Stockstadt und Wattenheim auf. Eich, Huttenheim, Leeheim und Stockstadt sind Fundorte von Flusspferd und Wasserbüffel *(Bubalus murrensis)*, Huttenheim. Leeheim und Stockstadt auch vom Europäischen Waldelefanten. Aus Groß-Rohrheim liegen ein linkes Oberkieferfragment, ein Schulterblatt, mehrere in Privatsammlungen aufbewahrte Zähne und 2 Eckzähne vor. Das Schulterblatt und 2 Eckzähne aus Groß-Rohrheim sowie 2 Eckzähne und Knochen aus Wattenheim werden im Hessischen Landesmuseum Darmstadt aufbewahrt. Von Koenigswald war von 1977 bis 1987 Kustos am Hessischen Landesmu-seum Darmstadt, wo ihn der Wiesbadener Wissenschaftsautor Ernst Probst gern mehr als nur einmal besucht hat.
Nach Auskunft des geowissenschaftlichen Präparators Thomas Engel werden im Naturhistorischen Museum Mainz ca. 50 Flusspferd-Fragmente aus der Altrheinschleife zwischen Gimbsheim und Eich in Rheinland-Pfalz aufbewahrt. Deren genaue zeitliche Einordnung sei aber

auf-grund der Kies- und Sandförderung von Schwimmbaggern nicht sicher zu ermitteln. Soll heißen: Man weiß nicht, ob diese Fossilien alle oder teilweise aus der Eem-Warmzeit stammen.

Bis 2021 ging man davon aus, das wärmeliebende Flusspferd *Hippopotamus amphibius* sei in Deutschland gegen Ende der Eem-Warmzeit vor etwa 115.000 Jahren ausgestorben. Doch nach Untersuchungen von Experten des Reiss-Engelhorn-Museums in Mannheim, des Curt-Engelhorn-Zentrums Archäometrie und der Universität Potsdam musste dies korrigiert werden. Das interdisziplinäre Forscher-Team untersuchte im Projekt „Eiszeitfenster Oberrheingraben" seit 5 Jahren Hunderte von Funden fossiler Knochen. Die Wissenschaftler fanden bei Altersdatierungen mit der Radiocarbon-Methode heraus, dass im Oberrheingebiet noch vor zwischen 48.000 und 30.000 Jahren Flusspferde lebten. Der Mannheimer Museums-Generaldirektor Wilfried Rosendahl erklärte, Flusspferde seien in der letzten Kaltzeit gleichzeitig mit Wollhaar-Mammut, Wollhaar-Nashorn und Höhlenlöwe im Oberrheingebiet heimisch gewesen. Diese Region erstreckt sich auf bis zu 300 Kilometer Länge und bis zu 40 Kilometer Breite von Basel bis Frankfurt am Main. Die Forscher fanden auch heraus, das Klima in Südwestdeutschland sei milder als bisher angenommen gewesen. Eine Analyse von Holzfunden habe ergeben, dass im Oberrheingraben vor rund 40.000 Jahren Eichen mit einem Stammumfang bis zu 80 Zentimetern gediehen.

Im Eiszeitalter waren Flusspferde in Afrika, Europa und Asien verbreitet. In der Gegenwart leben noch schätzungsweise 125.000 bis 148.000 Großflusspferde *(Hippopotamus*

amphibius) und schätzungsweise 3.000 Zwergflusspferde *(Choeropsis liberiensis)* in Afrika südlich der Sahara. Großflusspferde kommen in Westafrika sowie im östlichen und südlichen Teil des Kontinents vor. Zwergflusspferde sind auf Westafrika beschränkt. Beide Arten sind wegen der Bejagung und der Zerstörung ihres Lebensraumes in ihrem Bestand gefährdet.
Traditionell werden die Flusspferde bei den Paarhufern eingeordnet. Ihre nächsten Verwandten sind die Wale. Mit den Pferden sind sie trotz ihres Namens nicht verwandt.
Das Großflusspferd erreicht eine Kopf-Rumpf-Länge bis zu 5 Metern und ein Gewicht bis zu 4000 Kilogramm. Dagegen bringt es das Zwergflusspferd nur auf eine Kopf-Rumpf-Länge von 1,75 Meter und ein Gewicht von 270 Kilogramm. Der Kopf der Flusspferde sitzt auf einem kurzen Hals. Augen, Nasenöffnungen und Ohren befinden sich bei beiden Arten hoch oben am Kopf. Deshalb müssen die Tiere den Kopf nur wenig aus dem Wasser heben, um sehen oder atmen zu können. Die hauerartigen Schneide- und Eckzähne wachsen das ganze Leben. Insgesamt verfügen Flusspferde über 38 bis 42 Zähne. Der schwere fassförmige Körper wird von 4 kurzen, stämmigen Beinen getragen. Die Beine enden jeweils in 4 Zehen, die mit einem hufartigen Nagel bedeckt sind. Die Haut ist oft bräunlich oder schwarz gefärbt und bis auf Borsten im Gesicht und am Schwanz unbehaart. Damit die Haut an Land nicht austrocknet, sondern Hautdrüsen eine rötliche Flüssigkeit ab, die als Schutz vor den Sonnenstrahlen dient. Wegen dieser rötlichen Flüssigkeit nahm man früher irrtümlich an, Flusspferde würden „Blut schwitzen".

Flusspferde werden in der Dämmerung oder in der Nacht aktiv. Tagsüber ruhen sie im Wasser oder in Gewässernähe, nachts gehen sie auf Nahrungssuche. Dabei legen sie Trampelpfade oder Schneisen durch das Unterholz an, um schneller voranzukommen. Das Großflusspferd verzehrt vor allem Gräser, das Kleinflusspferd auch Blätter, Triebe oder Früchte. Die Nahrung wird mit den scharfen Rändern der Lippen aufgenommen.
Großflusspferde bilden Gruppen aus 10 bis 15 Tieren, vor allem weiblichen Tieren mit ihren Jungtieren, seltener Junggesellengruppen. Zwergflusspferde sind eher Einzelgänger. Die einzige stabile Bindung bei Flusspferden ist diejenige zwischen Mutter und dem Jungtier. Nach einer Tragzeit von 6 bis 8 Monaten kommt üblicherweise 1 einzelnes Jungtier im Wasser zur Welt. Letzteres ist nach 6 bis 8 Wochen entwöhnt und nach mehreren Jahren geschlechtsreif. Männliche Großflusspferde bestreiten manchmal mit ihren Hauern erbitterte Kämpfe. In freier Wildbahn erreicht ein Großflusspferd ein Höchstalter von 30 bis 40 Jahren.

Literatur
COX, Barry / DIXON, Dougal / GARDINER, Brian / SAVAGE R. J. G.: *Hippopotamus*. In: Die große Enzyklopädie der prähistorischen Tierwelt. Dinosaurier und andere Tiere der Vorzeit. S. 269, München 1989.
DIE WELT: Flusspferde im Rhein. Forscher liefern neue Erkenntnisse. 27. Oktober 2021.
KAHLKE, Hans-Dietrich: 35. *Hippopotamus antiquus* (DESMAREST): In: Revision der Säugetierfaunen der klassischen Pleistozän-Fundstellen Süßenborn, Mosbach und Taubach. In: Geologie – Zeitschrift für das Gesamt-

gebiet der Geologie und Mineralogie sowie der angewandten Geo-physik 10(4/5): S. 508, 1961.

KAHLKE, Ralf-Dietrich: Die unterpleistozänen *Hippopotamus*-Reste von Untermaßfeld bei Meiningen – Ein Beitrag zur Forschungs-, Entwicklungs- und Verbreitungsgeschichte fossiler Hippopotamiden in Europa. In: Dissertation an der Ernst-Moritz-Arndt-Universität Greifswald 1987.

KAHLKE, Ralf-Dietrich: Die unterpleistozänen *Hippopotamus*-Reste von Würzburg-Schalksberg. Weimar 1989.

KOENIGSWALD, Wighart von: Zur Ökologie und Biostratigraphie der beiden pleistozänen Faunen von Mauer bei Heidelberg. In: BEINHAUER, Karl W. / WAGNER, Günther A.: Schichten von Mauer. 85 Jahre *Homo erectus heidelbergensis*. S. 101–110, Mannheim 1992.

KOENIGSWALD, Wighart von / LÖSCHER, Manfred: Jungpleistozäne *Hippopotamus*-Funde aus der Oberrhein-Ebene und ihre biogeographische Bedeutung. In: Neues Jahrbuch für Geologie und Paläontologie – Abhandlungen Band 163, Heft 3: S. 331–348, Stuttgart 1982.

KUSS, Siegfried Ernst: Altpleistozäne Reste des *Hippopotamus antiquus* DESMAREST vom Oberrhein. In: Jahrbuch des geologischen Landesamtes Baden-Württemberg 2: S. 290–331, Freiburg i. Br. 1957.

PROBST, Ernst: Flußpferde schwammen im Rhein. In: Zeugen der Urzeit im Museum. Ausflug in die Erdgeschichte von Rheinland-Pfalz. Museumsführer Nr. 9 des Naturhistorischen Museums Mainz, 1983.

REIMANN, Karla Christina / STRAUCH, Friedrich: Ein *Hippopotamus*-Schädel aus dem Pliozän von Elis (Pelepones, Griechenland). In: Neues Jahrbuch für Geologie und Paläontologie – Abhandlungen 249(2): S. 203–222, Stuttgart 2008.

SCHERTZ, Eduard: Ein Nilpferd-Unterkiefer aus den Mosbacher Sanden. In: Mainzer Wochenschau, Nr. 30, Mainz 1939.
SPRINGHORN, Rainer: Zum Gedenken an Prof. Dr. rer. nat. Siegfried Ernst Kuss. In: Berichte der Naturforschenden Gesellschaft zu Freiburg im Breisgau 82/83: S. 5–12, Freiburg 1994.
WIKIPEDIA (Online-Lexikon): Flusspferde.
http://de.wikipedia.lorg/wiki/Flusspferde
WIKIPEDIA (Online-Lexikon): *Hippopotamus antiquus.*
https://de.wikipedia.org/wiki/Hippopotamus_antiquus

Rekonstruktion des Steppenhirsches Praemegaceros cazioti, angefertigt von dem Paläoartisten Roman Uchytel.
Foto: *Alex Uchytel / CC BY-SA 4.0 (via Wikimedia Commons), lizensiert unter Creative Commons-Lizenz by-sa-4.0, https://creativecommons.org/licenses/by-sa/4.0/legalcode*

Seltener Hirsch

Steppenhirsch *Praemegaceros verticornis*

Der Steppenhirsch *Praemegaceros verticornis* wurde 1872 von dem britischen Geologen und Paläontologen William Boyd Dawkins (1837–1929) beschrieben. Zur Untersuchung hatte ihm ein Fund aus dem Cromer Forest Bed in Norfolk (Ostengland) vorgelegen.
Dawkins arbeitete von 1861 bis 1869 für den Geological Survey of Great Britain. Ab 1869 war er in Manchester Kurator für Naturgeschichte am Manchester Museum. Am Owens College der Universität Manchester hielt er Vorträge über Geologie und ab 1872 erste Vorlesungen. Im Oktober 1874 berief man ihn auf den Lehrstuhl für Geologie der Universität Manchester, den er bis zu seinem Ruhestand 1908 innehatte.
Die Erstbeschreibung der Gattung *Praemegaceros* erfolgte 1920 durch den italienischen Geologen und Paläontologen Alessandro Portis (1853–1931) aus Turin. Er betrachtete diesen Hirsch als Unterart, der er den Namen *Cervus (Praemegaceros) dawkinsi* gab.
Dem Berliner Geologen und Paläontologen Henry Schröder (1859–1927) fiel 1898 auf, einige der in den Mosbach-Sanden bei Wiesbaden geborgenen Geweihreste könnten mit jenen der aus dem Forest Bed in Norfolk (Ostengland) beschriebenen Gattung *Orthogonoceros* in Beziehung stehen. In folgenden Artenlisten fehlten weiterhin solche Hirsche. Erst der damals in Tübingen arbeitende Paläontologe Wolfgang Soergel (1887–1946) nannte 1925 erstmals einen solchen Hirsch aus dem unteren Horizont der Mosbach-

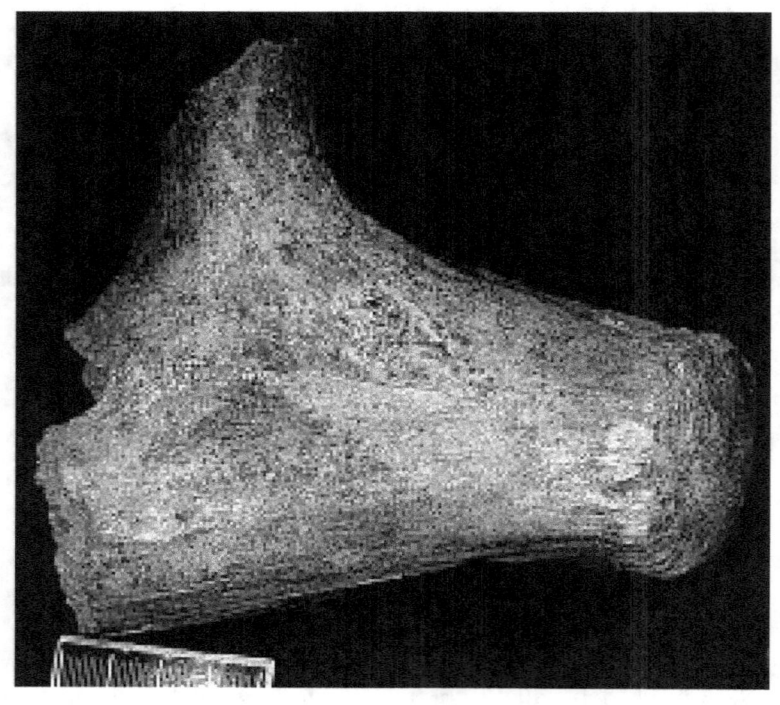

Geweihfragment des Steppenhirsches Praemegaceros verticornis im Museum Wiesbaden. Inventar-Nummer 986.
Foto: Museum Wiesbaden

Sande. 1927 stellte Soergel die Unterart *Cervus megaceros mosbachensis* auf.

1952 wurde die Gattung *Orthogonoceros* von dem Weimarer Paläontologen Hans-Dietrich Kahlke beschrieben (*Orthogonoceros* von griechisch orthogonos = rechtwinklig, keros = horn). Jene Hirschgattung mit schaufelförmig verbreitertem Geweih wurde ursprünglich mit den Riesenhirschen (als *Megaceros verticornis*, *Megaloceros*) vereinigt.

Heute wird *Orthogonoceros* der Gattung *Praemegaceros* zugeordnet. Letztere Gattung starb in Mitteleuropa während der süddeutschen Mindel-Kaltzeit (Mindel-Eiszeit) vor etwa 460.000 bis 400.000 Jahren aus.

Nach seiner Bearbeitung der Süßenborner Funde in Thüringen von 1956 bis 1959 bezeichnete der Weimarer Paläontologe Hans-Dietrich Kahlke die 1927 von Soergel aufgestellte Unterart *Cervus megaceros mosbachensis* als Geweihvariante und strich sie. Süßenborn ist seit 1994 ein Ortsteil von Weimar und hat heute weniger als 300 Einwohner.

Hans-Dietrich Kahlke berichtete 1961, er habe sich davon überzeugen können, dass früher Geweihreste von Mosbacher *Orthogonoceros*-Hirschen als solche vom Rentier verkannt wurden. Einige alte Funde von Geweihresten in der Mosbach-Sammlung des Museums Wiesbaden trugen teilweise auf den Etiketten neben den neuen noch die alten Bezeichnungen.

1987 veröffentlichten die Paläontologen Wighart von Koenigswald (damals Darmstadt) und Heinz Tobien (Mainz) eine Artenliste für die Mosbach-Sande, zu welcher der Steppenhirsch *Praemegaceros verticornis* gehörte. Laut diesen beiden Wissenschaftlern ist jener Steppenhirsch aus den Fundkomplexen Mosbach 1 und Mosbach 2 nachgewiesen.

Die Steppenhirsche *(Praemegaceros verticornis)* waren in den Mosbach-Sanden nicht zahlreich vertreten. Die Funde dieses Steppenhirsches in der Sammlung des Naturhistorischen Museums Mainz stammen vor allem aus dem mittleren Horizont der Mosbach-Sande. Im Museum Wiesbaden liegen von diesem großen Hirsch mehrere Geweihstücke vor. 2002 berichtete die Bonner Paläontologin Thekla Pfeiffer über das erste vollständige Skelett eines jungen Hirsches von *Praemegaceros verticornis,* das im November 1964 von den Göttinger Paläontologen Dieter Meischner (1934–2012) und Jürgen Schneider (1938–2015) in der Tongrube Bilshausen (Untereichsfeld, Niedersachsen) ausgegraben worden war. Frau Pfeiffer bezeichnete diesen Fund als *Megaloceros verticornis* (Dawkins 1868). Diesen Artnamen hatte 1993 der britische Paläontologe und Paläobiologe Adrian Lister vorgeschlagen. Es war seit 1862 bereits der 16. Name für jenen Hirsch! Der Artname *Megaloceros verticornis* ist umstritten, weshalb in diesem Kapitel von *Praemegaceros verticornis* die Rede ist.

Der Paläontologe Roman Croitor aus Cisinau in Moldawien erwähnte 2018, der Steppenhirsch *Praemegaceros* sei schätzungsweise zwischen 300 und 500 Kilogramm schwer gewesen. In der Literatur wird *Praemegaceros verticornis* auch als Breitschaufeliger Alt-Riesenhirsch bezeichnet.

Literatur
CROITOR, Roman: *Praemegaceros (Praemegaceros) mosbachensis* SOERGEL 1927. In: Plio-pleistocene deer of western palearctic. Taxonomy, Systematics, Philogeny. Under the scientific redaction of Ion Toderas. Institute of Zoology of the Academy of Sciences of Moldova. S. 85, Chisinau 2018.
CROITOR, Roman: *Praemegaceros* Portis, 1920. In: Plio-

pleistocene deer of western palearctic. Taxonomy, Systematics, Philogeny. Under the scientific redaction of Ion Toderas. Institute of Zoology of the Academy of Sciences of Moldova. S. 81, Chisinau 2018.

DAWKINS, William B.oyd (1872): On the Cervidae of the Forest-bed of Norfolk and Suffolk. In: Quaterly Journal of the Geological Society of London, 28: S. 405–410; London 1872.

GLIENKE, Sabine: 10) *Orthogonoceros verticornis* DAWKINS, 1872: In: Katalog der im Hessischen Landesmuseum Wiesbaden befindlichen Belegstücke aus den Mosbacher Sanden. Jahrbücher des Nassauischen Vereins für Naturkunde 135: S. 46–47, Wiesbaden 2014.

KAHLKE, Hans-Dietrich: FAMILIE: Cervidae GRAY 1821 GENIUS: *Orthogonoceros* KAHLKE 1952. *Orthogonoceros verticornis* (DAWKINS) 1872. In: Die Cervidenreste aus den altpleistozänen Sanden von Mosbach (Biebrich-Wiesbaden), Teil 1: Die Geweihe, Gehörne und Gebisse. Berlin 1960.

KAHLKE, Hans-Dietrich: 36. *Orthogonoceros verticornis* (DAWKINS): In: Revision der Säugetierfaunen der klassischen Pleistozän-Fundstellen Süßenborn, Mosbach und Taubach. In: Geologie – Zeitschrift für das Gesamtgebiet der Geologie und Mineralogie sowie der angewandten Geophysik 10(4/5): S. 508–509, 1961.

SOERGEL, Wolfgang: *Cervus megaceros mosbachensis* n. sp. und die Stammesgeschichte der Riesenhirsche. In: Abhandlungen der Senckenbergischen Naturforschenden Gesellschaft 39(4): S. 365–407, Frankfurt am Main 1927.

WIKIPEDIA (Online-Lexikon): William Boyd Dawkins. https://de.wikipedia.org/wiki/William_Boyd_Dawkins

Wolfgang-Soergel-Haus (Hauptgebäude der Senckenberg Forschungsstation für Quartärpaläontologie Weimar). Dort wurden im Januar 2022 insgesamt 85.691 Funde und Präparate aufbewahrt. Eine der 20 Sammlungen ist die Voigtstedt-Sammlung, die insgesamt 1033 Fossilien aus Voigtstedt umfasst. Früher hieß das Gebäude Feodoraheim oder Feodorenheim. Benannt ist es nach Großherzogin Feodora von Sachsen-Meiningen (1890–1972), unter deren Schirmherrschaft es als Säuglingsheim errichtet und am 11. April 1912 eingeweiht wurde,
Foto: Giornoz / CC BY-SA 4.0 (via Wikimedia Commons), lizensiert unter Creative Commons-Lizenz by-sa-4.0, https://creativecommons.org/licenses/by-sa/4.0/legalcode

Wie in Voigstedt

Steppenhirsch *Praemegaceros* sp.

Bei einem 1955 geborgenen Gebissrest aus den Mosbach-Sanden bei Wiesbaden, der im Naturhistorischen Museum Mainz liegt, handelt es sich um ein rechtes Unterkiefer-Bruchstück des Steppenhirsches *Praemegaceros* sp. (früher: *Orthogonoceros* sp.). Dieses Bruchstück gleicht Unterkiefer-Resten aus dem Eiszeitalter der bekannten Fossilienfundstelle Voigtstedt in Thüringen. Das Mosbacher Unterkiefer-Bruchstück mit der Inventarnummer Mosb. 1955/1238 erreicht nicht ganz die Maße der Voigtstedter Funde. Voigtstedt ist seit dem 1. Januar 2019 ein Ortsteil der Stadt und Landgemeinde Artern im Kyffhäuserkreis (Thüringen) und hat weniger als 900 Einwohner. Früher gab es im Norden von Voigtstedt die Ziegelei Louisenwerk mit einer benachbarten Tongrube. Jene Tongrube ist wegen der Funde von Säugetieren aus dem Eiszeitalter – wie Bison, Elch, Hyäne und Elefant – berühmt. Inzwischen ist der Ton abgebaut und die Ziegelei stillgelegt. In der Voigtstedt-Sammlung des Senckenberg-Institutes in Weimar werden zahlreiche Fossilien aus Voigtstedt aufbewahrt.
Zur Tierwelt von Voigtstedt gehörte noch die Wühlmaus *Mimomys savini*. Die *Mimomys savini*-Fauna fiel in den Cromer-Komplex und teilweise in die süddeutsche Mindel-Kaltzeit (Mindel-Eiszeit), die ähnlich alt wie die norddeutsche Elster-Kaltzeit (Elster-Eiszeit) ist. Eine Periode der Erdgeschichte im Cromer-Komplex vor ungefähr 470.000 Jahren wird als Voigtstedt-Warmzeit (auch Voigtstedt-Interglazial oder Voigtstedt-Zwischeneiszeit) bezeichnet.

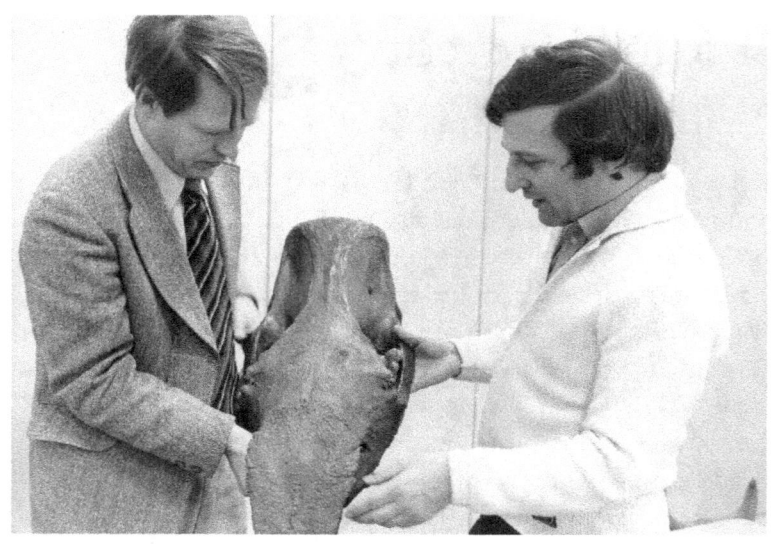

*Paläontologe Wighart von Koenigswald (damals Darmstadt), links,
und Wiesbadener Wissenschaftsautor Ernst Probst, rechts,
im Hessischen Landesmuseum Darmstadt.
Foto: Privatarchiv Ernst Probst*

1987 veröffentlichten die Paläontologen Wighart von Koenigswald (damals Darmstadt) und Heinz Tobien (Mainz) eine Artenliste für die Mosbach-Sande, in welcher der Steppenhirsch *Praemegaceros verticornis* aufgeführt wurde. Die fossilen Reste dieses auch Breitschaufeliger Alt-Riesenhirsch genannten Tieres aus den Mosbach-Sanden sind im Fundkomplex Mosbach 2 entdeckt worden.

Literatur
KAHLKE, Hans-Dietrich: 37. *Orthgonoceros* sp.: In: Revision der Säugetierfaunen der klassischen Pleistozän-Fundstellen Süßenborn, Mosbach und Taubach. In: Geologie – Zeitschrift für das Gesamtgebiet der Geologie und Mineralogie sowie der angewandten Geophysik 10(4/5): S. 509, 1961.
KAHLKE, Hans-Dietrich: Die Cerviden-Reste aus den Tonen von Voigtstedt in Thüringen. In: Paläontologische Abhandlungen. Abteilung A, 2 (2/3): S. 381–431, 1965.
WIKIPEDIA (Online-Lexikon): Elster-Kaltzeit.
https://de.wikipedia.org/wiki/Elster-Kaltzeit
WIKIPEDIA (Online-Lexkon): Mindel-Kaltzeit.
https://de.wikipedia.org/wiki/Mindel-Kaltzeit
WIKIPEDIA (Online-Lexikon): Voigtstedt.
https://de.wikipedia.org/wiki/Voigtstedt

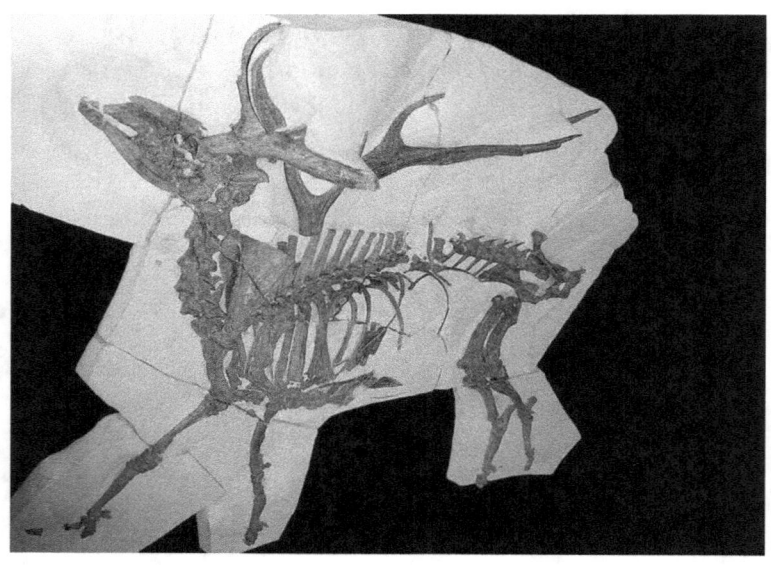

Skelettfund des Rothirsches Cervus acoronatus aus Sovere, Bergamo, im Museo civico di science naturali di Bergamo.
Foto: Tommy from Arad / CC BY 2.0 (via Wikimedia Commons), lizensiert unter Creative Commons-Linzenz by-2.0, https://creativecommons.org/licenses/by/2.0/legalcode

Hirsch ohne Krone
Der Rothirsch *Cervus acoronatus*

Der ausgestorbene Rothirsch *Cervus acoronatus* wurde 1937 von dem deutschen Jagdkundler, Jäger und Förster Max Joachim Beninde (1905–1939) in der „Paläontologischen Zeitschrift" beschrieben. Sein Vater, der Arzt Professor Max-Georg Beninde (1884–1949), leitete ab 1917 die Landesanstalt für Wasser-, Boden- und Lufthygiene in Berlin-Dahlem und baute diese von 1923 bis 1934 als Präsident zu einem Institut von Weltgeltung aus.
Der im niederschlesischen Carolath (Siedlisko) geborene Max Joachm Beninde war Lehrbeauftragter für Jagdkunde an der Forstlichen Hochschule in Eberswalde und Leiter der Forschungsstelle für Jagdkunde im Forstamt Mützelburg. Am 7. September 1939 fiel er als Leutnant eines Infanterie-Regiments beim Einmarsch von Deutschland in Polen. Sein Leben und Werk werden in dem Buch „Verdienstvolle Forstleute und Förderer des Waldes aus Sachsen-Anhalt" (2012) geschildert.
Cervus acoronatus war in den Mosbach-Sanden bei Wiesbaden der häufigste fossile Hirschfund. Der Frankfurter Wirbeltierpaläontologe Hermann von Meyer (1801–1869) erwähnte 1866 *Cervus diluvianus* aus den Mosbach-Sanden. In späteren Artenlisten hat man von Mosbach neben *Cervus elaphus* auch *Cervus canadenis* oder *Cervus lühdorfii* aufgeführt. Der Berliner Geologe und Paläontologe Henry Schröder (1859–1927) schrieb 1898 alle Geweihfunde aus Mosbach der Art *Cervus elaphus* zu. Er erkannte aber auch Ähnlichkeit mit *Cervus canadensis*. Der Rothirsch oder Edelhirsch *Cervus elaphus* existiert heute noch in Eurasien,

Deutscher Jagdkundler, Jäger und Förster
Max Joachim Beninde (1905–1939),
Erstbeschreiber des Rothirsches Cervus acoronatus.
Foto: Aufnahme eines unbekannten Fotografen

der Wapiti *Cervus canadensis* gegenwärtig in Nordamerika und Ostasien.

1900 schrieb der Mainzer Naturforscher Wilhelm von Reichenau (1847–1925): „Die Mosbacher Geweihreste zeigen den „asiatisch-nordamerikanischen (Maral- oder Wapiti) Typus ...". 1910 änderte er seine Ansicht und erklärte: „Asiatische Typen kommen nicht vor, auch nicht der Wapiti ...".

Gleich zu Beginn seiner Abhandlung „Über die Edelhirschformen von Mosbach, Mauer und Steinheim a. d. Murr" in der „Paläontologischen Zeitschrift" erklärte Max Joachim Beninde 1937, weshalb er als Nichtpaläontologe in einer paläontologischen Zeitschrift die Ergebnisse einer Untersuchung an Edelhirschen aus dem Eiszeitalter vortrug. Seine Arbeit entsprang ursprünglich einer Fragestellung der jagdlichen Zoologie und des praktischen Naturschutzes. „Wenn in Deutschland der durch menschliche Einflüsse zweifellos degenerierte Rothirsch durch jagdliche ‚Zuchtwahl' aufgeartet werden soll, so ist die Kenntnis der urspünglich bodenständigen Geweihform erstes Erfordernis", erläuterte Beninde.

Der Jagdkundler Beninde untersuchte nur die Geweihe der größeren Form von Rothirschen aus den Mosbach-Sanden. Denn nur diese vermittelte ein vollständiges Bild ihrer Geweihe. Dagegen war das Geweihoberteil der kleineren Form in sämtlichen Fällen unter der Mittelsprosse abgebrochen.

Zur Untersuchung der Funde des großen Hirsches aus den Mosbach-Sanden im Naturhistorischen Museum Mainz standen Beninde 2 komplette Geweihe und 4 vollständige Stangen zur Verfügung. Hinzu kamen mehrere Exemplare,

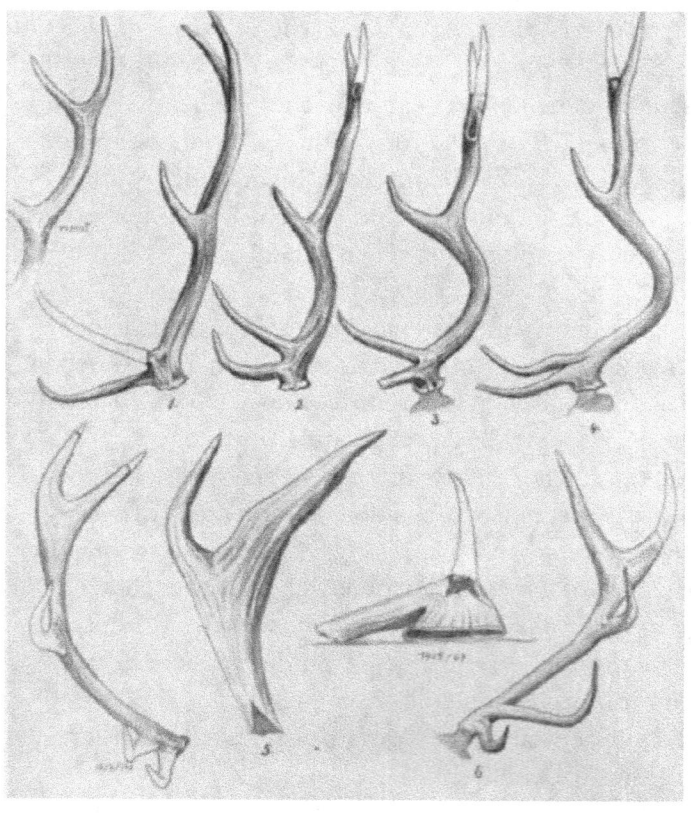

Geweihe von Cervus acoronatus aus den Mosbach-Sanden bei Wiesbaden.
Foot aus Max Joachim Beninde: „Über die Edelhirschformen von Mosbach, Mauer und Steinheim a. d. Murr".
Paläontologische Zeitschrift 19: S. 79–116, Berlin 1937.

bei denen nur die obere Gabel fehlte, außerdem eine prachtvoll erhaltene Endgabel und zahlreiche Fragmente aller Art. Ergänzt wurde das Material durch verschiedene Stücke aus dem Museum Wiesbaden und eine „wundervoll erhaltene Stange" aus dem Senckenberg-Museum in Frankfurt am Main. Alle fragmentarischen Funde ordneten sich „ohne eine einzige Ausnahme völlig in das Bild ein", das die 7 vollständigen Stücke boten. Erst nach Fertigstellung seiner Arbeit wurde Beninde bekannt, dass im Hessischen Landesmuseum in Darmstadt einige teilweise sehr gut erhaltene Mosbacher Geweihstangen von Hirschen liegen. Das Geweihoberteil des großen Mosbacher Hirsches mit schaufelartig abgeplatteter Gabel konnte nach Auffasssung von Beninde als das arttypische Kennzeichen, gewissermaßen als das systematische Schlüsselstück, angesehen werden. Es musste daher diesem Hirsch dern Namen geben. Das Geweihoberteil überschritt auch bei den stärksten Exemplaren nicht die Zehnender-Stufe. Die größte Stange war 1,04 Meter lang. Beninde stellte fest, das Geweih des Wapiti mit seinen 12 bis 14 Enden habe mit den Mosbacher Hirschformen nicht das Geringste zu tun.

Beninde erkannte, dass das wichtigste Kennzeichen des heutigen Rothirsches *Cervus elaphus,* nämlich die Krone, vom großen Mosbacher Hirsch nicht gebildet werde. Deshalb schrieb er 1937, es bleibe ihm nichts übrig, als den großen Mosbacher Hirsch als eigenständige echte Art abzuspalten. Er schlug für ihn den Namen *Cervus acoronatus* vor.

Der Rothirsch *Cervus acoronatus* wurde in Artenlisten des Weimarer Paläontologen Hans-Dietrich Kahlke von 1961, des Mainzer Paläontologen Herbert Brüning von 1978

*Gehirnabdruck eines Hirsches,
der in der Mosbach-Sammlung des Museums Wiesbaden
unter der Inventar-Nummer 345 aufbewahrt wird.,
Foto: Museum Wiesbaden*

sowie von Wighart von Koenigswald (damals Darmstadt) und Heinz Tobien (Mainz) von 1987 erwähnt. Laut Koenigswald und Tobien ist dieser Rothirsch aus den Fundkomplexen Mosbach 1 und Mosbach 2 nachgewiesen. Im Museum Wiesbaden befinden sich 1 Oberkieferfragment mit Zahnreihe und 1 fast vollständiger Unterkiefer von *Cervus acoronatus.*
Am 7. Oktober 2011 entdeckte der Wiesbadener Paläontologe Thomas Keller in den Mosbach-Sanden einen Hirschschädel mit Geweih von *Cervus acoronatus* (LfDH 55/11). Der Fund erfolgte im Rahmen eines 1991 begonnenen Projektes zur Fundüberwachung und Dokumentation im Steinbruchgelände der Dyckerhoff AG in Wiesbaden durch das Landesamt für Denkmalpflege Hessen. Zuvor wurde 2009 ein bemerkenswert gut erhaltener Schädel derselben Art der Paläontologischen Sammlung des Landesamtes für Denkmalpflege aus der Privatsammlung von Rüdiger von Alkier überlassen.
Heute ist unklar, ob der 1937 von Beninde beschriebene Rothirsch einer Art *(Cervus acoronatus)* oder einer Unterart *(Cervus elaphus acoronatus)* zuzurechnen ist. Der lateinische Begriff *acoronatus* bedeutet „ohne Krone". *Cervus acoronatus* war ähnlich groß wie ein heutiger Rothirsch *(Cervus elaphus).* Männliche Tiere waren vermutlich 1,75 bis 2,50 Meter lang sowie 160 bis 240 Kilogramm schwer. Die Schulterhöhe betrug 95 bis 130 Zentimeter. Das Geweih war bis zu 71 Zentimeter lang und 1 bis 5 Kilogramm schwer.
Etwas Besonderes ist der Gehirnabdruck eines Hirsches, der in der Mosbach-Sammlung des Museums Wiesbaden unter der Inventar-Nummer 345 aufbewahrt wird. Über diesen seltenen Fund berichtete 1929 die Frankfurter

Paläontologin Tilly Edinger (1897–1967) in den „Jahrbüchern des Nassauischen Vereins für Naturkunde". Der Steinkern zeigt das Innere des knöchernen Schädels, welcher nicht erhalten geblieben ist. Der Fund wird als *Cervus* sp. bezeichnet. Edinger flüchtete 1939 wegen ihrer jüdischen Eltern über London in die USA. Sie gilt als Begründerin der Paläoneurologie, welche die Erforschung von Abdrücken fossiler Gehirne zum Gegenstand hat.

Literatur
BENINDE, Max Joachim: Über die Edelhirschformen von Mosbach, Mauer und Steinheim a. d. Murr. In: Paläontologische Zeitschrift 19: S. 79–116, Berlin 1937.
CROITOR, Roman: *Cervus elaphus* LINNAEUS, 1758. In: Plio-pleistocene deer of western palearctic. Taxonomy, Systematics, Philogeny. Under the scientific redaction of Ion Toderas. Institute of Zoology of the Academy of Sciences of Moldova. S. 96, Chisinau 2018.
DEUTSCHE BIOGRAPHIE: Beninde, Max-Joachim. https://www.deutsche-biographie.de/pnd137153732.html
EDINGER, Tilly: Ein „fossiles Gehirn" aus den Mosbacher Sanden. In: Jahrbücher des Nassauischen Vereins für Naturkunde 80(II): S. 15–23, Wiesbaden 1929.
GLIENKE, Sabine: 4) *Cervus acoronatus* BENINDE, 1937: In: Katalog der im Hessischen Landesmuseum Wiesbaden befindlichen Belegstücke aus den Mosbacher Sanden. Jahrbücher des Nassauischen Vereins für Naturkunde 135: S. 40, Wiesbaden 2014.
KAHLKE, Hans-Dietrich: 39. *Cervus acoronatus* (BENINDE): In: Revision der Säugetierfaunen der klassischen Pleistozän-Fundstellen Süßenborn, Mosbach und Taubach.

In: Geologie – Zeitschrift für das Gesamtgebiet der Geologie und Mineralogie sowie der angewandten Geophysik 10(4/5): S. 509, 1961.
KELLER, Thomas: Neuere Funde des Rothirsches *(Cervus elaphus acoronatus* Beninde 1937 und *Cervus elaphus* ssp.) in den mittelpleistozänen Mosbach-Sanden von Wiesbaden. In: Jahrbücher des Nassauischen Vereins für Naturkunde 134: S. 97–108, Wiesbaden 2013.
KOHRING, Rolf / KRAFT Gerald: Tilly Edinger. Leben und Werk einer jüdischen Wissenschaftlerin. Senckenberg-Bücher Nr. 76, Frankfurt am Main 2003.
LIESEGANG, Wilhelm: Beninde, Max Georg. In: Neue Deutsche Biographie 2: S. 48, 1955.
https://www.deutsche-biographie.de/
pnd137154488.html#ndbcontent
REICHENAU, Wilhelm von: Notizen aus dem Museum zu Mainz. In: Neues Jahrbuch für Mineralogie, Geognosie und Petrefaktenkunde, 2 Bände, 1900.
REICHENAU, Wilhelm von: Revision der Mosbacher Säugetierfauna. In: Notizblatt des Vereins für Erdkunde und der Hessischen Geologischen Landesanstalt. Darmstadt 1910.
ROCKSTEDT, Gerhard: Beninde, Max Joachim. In: Verdienstvolle Forstleute und Förderer des Waldes aus Sachsen-Anhalt. Herausgegeben von Bernd Bendix in Verbindung mit dem Landesforstverein Sachsen-Anhalt e. V. S. 48–51. Remagen-Oberwinter 2012.

*Geweih des Damhirsches Pseudodama
im Museo di Paleontologia di Firenze, Italien.
Foto: Ghedoghedo / CC BY-SA 3.0 (via Wikimedia Commons),
lizenisieert unter Creative Commons-Lizenz by-sa-3.0,
https://creativecommons.org/licenses/by-sa/3.0/legalcode*

Der kleine Hirsch
Cervus reichenaui und/oder *Dama (Praedama) reichenaui?*

1960 stellte der Weimarer Paläontologe Hans-Dietrich Kahlke (1924–2017) anhand von zierlichen und unvollständigen Geweihen aus den Mosbach-Sanden bei Wiesbaden eine neue Art des kronentragenden Rothirsches namens *Cervus elaphoides* auf. Zu der von Kahlke erstmals beschriebenen Art gehörte vermutlich auch ein Fund, den 1929 der Mainzer Paläontologe Otto Schmidtgen (1879–1938) als Damwild (*Dama dama*) betrachtete. Bei den in der Mosbach-Sammlung des Museums Wiesbaden aufbewahrten Funden von *Cervus elaphoides* handelt es sich um 1 Geweihfragment ohne Spitzen, 1 kleines Geweihfragment ohne Spitzen und 1 Geweihfragment mit Spitzen.
Der kleine Hirsch *Cervus elaphoides* wurde auch in den Artenlisten für die Mosbach-Sande des Mainzer Paläontologen Herbert Brüning von 1978 sowie der Paläontologen Wighart von Koenigswald (damals Darmstadt) und Heinz Tobien (Mainz) von 1987 erwähnt. Laut Koenigswald und Tobien stammen die fossilen Reste von *Cervus elaphoides* aus den Fundkomplexen Mosbach 1 und Mosbach 2.
1990 wartete der Paläontologe Adrian Lister aus Cambridge (England) in der Zeitschrift „Quaternaire" mit der überraschenden Neuigkeit auf, bei der 1960 von Hans-Dietrich Kahlke als *Cervus elaphoides* beschriebenen kleinen Hirsch-Art handle es sich um Jungtiere der 1937 von Max-Joachim Beninde beschriebenen großen Hirsch-Art *Cervus acoronatus*.
1996 benannte Hans-Dietrich Kahlke in „Beiträge zur Geologie von Thüringen" die von ihm als *Cervus elaphoides*

bezeichnete Art in *Cervus reichenaui* um. Damit ehrte er den Mainzer Naturforscher Wilhelm von Reichenau (1847–1925), der sich um die Erforschung der Mosbach-Sande verdient gemacht hat.

1997 stellte die Bonner Paläontologin Thekla Pfeiffer nach einer Neuuntersuchung des Hirschmaterials aus den Mosbach-Sanden fest, dass im Fundkomplex Mosbach 2 neben dem großen Hirsch *Cervus acoronatus* und dem Reh *Capreolus suessenbornensis* eine kleine Hirsch-Art existierte. An den wenigen überprüfbaren Skelettelementen des kleinen Hirsches war eine hohe Übereinstimmung mit Merkmalen von *Dama (Pseudodama) rhenana* aus Sénèze in Frankreich und Damhirschen in Neumark-Nord südwestlich von Halle/Saale (Sachsen-Anhalt) erkennbar. In Neumark-Nord könnten giftige Cyanobakterien in einem See ein Massensterben von Damhirschen, Rothirschen, Auerochsen, Wald- und Steppennashörnern sowie Waldelefanten ausgelöst haben. Der kleine Hirsch aus Mosbach wurde von Frau Pfeiffer als *Dama (Pseudodama) reichenaui* (Kahlke 1996) erwähnt. Nach ihrer Ansicht könnte es in Mosbach neben dem großen Hirsch *(Cervus acoronatus)* und dem Reh *(Capreolus suessenbornensis)*
2 kleine Hirsche gegeben haben: nämlich den lediglich durch Geweihreste belegten Rothirsch *Cervus reichenaui* und den nur durch Skelettreste belegten Damhirsch *Dama (Pseudodama)*. Denkbar ist aber auch, dass außer dem großen Hirsch und dem Reh nur noch ein früher Damhirsch *Dama (Pseudodama) reichenaui* vorkam.

Der Wiesbadener Paläontologe Thomas Keller riet 2013, Geweihe jugendlicher *Cervus acoronatus*-Hirsche sollten stets geprüft werden, ob sie nicht *Cervus reichenaui* entsprächen.

Literatur

GLIENKE, Sabine: 5) *Cervus elaphoides* KAHLKE, 1960: In: Katalog der im Hessischen Landesmuseum Wiesbaden befindlichen Belegstücke aus den Mosbacher Sanden. Jahrbücher des Nassauischen Vereins für Naturkunde 135: S. 40–42, Wiesbaden 2014.

KAHLKE, Hans-Dietrich. Die Cervidenreste aus den altpleistozänen Sanden von Mosbach (Biebrich-Wiesbaden), Teil 1. Die Geweihe, Gehörne und Gebisse. In: Abhandlungen der Deutschen Akdemie der Wissenschaften Berlin (Klasse für Chemie, Geologie und Biologie) 7: S. 1–75, Berlin 1960.

KAHLKE, Hans-Dietrich: 40. „*Cervus*" *elaphoides* (KAHLKE): In: Revision der Säugetierfaunen der klassischen Pleistozän-Fundstellen Süßenborn, Mosbach und Taubach. In: Geologie – Zeitschrift für das Gesamtgebiet der Geologie und Mineralogie sowie der angewandten Geophysik 10(4/5): S. 509, 1961.

KAHLKE, Hans-Dietrich: Der „kleine Hirsch" aus dem Mittelpleistozän von Mosbach (Wiesbaden-Biebrich). In: Beiträge zur Geologie von Thüringen. Neue Folge 2: S. 57–75, Berlin 1996.

LISTER, Adrian: Critical reappraisal of the Middle Pleistocene deer species „*Cervus*" *elaphoides* Kahlke. In: Quaternaire 3–4: S. 175–192, Januar 1990.

PFEIFFER, Thekla: *Dama (Pseudodama) reichenaui* (Kahlke 1996) (Artiodactyla: Cervidae, Cervini) aus den Mosbach-Sanden (Wiesbaden-Biebrich). In: Mainzer Naturwissenschaftliches Archiv 35: S. 31–59, Mainz 1997.

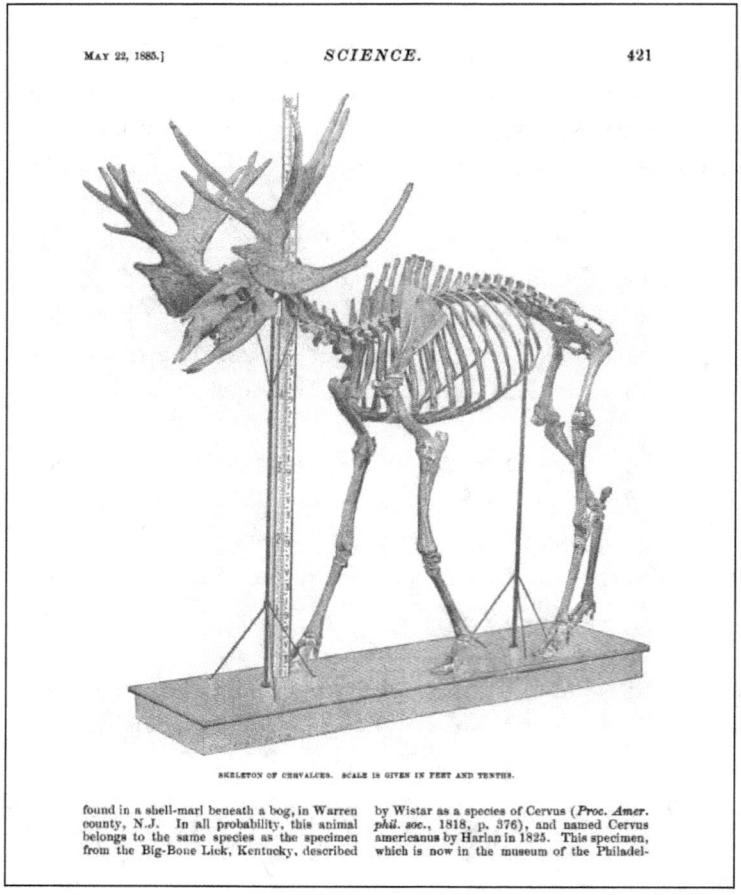

Abbildung aus William Berryman Scott (1858–1947):
„A Fossil Elk or Moose from the Quaternary of New Jersey"
in „Nature" vom 22. Mai 1885.
Darin wurde die Gattung Cervalces erstmals beschrieben.

Größter Elch

Der Breitstirnelch *Cervalces latifrons*

Der Breitstirnelch *Cervalces latifrons* wurde 1874 von „Mr. Randall Johnson" nach einem bei Ebbe geborgenen Fund am Strand von Happisburgh in Norfolk (Ostengland) im Cromer Forest Bed als *Cervus latifrons* beschrieben. *Cervus* hieß damals die einzige bekannte Gattung der Hirsche. Der Artname *latifrons* erinnert an den breiten Stirnknochen dieser großen Elch-Art. Bei dem Fund handelte es sich um ein Stirnbein mit einem Teil des Geweihes einer bis dahin unbekannten Hirsch-Art. Johnson publizierte seine Erstbeschreibung in „The Annals and Magazine of Natural History, including Zoology, Botany and Geology" und bewahrte den Fund vom Strand in seiner Sammlung auf.
1887 erkannte der britische Geologe und Paläontologe William Boyd Dawkins (1837–1929) die Zugehörigkeit dieses Elches zur Gattung *Alces*, die der britische Zoologe John Edward Gray (1800–1875) aus London bereits 1821 beschrieben hatte. Die Art *Alces latifrons* wurde später in die Gattung *Cervalces* eingeordnet. Letztere Gattung hatte der amerikanische Geologe und Paläontologe William Berryman Scott (1858–1947) aus Princeton 1885 anhand eines Skelettrestes aus Warren County (New Jersey) in „Science" beschrieben und benannt. Seitdem heißt dieser auch Elch-Hirsch oder Hirsch-Elch genannte Breitstirnelch *Cervalces latifrons*.
Von der Entdeckung jenes Elches im Sommer 1884 in einem Moor am Mount Hermon hatte der Reverend Alanson Austin Haines (1830–1891) aus Hamburg (New Jer-

Frankfurter Lehrer und Naturforscher
Georg Friedrich Kinkelin (1836–1913).
Foto: Aufnahme eines unbekannten Fotografen

sey) erfahren. Er erkannte die wissenschaftliche Bedeutung
dieses Fossils, reiste zum Fundort, erwarb das Skelett und
schenkte es dem College of New Jersey (heute: Princeton
University). Scott untersuchte den Fund, verglich ihn mit
einem um 1805 entdeckten Teilskelett aus Big Bone Lick in
Kentucky und nannte das Fossil *Cervalces americanus*. Dieses
ausgestorbene Großsäugetier war größer als ein heutiger
Elch, hatte aber einen ähnlichen Körper. Später änderte
man den Artnamen *Cervalces americanus* ab in *Cervalces scotti*.
In der Anfangszeit der Erforschung der Tierwelt der Mosbach-Sande wies man Geweihreste jenes großen Elches
teilweise *Cervus euryceros* und *Alces palmatus* zu. Der Frankfurter Lehrer und Naturforscher Georg Friedrich Kinkelin
(1836–1913) erwähnte 1889 als Erster *Alces latifrons* in der
Mosbacher Artenliste. 1938 nahm der Mainzer Paläontologe Otto Schmidtgen an, in Mosbach hätte neben *Alces latifrons* auch der 1758 von dem schwedischen Naturforscher Carl von Linné (1707–1778) aus Uppsala beschriebene heutige Elch *Alces alces* existiert, doch dies erwies sich
später als unbegründet.
1960 bearbeiteten der deutsch-schweizerische Wirbeltier-Paläontologe Karl Alban Hünermann (1928–2009) und der
Weimarer Paläontologe Hans-Dietrich Kahlke (1924–2017)
die Mosbacher *Alces*-Reste. In der Mosbach-Sammlung des
Museums Wiesbaden bewahrt man 11 Unterkiefer-Fragmente und 1 Oberkiefer-Fragment auf. Die Kieferfragmente tragen 1 Zahn oder 2, 3, 4, 5 Zähne. Die frühesten
Funde stammen vom Juni 1875. Als Fundorte werden
meistens Mosbach, aber auch die Sandgrube Mühltal, die
Sandgrube Neumann und Hambusch bei Amöneburg angegeben.

*Göttinger Anatom und Anthropologe
Johann Friedrich Blumenbach (1752–1840),
Erstbeschreiber von Megaloceros giganteus.
Gravierung von J. F. Schröter, Leipzig – F. J. Bertuch (1810):
Allgemeine geographische Ephemeriden, Band 32, Weimar.
Bild: (via Wikimedia Commons),
Lizenz: gemeinfrei (Public domain)*

Der Breitstirnelch *Cervalces latifrons* gilt als größter Elch aller Zeiten. Seine Schulterhöhe wird auf durchschnittlich 2,10 Meter bis zu möglicherweise 2,50 Meter geschätzt. Sein Gewicht soll bis zu 1000 oder vielleicht sogar 1200 Kilogramm betragen haben. Das Geweih erreichte eine Spannweite bis zu 2,50 Metern. *Cervalces latifrons* übertraf die Maße des irischen Elches *(Megaloceros giganteus)*, der früher mit einer Schulterhöhe von 2 Metern und einem Lebendgewicht von schätzungsweise bis zu 1500 Kilogramm als größter Hirsch gegolten hatte. *Megaloceros giganteus* trug ein Geweih mit einer Spannweite bis zu 3,40 Metern. Er wurde 1799 von dem Anatom und Anthropologen Johann Friedrich Blumenbach (1752–1840) aus Göttingen beschrieben. Fossile Reste des in den Mosbach-Sanden bei Wiesbaden im Groben Mosbach und im Grauen Mosbach nachgewiesenen Breitstirnelches *Cervalces latifrons* sind aus Nordeuropa und Asien bekannt. Man nimmt an, dass dieses Tier einsam in Tundren, Steppen, Nadelwäldern und Sümpfen lebte. Laubwälder mit Büschen zwischen den Bäumen dürfte es wegen seines breiten Geweihes gemieden haben. Zu den Fundstellen mit fossilen Resten des Breitstirnelches *Cervalces latifrons* in Deutschland gehören Mauer bei Heidelberg (Baden-Württemberg), Mosbach bei Wiesbaden (Hessen), Bilshausen im Landkreis Göttingen (Niedersachsen), und Süßenborn, heute ein Stadtteil von Weimar (Thüringen). Ein bekannter Fundort von *Cervalces latifrons* in Frankreich ist Sénèze im Département Haute Loire.
Wie heutige Elche ernährte sich der Breitstirnelch *Cervalces latifrons* vermutlich mit Rinde, Blättern und Trieben von Bäumen wie Weide, Espe, Eberesche, Birke, Eiche, Lärche und Kiefer. In sumpfigen Gebieten weidete dieser impo-

sante Elch vielleicht auch allerlei Kräuter.
Die Gliedmaßen dieses Breitstirnelchs waren lang und hatten Anpassungen, die schnellem Trab und „Stelzen-Fortbewegung" erlaubten. Der lange Schritt mit einer großen Höhe der Füße bei jedem Schritt war hilfreich, um sich durch Moore oder tiefen Schnee zu bewegen. Die Zehen konnten weit gespreizt sein, was das Schwimmen unterstützte und verhinderte, dass der Fuß beim Gehen unter sumpfigen Bedingungen tief einsank.

Literatur
CROITOR, Roman: *Alces latifrons* (Johnson, 1874). In: Pliopleistocene deer of western palearctic. Taxonomy, Systematics, Philogeny. Under the scientific redaction of Ion Toderas. Institute of Zoology of the Academy of Sciences of Moldova. S. 45, Chisinau 2018.
GLIENKE, Sabine: 1) *Alces latifrons* JOHNSON, 1874: In: Katalog der im Hessischen Landesmuseum Wiesbaden befindlichen Belegstücke aus den Mosbacher Sanden. Jahrbücher des Nassauischen Vereins für Naturkunde 135: S. 33–38, Wiesbaden 2014.
JOHNSON, Randall: Notice of a new species of deer from the Norfolk Forest Bed. In: The Annals and Magazine of Natural History, includes Zoology, Botany and Geology. 4(13): S. 1–4. London 1874.
KAHLKE, Hans-Dietrich: 42. *Alces latifrons* (JOHNSON): In: Revision der Säugetierfaunen der klassischen Pleistozän-Fundstellen Süßenborn, Mosbach und Taubach. In: Geologie – Zeitschrift für das Gesamtgebiet der Geologie und Mineralogie sowie der angewandten Geophysik 10(4/5): S. 510, 1961.

SCOTT, William Berryman: A Fossil Elk or Moose from the Quaternary of New Jersey. In: Nature 5: S. 420–422, 22. Mai 1885.
STRUVE, Wolfgang: Georg Friedrich Kinkelin. In: Aus der Geschichte des Senckenberg-Museums, 15: Zur Geschichte der Paläozoologisch-Geologischen Abteilung des Natur--Museums und Forschungs-Institutes Senckenberg. Teil 1: Von 1763–1907. Senckenbergiana Lethaea 48: S. 138, Frankfurt am Main 1967.
WIKIPEDIA (Online-Lexikon): *Cervalces latifrons*.
https://de.wikibrief.org/wiki/Cervalces_latifrons
WIKIPEDIA (Online-Lexikon): William Boyd Dawkins.
https://de.wikipedia.org/wiki/William_Boyd_Dawkins

Heutiger Elchbulle mit Kinnbart und Schaufelgeweih im Chugach State Park, Alaska (USA).
Foto: United States Fish & Wildlife Service Contributor (via Wikimedia Commons),
Lizenz: gemeinfrei (Public domain)

Noch ein Elch

Der Elch *Alces* sp.

1978 führte der Mainzer Paläontologe Herbert Brüning (1911–1983) in einer Artenliste für die Mosbach-Sande bei Wiesbaden neben dem riesenhaften Breitstirnelch *Cervalces latifrons* aus dem Groben Mosbach und Grauen Mosbach einen weiteren Elch namens *Alces* sp. auf. Dieser gehörte nach Auffassung von Brüning zu einer in der Bezahnung fortschrittlicheren, nicht genau fassbaren Gruppe.
Auch die Paläontologen Wighart von Koenigswald (damals Darmstadt) und Heinz Tobien (Mainz) erwähnten 1987 den Elch *Alces* sp. in ihrer Artenliste für die Mosbach-Sande. Dieser Elch ist im Fundkomplex Mosbach 2 nachgewiesen.
2018 machte der Paläontologe Roman Croitor aus Cisinau in Moldawien darauf aufmerksam, in den Mosbach-Sanden seien zwar Überreste von Elchen reichlich vorhanden, könnten aber keiner der von anderen europäischen Fundstellen bekannten fossilen Arten von *Alces* zugeordnet werden. Bei den Elchen in Mosbach könne es sich um *Alces latifrons* (auch *Cervalces latifrons* genannt) oder um *Alces carnutorum* (auch *Cervalces carnutorum*) handeln. Fossile Reste von *Cervalces carnutorum* wurden in Saint Prest nahe Chartres in Frankreich gefunden und 1862 von dem französischen Historiker und Ingenieur Auguste Laugel (1830–1914) beschrieben.
In der Gegenwart sind Elche *(Alces alces)*, auch Elen oder Elentiere genannt, in moorigen Wäldern von Europa, Asien und Nordamerika heimisch. Bis 1945 kamen sie auch in Ostpreußen vor.

Heutige männliche Elche erreichen eine Kopf-Rumpf-Länge bis zu 3 Metern, eine Schulterhöhe bis zu 2,30 Metern, ein Gewicht bis zu 800 Kilogramm und tragen ein mehr als 2 Meter breites Schaufelgeweih. Weibliche Elche sind etwas kleiner und und besitzen kein Geweih. Körpergröße und Gewicht sind je nach Unterart, Lebensraum und Lebensbedingungen unterschiedlich.

Jetzige Elche haben eine lange Schnauze, eine lang überhängende Oberlippe, einen bis zu 25 Zentimeter langen Kinnbart, einen kurzen, massigen Rumpf, ein graubraunes bis schwarzes Fell, bis zu 1,20 Meter lange Beine und mächtige spreizbare Hufe mit Spannhaut zwischen den Zehen als Anpassung an sumpfigen Boden.

In der Gegenwart gehen Elche tagsüber als Einzelgänger auf Nahrungssuche. Sie verzehren Blätter, Rinden und Knospen von Pappeln, Birken und Weiden sowie Wasserpflanzen. Sie sind die einzigen Hirsche, die unter Wasser äsen können. Im Herbst und Winter fressen sie auch Blaubeerreisig, Besenheide und junge Kieferntriebe. Sogar Temperaturen von minus 50 Grad Celsius sind für Elche kein Problem.

Elchkühe sind in der Paarungszeit alle 4 Wochen für 30 Stunden empfängnisbereit. Die Paarung dauert nur 2 bis 3 Sekunden und erfolgt mehrfach am Tag meistens in den frühen Morgenstunden oder am späten Abend. Nach der Paarung verlassen Elchkühe die Bullen. Wenn alle Elchkühe gedeckt sind, verlassen die Bullen den Brunftplatz. Nach einer Tragzeit von etwa 8 Monaten bringt die trächtige Elchkuh meistens 1 Jungtier oder Zwillinge zur Welt. Wenige Tage vor der Geburt vertreibt die Elchkuh das letztjährige Kalb.

Nach der Geburt sind Begegnungen mit einer Elchkuh für einen Menschen sehr gefährlich. Die Elchkuh attackiert den Menschen mit ihren Hufen, was für den Angegriffenen tödlich enden kann. Das nach der Geburt etwa 80 Zentimeter große und bis zu 15 Kilogramm schwere Kalb wird von der Mutter bis zu 8mal am Tag gesäugt. Das Kalb bleibt mindestens 1 Jahr lang bei seiner Mutter.

Literatur
BREDA, Marcia / MARCHETTI, Marco: Systematical and biochronological review of Plio-pleistocene Alceini (Cervidae, Mammalia) from Eurasia. In: Quaternary Science Reviews 24: S. 775–805, 2005.
CROITOR, Roman: *Alces* Gray, 1821. In: Plio-pleistocene deer of western palearctic. Taxonomy, Systematics, Philogeny. Under the scientific redaction of Ion Toderas. Institute of Zoology of the Academy of Sciences of Moldova. S. 39, Chisinau 2018.
KOENIGSWALD, Wighart von / TOBIEN, Heinz: Bemerkungen zur Altersstellung der pleistozänen Mosbach-Sande bei Wiesbaden. In: Geologisches Jahrbuch Hessen 115: S. 227–237, Wiesbaden 1987.
LAUGEL, Auguste: La faune de Saint-Prest, près Chartres (Eure-etLoir). In: Bulletin de la Société Géologique de France 19(2): S. 709–718. 1862.
WIKIPEDIA (Online-Lexikon): Elch.
https://de.wikipedia.org/wiki/Elch

Rehbock in der Gegenwart
Foto: Bobpicturebox / CC BY-3.0 (via Wikimedia Commons),
lizensiert unter Creative Commons-Lizenz by-3.0,
https://creativecommons.org/licenses/by/3.0/legalcode

Süßenborner Reh

Das Reh *Capreolus suessenbornensis*

Die Fossilien von Rehen aus den Mosbach-Sanden bei Wiesbaden gehören zum gleichen Formenkreis wie diejenigen von Mauer bei Heidelberg (Baden-Württemberg), Süßenborn, einem Stadtteil von Weimar (Thüringen), und Voigtstedt, einem Ortsteil der Stadt und Landgemeinde Artern (ebenfalls Thüringen). 1956 beschrieb der Weimarer Paläontologe Hans-Dietrich Kahlke (1924–2017) anhand von fossilen Resten aus Süßenborn die neue Reh-Art *Capreolus suessenbornensis*. Das Süßenborner Reh galt damals als das älteste Reh in Mitteleuropa.

1961 erwähnte Kahlke das Reh *Capreolus suessenbornensis* in einer Artenliste für die Mosbach-Sande. Im Museum Wiesbaden werden 1 zerbrochener Unterkiefer mit 4 Zähnen und 2 Unterkiefer-Fragmente mit jeweils 3 Zähnen von *Capreolus suessenbornensis* aufbewahrt. Mosbach und eine Sandgrube an der Biebricher Allee am Landesdenkmal in Biebrich sind Fundorte von *Capreolus suessenbornensis*. Ein Fund vom 7. September 1872 stammt aus der Sammlung des Wiesbadener Präparators und Konservators August Römer (1825–1899).

1987 erwähnten die Paläontologen Wighart von Koenigswald (damals Darmstadt) und Heinz Tobien (Mainz) in einer Artenliste für die Mosbach-Sande, das Reh *Capreolus* sp. sei im Fundkomplex Mosbach 3 zum Vorschein gekommen.

1997 berichtete der Paläontologe Hans-Dietrich Kahlke über das damals älteste Vorkommen des ausgestorbenen

Weimarer Paläontologe Hans-Dietrich Kahlke (1924–2017), Erstbeschreiber des Süßenborner Rehes (Capreolus suessenbornensis) und weiterer Tierarten. Foto: T. Korn, Senckenberg Weimar

Rehes *Capreolus* in Deutschland. Dabei handelte es sich um ungefähr 1 Million Jahre alte, 1983 gefundene Gebissreste (Oberkiefer, Unterkiefer) eines Rehes sowie 1984 und 1986 geborgene Skelettreste eines weiteren Rehes aus dem Flussbett der Ur-Werra von Untermaßfeld bei Meiningen in Thüringen. Die Funde erhielten den wissenschaftlichen Namen *Capreolus* sp.
1998 teilte die Bonner Paläontologin Thekla Pfeiffer im „Mainzer Naturwissenschaftlichen Archiv" mit, das fossile Süßenborner Reh *(Capreolus suessenbornensis)* übertreffe die Körpergröße des heutigen Sibirischen Rehes *(Capreolus pygargus)* um etwa 5 Prozent und diejenige des jetzigen Europäischen Rehes *(Capreolus capreolus)* um ca. 20 bis 25 Prozent. *Capreolus suessenbornensis* habe Extremitäten-Proportionen wie schnelle Läufer unter den Hirschen. Man diskutiere über eine stärkere Steppenanpassung von *Capreolus suessenbornensis*. Die Geweihe des Sibirischen Rehes und von *Capreolus suessenbornensis* seien merklich länger als jene des Europäischen Rehes. Frau Pfeiffer hatte Fossilien von *Capreolus suessenbornensis* aus den Mosbach-Sanden bei Wiesbaden im Naturhistorischen Museum Mainz, im Senckenberg-Museum in Frankfurt am Main und im Hessischen Landesmuseum Darmstadt untersucht und mit Funden des heutigen Sibirischen Rehes und jetzigen Europäischen Rehes verglichen.
2014 stellte der Paläontologe Hans-Dietrich Kahlke nach Neufunden von ungefähr 1 Million Jahre alten Hirschfossilien aus dem Flussbett der Ur-Werra von Untermaßfeld bei Meiningen in Thüringen eine neue Reh-Art namens *Capreolus cusanoides* n. sp. vor. Diesen wissenschaftlichen Namen schlug er wegen Ähnlichkeiten mit der 1828 von

den Franzosen Jean-Baptiste Croizet (1787–1859) und
Antoine Claude Gabriel Jobert (1797–1855) beschriebenen
Art *Procapreolus cusanus* vor. Kahlke beschrieb die neue Reh-
Art anhand 1 linken Geweihstange (IQW 1993/24 320),
1 Oberkieferzahnreihe (IQW 1993/24 360) und 2 Unter-
kiefer-Fragmenten (IQW 1982/18 586, IQW 1989/23 221)
mit Zähnen von Untermaßfeld.
2018 erwähnte der Paläontologe Roman Croitor aus Cisinau
in Moldawien in einer Arbeit über Hirsche aus dem Pliozän
und Eiszeitalter, das Reh *Capreolus cusanoides* sei schätzungsweise 38 Kilogramm schwer gewesen. Das Gewicht des
Süßenborner Rehes *(Capreolus suessenbornensis)*, das – wie
erwähnt – in Süßenborn und in den Mosbach-Sanden bei
Wiesbaden vorkam, schätzte er auf 40 bis 45 Kilogramm.
Heutige Europäische Rehe sind fast in ganz Europa und
teilweise in Kleinasien verbreitet. In Europa gelten sie als
die häufigste und kleinste Art der Hirsche. Sie erreichen
eine Schulterhöhe zwischen 54 und 84 Zentimetern, eine
Kopf-Rumpf-Länge von 93 bis 140 Zentimetern und ein
Gewicht zwischen 11 und 34 Kilogramm. Das Gewicht
steigt von Südwesten nach Nordosten, von tiefen in höhere
Lagen und von wärmeren zu kälteren Klimata.
Als Trughirsch ist das Europäische Reh näher mit dem
Rentier, dem Elch und dem amerikanischen Weißwedel-
hirsch verwandt als mit dem in Mitteleuropa ebenfalls
heimischen Rothirsch. Früher hielt man irrtümlich das
Europäische Reh und das Sibirische Reh für identisch.
Jetzige Rehböcke tragen ein 15 bis 20 Zentimeter langes
Geweih, mit dem die Rangordnung ausgefochten und
verteidigt werden kann. Geißen haben kein Geweih. In der
Zeit von Oktober bis November wird das Geweih abge-

worfen und wächst innerhalb von 60 Tagen neu. Der schlanke Hals der Rehe ist länger als der kurze Kopf. Mit den seitlich stehenden Augen kann ein Reh ohne Kopfdrehung einen weiten Umkreis überblicken. Dank ihres guten Geruchssinnes riechen Rehe einen Menschen aus einer Entfernung von 300 bis 400 Metern. Rehe lassen sich beim Äsen durch laute Geräusche einer Autobahn oder eines Schießplatzes nicht stören. Leises Knacken eines trockenen Zweiges dagegen kann bei ihnen Flucht auslösen. Aufgeschreckte Rehe suchen mit wenigen schnellen Sprüngen in Dickichten wieder Schutz. Deshalb rechnet man sie zum Schlüpfertypus.
Die Beine von Rehen sind im Verhältnis zum Rumpf zierlich und lang. Das Fell (Decke) ist im Sommer rot und dünnhaarig, im Winter grau und dicht, am Hinterteil (Spiegel) weiß.
Ursprünglich hielten sich Rehe in Waldrandzonen und -lichtungen auf. In der Gegenwart kommen sie auch in offenen, fast deckungslosen Agrarsteppen vor.
Abends treten Rehe auf Äckern und Wiesen zum Äsen aus. Sie sind Wiederkäuer und werden Selektierer genannt, weil sie bevorzugt eiweißreiches Futter verzehren. Auf ihrem Speisezettel stehen Heidelbeere, Großes Hexenkraut, Wald-Ziest, Gemeiner Hohlzahn, Efeu, Hainbuche, Besenheide, Roter Hartriegel, Gewöhnlicher Liguster und Gemeine Hasel. Im Frühjahr mögen sie Raps. im Hochsommer Weizen und Hafer.
Rehe leben in kleinen Gruppen (Sprüngen), die aus einigen Geißen und deren Nachwuchs bestehen. Alte Böcke sind Einzelgänger und erst zur Brunft Ende Juli mit Geißen zusammen. Manchmal erfolgt im November eine Nach-

Heutiges Rehkitz im Gras.
Foto: Roberto Ferrari from Campogalliano (Modena), Italy /
CC BY-SA 2.0 (via Wikimedia Commons),
lizensiert unter Creative Commons-Lizenz by-sa-2.0,
https://creativecommons.org/licenses/by-sa/2.0/legalcode

brunft. Nach einer Tragzeit von neuneinhalb Monaten kommen immer im Mai meistens 2 (seltener 1 oder 3) weißgefleckte Kitze zur Welt. Bei einer Nachbrunft dauert die Tragzeit nur fünfeinhalb Monate. Der Nachwuchs bleibt bis zur nächsten Brunft bei der Mutter.
Bei in freier Natur lebenden Rehen ist die Abnutzung der Zähne meistens so stark, dass sie selten ein Alter von mehr als 10 bis 12 Jahren erreichen. In Skandinavien sind Steinadler, Wildkatze, Wildschwein, Haushund, Rotfuchs, Vielfraß und Wolf Fressfeinde von Rehen. In Deutschland werden alljährlich mehr als 1 Million Rehe von Jägern/innen erlegt.
Heutige Sibirische Rehe ähneln Europäischen Rehen, mit denen sie eng verwandt sind. Ihr Verbreitungsgebiet reicht vom südlichen Ural und den Regionen nördlich des Kaukasus über Kasachstan, das südliche Sibirien, das nördliche und mittlere China und die Mongolei bis nach Korea. Sie leben in Wäldern und Graslandern.
Jetzigte Sibirische Rehe unterscheiden sich von Europäischen Rehen durch ein kräftigeres Geweih, kleinere Ohren und eine blassere Fellfarbe. Mit einer Kopf-Rumpf-Länge von bis zu 150 Zentimetern, einer Schulterhöhe von maximal 100 Zentimetern und einem Gewicht bis zu 50 Kilogramm sind Sibirische Rehe auch merklich größer als Europäische Rehe.

Literatur
CROITOR, Roman: *Capreolus cusanoides* KAHLKE, 2001. In: Plio-pleistocene deer of western palearctic. Taxonomy, Systematics, Philogeny. Under the scientific redaction of Ion Toderas. Institute of Zoology of the Academy of

Sciences of Moldova. S. 37, Chisinau 2018.
CROITOR, Roman: *Capreolus suessenbornensis* KAHLKE,
1956. In: Plio-pleistocene deer of western palearctic.
Taxonomy, Systematics, Philogeny. Under the scientific
redaction of Ion Toderas. Institute of Zoology of the
Academy of Sciences of Moldova. S. 38, Chisinau 2018.
GACK, V. / JAHN, Theo: Reh *Capreolus capreolus*. In:
Herder Lexikon, S. 220, Freiburg im Breisgau 1976.
GLIENKE, Sabine: 3) *Capreolus suessenbornensis* KAHLKE,
1956: In: Katalog der im Hessischen Landesmuseum
Wiesbaden befindlichen Belegstücke aus den Mosbacher
Sanden. Jahrbücher des Nassauischen Vereins für Naturkunde 135: S. 39, Wiesbaden 2014.
KAHLKE, Hans-Dietrich: Die Cervidenreste aus den
unterpleistozänen Ilmkiesen von Süßenborn bei Weimar.
I: S. 1–62, II: S. 1–44, III: S. 1–44, Berlin 1956–58.
KAHLKE, Hans-Dietrich: 44. *Capreolus suessenbornensis*
KAHLKE: In: Revision der Säugetierfaunen der klassischen Pleistozän-Fundstellen Süßenborn, Mosbach und
Taubach. In: Geologie – Zeitschrift für das Gesamtgebiet
der Geologie und Mineralogie sowie der angewandten
Geophysik 10(4/5): S. 510, 1961.
KAHLKE, Hans-Dietrich: Die Cerviden-Reste aus den
Kiesen von Süßenborn bei Weimar. In: Paläontologische
Abhandlungen. Abteilung A, Paläozoologie 3 (3/4):
S. 367–788, 1965.
KAHLKE, Hans-Dietrich: Die Cerviden-Reste aus dem
Unterpleistozän von Untermaßfeld.. In: KAHLKE, Ralf-
Dietrich (Herausgeber): Das Pleistozän von Untermaßfeld
bei Meiningen (Thüringen). Teil 1. Monographien des
Römisch-Germanischen Zentralmuseums 40(1): S. 181–
275, Mainz 1997.

KAHLKE, Hans-Dietrich: Neufunde von Cerviden-Resten aus dem Unterpleistozän von Untermaßfeld. In: Monographien des Römisch-Germanischen Zentralmuseums 40(2): S. 461–482, Mainz 2014.

PFEIFFER, Thekla: *Capreolus suessenbornensis* KAHLKE 1956 (Cervidae, Mammalia) aus den Mosbach-Sanden (Wiesbaden-Biebrich) mit einem Beitrag zur Stellung der Rehe im System pleistozäner und holozäner Cerividen. In: Mainzer Naturwissenschaftliches Archiv 36: S. 47–76, Mainz 1998.

SCHILLING, Detlef / SINGER, Detlef / DILLER, Helmut: Reh *Capreolus capreolus* Linné 1758. In: BLV Bestimmungsbuch Säugetiere. 181 Arten Europas. S. 204–206. München, Wien, Zürich 1983.

WIKIPEDIA (Online-Lexikon): Hans-Dietrich Kahlke. https://de.wikipedia.org/wiki/Hans-Dietrich_Kahlke

WIKIPEDIA (Online-Lexikon): Reh. https://de.wikipedia.org/wiki/Reh

WIKIPEDIA (Online-Lexikon): Sibirisches Reh. https://de.wikipedia.org/wiki/Sibirisches_Reh

Heutiger Rentierbulle in Alaska.
Foto: Jon Nickles, National Digital Library of the United States Fish and Wildlife Service (via Wikimedia Commons), Lizenz: gemeinfrei (Public domain)

Kaltzeit-Zeuge

Das Rentier *Rangifer arcticus stadelmanni*

Die ersten Autoren, welche die Säugetiere aus den Mosbach-Sanden bei Wiesbaden untersuchten, erwähnten in ihren Artenlisten das Rentier *Cervus (Rangifer) tarandus*. Doch der Frankfurter Lehrer, Geologe, Paläobotaniker und Paläontologe Georg Friedrich Kinkelin stellte 1892 die Zugehörigkeit des Rentieres zur Mosbacher Fauna in Frage. Der Berliner Geologe und Paläontologe Henry Schröder berücksichtigte das Rentier in der Liste der sicher erkannten Arten aus Mosbach nicht mehr. Auch in den Artenlisten des Mainzer Naturforschers Wilhelm von Reichenau von 1906 und 1910, des Paläontologen Wolfgang Soergel von 1912 und 1914 sowie des Hanauer Studienrats Wilhelm Wenz von 1921 fehlt das Rentier. Hingegen wurde das Rentier 1937 von dem deutsch-britischen Paläontologen Frederick Everard Zeuner aus London wieder aufgeführt.

In einer Übersicht über die „Rentiere des deutschen Alt- und Mitteldiluviums erwähnte 1941 Wolfgang Soergel aus den Mosbach-Sanden eine Abwurfstange, die er als anomales weibliches Rentier-Geweih bezeichnete. 1943 lehnte der Berliner Paläontologe Wilhelm Otto Dietrich (1881–1964) diesen Fund als „mixtum compositum" ab.

1960 wurde in den Mosbach-Sanden ein Schädelbruchstück mit Stangen eines 4- bis 5-jährigen Rentierbullen entdeckt. Anhand dieses Fundes beschrieb 1963 der Weimarer Paläontologe Hans-Dietrich Kahlke die Rentier-Unterart *Rangifer arcticus stadelmanni*. Ihr Name erinnert an den

Karl Stadelmann (1880–1964),
Konservator des Naturhistorischen Museums Mainz,
von 1941 bis 1944 einer der beiden Direktoren
des Naturhistorischen Museums Mainz.
Foto: Naturhistorisches Museum Mainz /
Landessammlung für Naturkunde Rheinland-Pfalz

früheren Konservator des Naturhistorischen Museums Mainz, Karl Stadelmann (1880–1964). Dieser teilte sich nach dem Tod von Direktor Eduard Schertz am 1. Juli 1941 zusammen mit dem Arzt und Insektenkundler Friedrich Ohaus (1864–1946) bis 1944 die Direktorenstelle. Wegen des verschärften Luftkrieges wurde das Mainzer Museum 1942 geschlossen und hat man Sicherungsarbeiten für die Sammlungen vorgenommen. Bei der Bombardierung des Naturhistorischen Museums Mainz am 27. Februar 1945 ist die alte Mainzer Mosbach-Sammlung vernichtet worden. Stadelmann baute in der Folgezeit eine neue Mosbach-Sammlung auf. Bei dem Rentier-Fund, der 1960 in 6 bis 7 Metern Tiefe in oberen Schichten der mittleren Mosbach-Sande zum Vorschein kam und den Kahlke 1963 beschrieb, handelte es sich um den Schädel mit Stangen eines 4- bis 5-jährigen Hirsches.
1978 erwähnte der Mainzer Paläontologe Herbert Brüning das Rentier *Rangifer arcticus stadelmanni* in einer Artenliste für das frühere obere Mosbach. Außerdem bildete er einen Fund dieser Rentier-Unterart ab. Jener besteht aus Bruchstücken des Hirnschädels, der Schädelbasis und des Geweihs. Die linke Geweihstange ist 85,2 Zentimeter lang und vollständiger erhalten als die rechte mit 36,5 Zentimetern. Das Rentier gehört wie das Steppenmammut, der Steppenbison und der Vielfraß zu den Tieren aus den Mosbach-Sanden, die in einer Kaltzeit lebten. Die Paläontologen Wighart von Koenigswald (damals Darmstadt) und Heinz Tobien (Mainz) erwähnten 1987 in einer Artenliste für die Mosbach-Sande, das Rentier *Rangifer articus stadelmanni* stamme aus dem Fundkomplex Mosbach 3.
Das heutige Rentier *(Rangifer tarandus)* ist in der Arktis und

Rentierjagd im Brudertal bei der Höhle Petersfels (Kreis Konstanz) in Baden-Württemberg in der Kulturstufe Magdalénien vor etwa 18.000 bis 14.000 Jahren.
Bild: Gemälde von Fritz Wendler (1941–1995) für das Buch „Deutschland in der Urzeit" (1986) von Ernst Probst

in der Subarktis der Alten und Neuen Welt verbreitet. In Europa behaupten sich wildlebende Rentiere noch in Südnorwegen, in Mittelfinnland an der Grenze zu Russland und im Norden von Russland. Als Lebensräume dienen Tundra, Waldtundra, offene Taiga und nordische Gebirge.
Jetzige Rentiere erreichen eine Kopf-Rumpf-Länge von 1,20 bis 2,20 Meter ohne den 15 Zentimeter langen Schwanz, eine Schulterhöhe von 0,90 bis 1,40 Meter und ein Gewicht von 60 bis 300 Kilogramm. Besonders große Rentiere leben in Ostsibirien und Nordamerika. In Gefangenschaft gehaltene Rentiere sind kleiner als Wildtiere. Rentiere gelten als die einzige heutige Hirschart, bei der männliche und weibliche Tiere ein Geweih tragen. Allerdings ist bei weiblichen Rentieren mit 20 bis 50 Zentimetern Länge das Geweih schwächer als bei männlichen mit 50 bis 130 Zentimetern Länge. Rentiere haben kleine Augen und Ohren, einen langen Hals und große Hufe. Beim Gehen erzeugen sie ein knackendes Geräusch.
Das Fell von Rentieren in Norwegen ist im Sommer dunkelbraun bis graubraun, im Winter graubraun bis grau. Bauch, Hals und Halsmähne sind weiß. Männliche Rentiere werfen ihr Geweih im Winter ab, weibliche nach der Geburt der Kälber im Frühjahr.
Rentiere sind überwiegend am Tag aktiv. Sie verzehren Flechten, Kräuter, Gräser, Zweige, Blätter und Pilze. Ältere Rentierbullen leben in kleineren Rudeln oder als Einzelgänger. Weibliche Jungtiere und jüngere männliche Rentiere bilden in Tundrengebieten oft Herden mit Tausenden von Tieren. Tundren-Rentiere unternehmen große jahreszeitliche Wanderungen. Rentiere sind ausdauernde Läufer und gute Schwimmer.

In der letzten Eiszeit des Eiszeitalters haben auch im Gebiet von Deutschland große Rentierwanderungen und Rentierjagden stattgefunden. Im Brudertal bei der Höhle Petersfels (Kreis Konstanz) in Baden-Württemberg hat man Skelettreste von mindestens 1300 Rentieren gefunden, die dort von Jägern der Kulturstufe Magdalénien vor etwa 18.000 bis 14.000 Jahren mit Wurfspeeren zur Strecke gebracht wurden. In Stellmoor bei Ahrensburg (Kreis Stormarn) in Schleswig-Holstein zeugen rund 1000 Rentiergeweihe von der Jagd auf Rentiere zur Zeit der Kulturstufe Ahrensburger Kultur vor etwa 12.760 bis 11.650 Jahren.

Während der Brunftzeit haben Rentierbullen einen Harem mit bis zu 20 weiblichen Tieren. Oft lassen sie in dieser Zeit 3mal nacheinander ein kehliges Röhren ertönen. Weitere Laute sind Blöken, Brummen und Grunzen. Die Paarungszeit ist Ende September/Oktober. Nach einer Tragzeit von 7 bis 8 Monaten kommen im Mai oder Juni 1 Jungtier oder 2 Jungtiere zur Welt. Der Nachwuchs kann nach einer halben Stunde bereits stehen und nach 1 Tag mit der Herde ziehen. Die Säugezeit dauert ein halbes Jahr. Selbständig ist der Nachwuchs mit 1 Jahr und geschlechtsreif im 2. Lebensjahr.

Die Lebenserwartung wildlebender Rentiere beträgt etwa 15 Jahre. Hüten müssen sie sich vor Wölfen, Braunbären, Vielfraßen, Luchsen und Steinadlern.

Literatur
BRANIEK, Gunter: Hans-Dietrich Kahlke zum 70. Geburtstag. Lebenswerk und Bibliographie. In: Quartär – Internationales Jahrbuch zur Erforschubng des Eiszeitalters

und der Steinzeit 45/46: S. S. 237–250, 1995.
https://journals.ub.uni-heidelberg.de
KAHLKE, Hans-Dietrich: 41. *Rangifer* sp. (KAHLKE): In: Revision der Säugetierfaunen der klassischen Pleistozän-Fundstellen Süßenborn, Mosbach und Taubach. In: Geologie – Zeitschrift für das Gesamtgebiet der Geologie und Mineralogie sowie der angewandten Geophysik 10(4/5): S. 509–510, 1961.
KAHLKE, Hans-Dietrich: *Rangifer* aus den Sanden von Mosbach. In: Paläontologische Zeitschrift 37(3/4): S. 277–282, Stuttgart, August 1963.
MUSEUM-DIGITAL.DE: Karl Stadelmann.
https://rlp.museum-digital.de/
index.php?t=objekt&oges=952
PROBST, Ernst: Rekorde der Urzeit. München 1992.
SCHILLING, Detlef / SINGER, Detlef / DILLER, Helmut: Rentier *Rangifer tarandus* Linné 1758. In: BLV Bestimmungsbuch Säugetiere. 181 Arten Europas. S. 220–221. München, Wien, Zürich 1983.
WIKIPEDIA (Online-Lexikon): Ren.
https://de.wikipedia.org/wiki/Ren

Lebensbild eines Steppenbisons (Bison priscus).
Zeichnung: Robetz Pawlicki / CC BY-SA 4.0
(via Wikimedia Commons),
lizensiert unter Creative Commons-Lizenz by-sa-4.0,
https://creativecommons.org/licenses/by-sa/4.0/legalcode

Früher Bison

Der Steppenwisent *Bison priscus*

Als erster in Europa heimischer Vertreter der Gattung Bison gilt der im Bavelium vor etwa 1 Million Jahren lebende *Bison menneri*. Diese Tierart ist bei Ausgrabungen im Tal der Ur-Werra unter Leitung des Weimarer Paläontologen Ralf-Dietrich Kahlke in Untermaßfeld bei Meiningen (Thüringen) entdeckt worden. Die erste wissenschaftliche Beschreibung von *Bison menneri* erfolgte 1997 durch den russischen Paläontologen Andrey V. Sher. Der Artname *menneri* erinnert an den renommierten russischen Paläontologen und Geologen deutscher Abstammung, Professor Vladimir Vasilyevich Menner (1905–1989). Zweifelhafte fossile Reste der neuen Art sollen in den Niederlanden und in der Nordsee geborgen worden sein.

Der Menneri-Bison erreichte eine Höhe zwischen 1,60 und 2 Metern, eine Länge von mehr als 2,50 Metern und ein Gewicht von schätzungsweise 600 Kilogramm. Seine eher kleinen Hörner waren nicht sehr gebogen. Sein Körperbau und seine Beine wirkten sehr schlank. Obwohl er im Vergleich mit dem heutigen Bison ziemlich primitiv aussah, besaß *Bison menneri* bereits den typischen Buckel. *Bison menneri* stammt vielleicht von archaischen Formen wie *Eobison* ab. Man hält es für denkbar, dass sich aus ihm oder einer ähnlichen Form zwei evolutionäre Zweige entwickelten: einerseits der kleine Waldbison *(Bison schoetensacki),* andererseits der große Steppenwisent *(Bison priscus).*

In den Mosbach-Sanden bei Wiesbaden sind bisher keine Knochen oder Zähne von *Bison menneri* erkannt worden.

*Zoologe Ludwig Heinrich von Bojanus (1776–1827),
Erstbeschreiber des Steppenwisents (Bison priscus) von 1827.
Bild: (via Wikimedia Commons),
Lizenz: gemeinfrei (Public domain)*

Fossile Reste von Hornträgern – wie Steppenwisent oder Waldwisent – sind dort keine Seltenheit. In der Mosbach-Sammlung des Museums Wiesbaden stammen 138 der insgesamt 1090 Funde aus Mosbach von Hornträgern. Das entspricht 12,7 Prozent. Mit anderen Worten: Jedes achte in den Mosbach-Sanden geborgene Fossil ist der Rest eines Hornträgers. Im Naturhistorischen Museum Mainz ist es ähnlich: Dort betrug 1980 der Anteil der Hornträger 16,2 Prozent an den damals rund 15.000 Funden aus Mosbach. Der Weimarer Paläontologe Hans-Dietrich Kahlke (1924–2017) wies 1961 in seiner Revision der Säugerfaunen der klassischen Pleistozän-Fundstellen Süßenborn, Mosbach und Taubach" auf die häufigen Funde von Hornträgern bereits in den ältesten Artenlisten von Mosbach hin. Den Steppenwisent *(Bison priscus)* hat der Berliner Paläontologe Henry Schröder (1859–1927) schon 1898 in seiner „Revision der Mosbacher Säugethierfauna" in den „Jahrbüchern des Nassauischen Vereins für Naturkunde" erwähnt. Er schrieb: „Sehr häufig sind in Mosbach Skelettreste des Wisent. Das Wiesbadener Museum besitzt einen vollständig erhaltenen Schädel mit beiden Hornzapfen. Ein Prachtstück ohne Gleichen".

Die erste Beschreibung des Steppenwisents *(Bison priscus)* erfolgte 1827 durch den Zoologen Ludwig Heinrich von Bojanus (1776–1827). Er wurde in Bouxwiller im Elsaß geboren, studierte in Darmstadt und an der Universität Jena und lehrte an der damals russischen Universität Vilnius. In seinen wissenschaftlichen Publikationen befasste er sich mit Auerochsen, Schlangen und Schildkröten. Nach ihm hat man das Organ Bojanus benannt, das die Funktion einer Niere bei Weichtieren hat. Man ehrte ihn auch mit dem

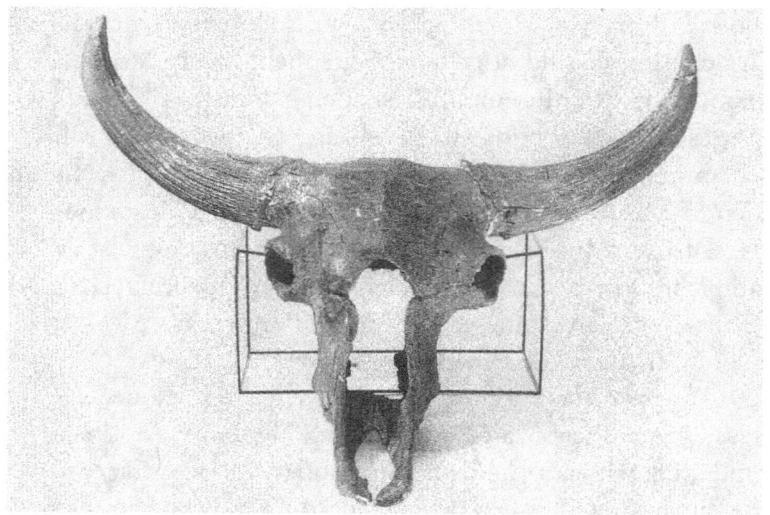

Steppenwisent (sp.) *aus den Mosbach-Sanden bei Wiesbaden im Naturhistoirschen Museum Mainz.*
Das Exemplar ist 94 Zentimeter lang.
Foto: Naturhistorisches Museum Mainz /
Landessammlung für Naturkunde Rheinland-Pfalz

Artnamen *Lisowicia bojani* für das bisher größte Säugetier der Triaszeit, das 4,50 Meter lang, 2,60 Meter hoch und 9300 Kilogramm schwer war. 1814 wurde Bojanus korrespondierendes Mitglied der Petersburger Akademie der Wissenschaften, 1818 der Leopoldina.

Der im Eiszeitalter weit verbreitete Steppenwisent mit ausladenden kräftigen Hörnern übertraf den heutigen Europäischen Wisent deutlich an Größe. Wie das Wollhaar-Mammut und das Wollhaar-Nashorn war der Steppenwisent optimal an die Bedingungen der Kältesteppe angepasst.

In Europa kam der Steppen-Wisent vor allem in Kaltzeiten vor. Über die zeitweise zwischen Ostsibirien und Alaska bestehende Landbrücke namens Beringia dehnte der Steppenwisent sein Verbreitungsgebiet bis weit in den nordamerikanischen Kontinent aus.

Über das Aussehen des Steppenwisents weiß man dank gut erhaltener Fossilien aus dem Dauerfrostboden (Permafrostboden) in Sibirien und Nordamerika sowie Höhlenbildern aus Spanien (Altamira) und Frankreich (Lascaux, Niaux, Rouffignac) gut Bescheid. Ein Drittel aller Säugetier-Reste im Dauerfrostboden stammt von der Gattung *Bison*.

Großes Aufsehen erregte 1979 der Fund eines ausgewachsenen männlichen Steppenwisents unweit von Fairbanks in Alaska. An der etwa 36.000 Jahre alten Mumie, die von einem Goldsucher im Dauerfrostboden entdeckt wurde, fand man Hinweise darauf, dass dieses Tier von einem Höhlenlöwen angegriffen und getötet worden war. In der Mumie des ungefähr acht- bis neunjährigen Steppenwisents steckte ein Stück vom Zahn eines Höhlenlöwen. Auf der Haut des Steppenwisents sind Kratzer sichtbar,

*Mumie eines Steppenwisents („Blue Babe")
von Fairbanks Creek (Alaska),
der von einem Amerikanischen Höhlenlöwen getötet wurde.
Original im Museum der University of Alaska in Fairbanks.
Foto: Tansy Jefferies, Fort Lauderdale, Florida*

die von einem Höhlenlöwen stammen. Am Maul erkannte man die Abdrücke des typischen Todesbisses, wie Großkatzen ihn oft bei großen Beutetieren praktizieren. Dieser Steppenwisent wird wegen blauer Mineralien, die größtenteils seinen Körper umgaben, „Blue Babe" genannt. Das Forschungsteam, welches diese Mumie für die Ausstellung im Museum der University of Alaska in Fairbanks vorbereitete, entfernte einen Teil des Halses des Wisents, schmorte ihn und verspeiste ihn, um die Entdeckung zu feiern

Im September 2007 stieß der Einheimische Shane Van Loon bei Tsiigehtchic in Kanada auf die teilweise erhaltene, 13.650 Jahre alte Mumie eines Steppenwisents. 2011 wurde in Yukagir (Sibirien) eine 9300 Jahre alte Steppenwisent-Mumie gefunden.

Gemälde vom Wisent aus dem Eiszeitalter kennt man aus der Höhle von Altamira (Nordspanien). Zeichnungen vom Wisent gibt es in den Höhlen von Niaux und Rouffignac in Südfrankreich. Skulpturen vom Wisent befinden sich in den Hohlen La Madeleine und Tuc d'Audobert. Zu den geheimnisvollsten Szenen in der Höhle von Lascaux bei Montignac in der Dordogne (Frankreich) gehört die Darstellung eines wutschnaubenden Wisents, der von einem Speer getroffen wurde. Vor dem Wisent liegt ein von ihm verletzter oder toter Jäger.

Fossilien des langhörnigen Steppenwisents und kurzhörnigen Waldwisents barg man teilweise an ein und demselben Fundort. Dies war beispielsweise in Mosbach bei Wiesbaden und Mauer bei Heidelberg in Deutschland sowie Châtillon-Saint-Jean in Frankreich der Fall.

Früher hielt man den Steppenwisent und den Waldwisent

*Darstellung eines wutschnaubenden Wisents,
der von einem Speer getroffen wurde, in der Höhle von Lascaux
bei Montignac in der Dordogne (Frankreich).
Vor dem Wisent liegt ein von ihm verletzter oder toter Jäger.
Foto: Peter 80 / CC BY-SA 3.0 (via Wikimedia Commons),
lizensiert unter Creative Commons-Lizenz by-sa-3.0,
https://creativecommons.org/licenses/by-sa/3.0/legalcode*

für einen direkten Vorfahren des heutigen Europäischen Wisents *(Bison bonanus)*. Zeitweise deutete man den Waldwisent wegen seiner geringeren Größe auch irrtümlich als weibliches Tier des Steppenwisents. Eine Analyse von 2017 bewies aber, dass der Waldwisent ein potentieller Vorfahr des jetzigen Europäischen Wisents ist. Andere Experten gehen davon aus, der gegenwärtige Wisent sei über eine Zwischenform aus dem großen Steppenwisent hervorgegangen.

Mit dem Ende des Eiszeitalters bzw. dem Beginn der Nacheiszeit (Holozän) vor etwa 11.700 Jahren verschwanden die Steppenwisente. Ungeachtet häufiger Wisent- bzw. Bisonfossilien ist die weitere Abstammungsgeschichte der heutigen Wisente unklar.

In historischer Zeit war der Wisent – mit Ausnahme des äußersten Südens und Nordens – fast in ganz Europa verbreitet. Durch den sich ausbreitenden menschlichen Kulturraum wurden Wisente zunehmend verdrängt. Später sind sie durch zunehmende und effektivere Bejagung fast ganz verschwunden.

Unter dem Schutz regionaler Herrscher konnte sich der Wisent in zwei natürlichen Vorkommen in Polen und im Kaukasus bis in die 1920er Jahre behaupten. Als man die Ausrottung des Wisents in freier Wildbahn befürchtete, gründete man 1923 die Internationale Gesellschaft zur Erhaltung des Wisents. Dieser Gesellschaft gelang es, durch koordinierte Zucht der wenigen in Zoos und Gehegen gehaltenen Tiere ein vollständiges Verschwinden des Wisents zu verhindern. 1952 glückte im polnischen Teil des Urwaldes von Bialowieza die erste Wiederansiedlung des Wisents in seinem ursprünglichen Verbreitungsgebiet. 2005

existierten in Europa wieder 1893 Wisente: in Litauen 40, in Polen 644, in Russland 272, in der Ukraine 405 und in Weißrussland 532.
Heutige Wisente erreichen eine Körperlänge zwischen 2,15 und 3.10 Metern und eine Schulterhöhe von maximal 2 Metern. Ausgewachsene Bullen wiegen zwischen 700 und 1000 Kilogramm und haben eine Schrittlänge von fast 1,60 Meter. Die kleineren Kühe haben ein Gewicht von 350 bis 500 Kilogramm. Wisente tragen ein dichtes dunkel- bis goldbraunes Fell mit rötlicher bis grauer Schattierung. Zur Nahrung des heutigen Wisents gehören größtenteils Gräser, Seggen und Kräuter. Blätter und Rinde haben nur einen geringen Anteil an der Pflanzenkost und werden vor allem im Winter und im zeitigen Frühjahr verzehrt. Erwachsene männliche Wisente fressen täglich bis zu 45 Kilogramm frische Pflanzen, weibliche maximal 25 Kilogramm. Gegenwärtige Wisente leben in Herden, zu denen selten mehr als 20 Tiere gehören. Ältere Bullen sind oft Einzelgänger oder bilden kleine Gruppen von 2 bis 3 Tieren. Die Paarungszeit dauert von August bis Oktober. Nach einer Tragzeit von ungefähr 265 Tagen kommt meistens 1 Kalb zur Welt, das 6 bis 8 Monate gesäugt wird, In freier Natur bietet sich Bullen frühestens im Alter von 5 bis 6 Jahren die Chance, einen dominanten Bullen zu besiegen und sich zu paaren.

Literatur
BRÜNING, Herbert: Was ein Wisentstier erzählt. In: Museumsführer Nr. 3, Mainz 1968.
DREES, Marc: *Bison menneri* aus der Nordsee. In: Cranium 16(2): S. 69–70, 1999.

JELINEK, Jan: Die Kunst der Steinzeit. In: Das große Bilderlexikon des Menschen in der Vorzeit. S. 275–416, Gütersloh 1976.
KAHLKE, Hans-Dietrich: 45. *Bison priscus* (BOJANUS): In: Revision der Säugetierfaunen der klassischen Pleistozän-Fundstellen Süßenborn, Mosbach und Taubach. In: Geologie – Zeitschrift für das Gesamtgebiet der Geologie und Mineralogie sowie der angewandten Geophysik 10(4/5): S. 510, 1961.
POST, Klaas / MOL, Dick / REUMER, Jelle W. F. / DE VOS, John / LABAN, Cees: Een zoogdierfauna met twee (?) Mammoetsoorten uit het Bavelien van de Noordzeebodem tussen Engeland en Nederland. Grondboor en Hamer 55: S. 2–222, 2001.
SHER, Andrey V.: An Early Quaternary Bison population from Untermassfeld: *Bison menneri* species nova. In: KAHLKE, Ralf-Dietrich: Das Pleistozän von Untermassfeld bei Meiningen (Thüringen). S. 101–118, 1997.
WIKIPEDIA (Online-Lexikon): *Bison menneri.*
https://de.frwiki.wiki/wiki/Bison_menneri
WIKIPEDIA (Online-Lexikon): Ludwig Heinrich von Bojanus.
https://de.wikipedia.org/wiki/
Ludwig_Heinrich_von_Bojanus

Waldwisent (Bison schoetensacki).
Ausschnitt aus einem Gemälde von Fritz Wendler (1941–1995)
für das Buch „Deutschland in der Urzeit" (1986)
von Ernst Probst

Kleiner Waldwisent

Der Waldwisent *Bison schoetensacki*

1908 stellte der Heidelberger Paläontologe Otto Schoetensack (1850–1912) bei fossilen Bisonresten von Mauer bei Heidelberg starke Ähnlichkeit mit dem 1849 von dem Londoner Paläontologen Richard Owen (1804–1892) beschriebenen Europäischen Wisent *(Bison europaeus)* fest. Letzterer ist nach heutiger Anschauung ein Synonym für die von dem schwedischen Naturforscher Carl von Linné (1707–1778) aufgestellte Art *Bison bonanus*. 1910 erhob der Paläontologe Wilhelm Freudenberg (1881–1960) die erwähnte Form aus Mauer zu einer neuen Art namens *Bison schoetensacki*, wodurch er den Paläontologen Schoetensack ehrte. Die bis dahin unbekannte Spezies kam auch in den Mosbach-Sanden bei Wiesbaden vor.
Der Paläontologe Otto Schoetensack war ein erfolgreicher Unternehmer und Wissenschaftler. Er gründete nach dem Besuch eines Gymnasiums und einer Lehre als Drogist 1877 in Ludwigshafen am Rhein eine chemische Fabrik. Das Unternehmen florierte und beschäftigte 200 Arbeiter. Weil es wenig Schutz vor Chemikalien gab, litt Schoetensack zunehmend an Atemwegsbeschwerden. Deswegen verkaufte er sein Unternehmen und studierte ab 1883 in Freiburg im Breisgau Mineralogie, Geologie, Anthropologie und Paläontologie. 1885 promovierte er zum Dr. phil. und ab 1886 war er Museumsdirektor. 1888 zog er nach Heidelberg. Seine wissenschaftliche Arbeit wurde dort gekrönt, als er 1908 den im Oktober 1907 in der Sandgrube Grafenrain bei Mauer entdeckten Unterkiefer des Heidel-

Paläontologe Wilhelm Freudenberg (1881–1960, Erstbeschreiber des Waldwisents (Bison schoetensacki) von 1910.
Familienfoto: Dr. Wolfram Freudenberg, Stuttgart

*Heidelberger Paläontologe
Otto Schoetensack (1850–1912).
Foto von 1882, reproduziert in „Homo heidelbergensis von Mauer"
(1997) (via Wikimedia Commons),
Lizenz: gemeinfrei (Public domain)*

berg-Menschen *(Homo heidelbergensis)* beschrieb und benannte. Mit seinem Hauptwerk über diesen etwa 600.000 Jahre alten Fund wurde er weltberühmt. 1912 starb er im Alter von 63 Jahren in Ospedaletti an der italienischen Riviera, wo er Linderung von seiner fortschreitenden Atemwegserkrankung erhofft hatte.
Der britische Mediziner, Zoologe, vergleichende Anatom, Physiologe und Paläontologe Richard Owen, der *Bison europaeus* beschrieb, gilt nach Charles Darwin (1809–1882) als der zweitbedeutendste Naturforscher des Viktorianischen Zeitalters (1837–1901). 1841 prägte er den Begriff Dinosauria (Dinosaurier). Von 1881 bis 1883 war er Direktor des Natural History Museums in London.
Als Lebenswerk des schwedischen Naturforschers Carl von Linné, der *Bison bonanus* beschrieb, gilt die Schaffung der Binären Nomenklatur. Damit führte er für jedes Lebewesen einen lateinischen Gattungs- und Artnamen als international verständliche Bezeichnung ein.
Wilhelm Freudenberg, der Erstbeschreiber von *Bison schoetensacki*, war ein vielseitiger Forscher und hatte ein abwechslungsreiches Arbeitsleben. Der Geologe und Paläontologe Gaston Mayer (1919–2006) schrieb 1974 in der Zeitschrift „Der Aufschluss" über ihn: „Freudenberg, Wilhelm, geb. 27. 5. 1881 Weinheim, gest. 28. 1. 1960 ebenda., Staatsgeologe in Mexiko, Privatdozent für Mineralogie und Geologie in Tübingen, für Geologie und Paläontologie in Göttingen, Professor ebenda, Kustos für Mineralogie und Geologie an den Landessammlungen für Naturkunde in Karlsruhe, Lehrer für Urgeschichte des Menschen und Morphologie der Landschaft an der badischen Kunstschule ebenda, Privatforscher in Mannheim, Sammler".

Freudenberg beteiligte sich an vielen Grabungen in Südwestdeutschland und Niederösterreich und war ein fleißiger Autor. Seine Universitätslaufbahn wurde 1919 wegen eines Raubüberfalls in seinem Elternhaus in Weinheim jäh unterbrochen. Als er sich schützend vor seinen Vater Friedrich Carl Freudenberg stellte, verletzten ihn mehrere Schüsse schwer. Danach zog er sich immner mehr von der Öffentlichkeit zurück und widmete sich neben Erforschungen der Tierwelt der Suche nach Überresten von Frühmenschen. Von 1920 bis 1938 glaubte er irrtümlich, fossile Reste von 6 Hominiden-Gattungen in Mauer an der Elsenz, Bammenthal an der Elsenz und Lützelsachsen bei Weinheim entdeckt zu haben.
Am 16. Oktober 1933 barg er in Mauer ein Stirnbeinfragment, das nicht nur nach seiner Vermutung von einem Frühmenschen stammen könnte. 1938 meinte er, ein am Wissberg bei Gau-Weinheim gefundener Tierzahn stamme von einem Riesenmenschen aus der Zeit vor etwa 10 Millionen Jahren. Trotz seiner Irrtümer sind die Verdienste von Freudenberg als Paläontologe bedeutend.
1910 machte der Mainzer Naturforscher Wilhelm von Reichenau (1847–1925) darauf aufmerksam, dass die „schwächere Form" eines Bison von Mauer bei Heidelberg möglicherweise auch in Mosbach vorhanden sei. Der Paläontologe Eduard Schertz (1909–1941) bestätigte 1936 nach weiteren Untersuchungen das Vorkommen von *Bison schoetensacki* in den Mosbach-Sanden. Schertz war von 1939 bis 1941 Direktor des Naturhistorischen Museums Mainz und erlag in jungen Jahren einer schweren Krankheit.
Vom Waldwisent *(Bison schoetensacki)* hat man in Tschechien, Deutschland, Frankreich, Italien und Griechenland zahl-

reiche Fossilien gefunden. Er war kleiner als der gleichzeitig vorkommende Steppenwisent *(Bison priscus)*. Seine kurzen, stark gekrümmten und nach oben gebogenen Hörner waren eine Anpassung an das Leben in dichten Wäldern. Bei umfangreichen Ausgrabungen in Isernia (Italien) gelangte man zur Erkenntnis, dass dort Waldwisente vor ungefähr 700.000 Jahren die am meisten von Frühmenschen gejagten Tiere gewesen sind.

Der Waldwisent *(Bison schoetensacki)* befand sich auch unter den 1911 und 1912 aufgesammelten und 1914 von Wilhelm Freudenberg beschriebenen Großsäuger-Resten vom Fundort Deutsch-Altenburg 1 in Niederösterreich. Die Artenliste über die dort gefundenen Großsäugetiere umfasst – nach der Revision durch Doris Nagel und Gernot Rabeder von 1997 – den Mosbacher Bären (*Ursus deningeri*), Dachs (*Meles meles*), den riesigen Mosbacher Löwen (*Panthera spelaea*), den Mosbacher Wolf (*Canis mosbachensis*), das Reh (*Capreolus capreolus*), den Hirsch (*Cervus elaphus*), den Waldwisent (*Bison schoetensacki*), das Nashorn (*Dicerorhinus* sp.) und das Mosbacher Pferd (*Equus mosbachensis*). Auch in der umfangreichen Artenliste des niederösterreichischen Fundortes Hundsheim wird der Waldwisent erwähnt.

Literatur
FREUDENBERG, Wilhelm: Besprechung zu: Max Hilzheimer: Wisent und Ur- im Naturalienkabinett zu Stuttgart. (Jh. Ver. vaterl. Naturk. Württemb. 65: S. 241–296, 1909): In: Neues Jb. Mineralog. etc. 2(1): 132–133, Stuttgart 1910.
FREUDENBERG, Wilhelm: Die Säugetiere des älteren Quartärs von Mitteleuropa mit besonderer Berücksichti-

gung der Fauna von Deutsch-Altenburg in Niederösterreich nebst Bemerkungen über verwandte Formen mehrerer Fundorte. In: Geologisch-Paläontologische Abhandlungen 12(16): S. 4–5: 375–391, Jena 1914.

KAHLKE, Hans-Dietrich: 46. *Bison schoetensacki* (FREUDENBERG): In: Revision der Säugetierfaunen der klassischen Pleistozän-Fundstellen Süßenborn, Mosbach und Taubach. In: Geologie – Zeitschrift für das Gesamtgebiet der Geologie und Mineralogie sowie der angewandten Geophysik 10(4/5): S. 510, 1961.

MAYER, Gaston: Badische Paläontologen, vorzüglich Liebhaber (Sammler, Popularisatoren, Förderer), die im Catalogus bio-bibliographicus von Lambrecht und Quenstedt (1938) fehlen. Der Aufschluss 25(9): S. 480, 1974.

NAGEL, Doris / RABEDER, Gernot: Revision der mittelpleistozänen Großsäugerfauna aus Deutsch-Altenburg 1. In: Wissenschaftliche Mitteilungen des Niederösterreichischen Landesmuseums 19: S. 231–249, Wien 1997.

PROBST, Ernst: Menschenaffen am Ur-Rhein: *Paidopithex, Rhenopithecus* und *Dryopithecus*. München 2011.

WEGNER, Dietrich / FREUDENBERG, Wolfram: Wilhelm Freudenberg 17. Mai 1881 – 28. Januar 1960. Ein fast vergessener Erforscher der Fundstelle Mauer „Grafenrain". In: WAGNER, Günther A. / BEINHAUER, Karl W. (Herausgeber): *Homo heidelbergensis* von Mauer. Das Auftreten des Menschen in Europa, S. 79–85, Heidelberg 1997.

WIKIPEDIA (Online-Lexikon): Wilhelm Freudenberg (Paläontologe).
https://de.wikipedia.org/wiki/Wilhelm_Freudenberg_(Pal%C3%A4ontologe)

*Heutiger Moschusochsen-Bulle (Ovibos moschatus)
in Dry Bay Tundra, bei Kuujjuaq, Northern Quebec, Kanada.
Foto: Alan D. Wilson /
https://www.naturespicsonline.com/copyright /
CC BY-SA 3.0 (via Wikimedia Commons),
lizensiert unter Creative Commons-Lizenz by-sa-3.0.
https://creativecommons.org/licenses/by-sa/3.0/legalcode*

Mutiger Schafochse

Der Moschusochse *Praeovibos schmidtgeni*

Mit einer interessanten Neuigkeit wartete 1937 der 28-jährige Paläontologe Eduard Schertz (1909–1941) aus Halle/Saale auf. Er teilte in „Jahresberichte und Mitteilungen des Oberrheinischen Geologischen Vereins" mit, in den Mosbacher Sanden bei Wiesbaden sei im September 1936 der Schädel eines Moschusochsen entdeckt worden. Bei der Fundstelle handle es sich um die Grube Kümmel. Der Erhaltungszustand des Schädels sei der für Mosbach typische.
Gleich nach der Bergung des Fossils hatte der Mainzer Paläontologe Professor Otto Schmidtgen (1879–1938), Direktor des Naturhistorischen Museums Mainz von 1914 bis 1938, dem jungen Paläontologen Schertz die wissenschaftliche Bearbeitung des Schädelfundes aus den Mosbach-Sanden angeboten. Der damals noch im Geologisch-Paläontologischen Institut in Halle/Saale tätige Schertz nahm das Angebot gerne an.
Eduard Schertz arbeitete nach seinem Studium und seiner Promotion zunächst als Assistent in Halle/Saale. 1937 wurde er Assistent am Geologisch-Paläontologischen Institut der Universität Tübingen, wo er sich 1938 habilitierte. Ein Gutachten des NS-Dozentenbundes bescheinigte Schertz eine wissenschaftlich überdurchschnittliche Kompetenz, charakterlich sei er aber umstritten. Man hegte Zweifel, „ob er in schwierigen Zeiten der Mann ist, um durchzuhalten." Menschlich bedürfe es daher noch einer „gewissen erzieherischen Fürsorge". Ungeachtet dessen

*Paläontologe Eduard Schertz (1909–1941),
Direktor des Naturhistorischen Museums Mainz
von 1931 bis 1941.
Foto: Naturhistorisches Museum Mainz /
Landessammlung für Naturkunde Rheinland-Pfalz*

wurde Schertz am 1. Mai 1939 – als Nachfolger von Otto Schmidtgen – Direktor des Naturhistorischen Museums Mainz. Wegen einer schweren Krankheit starb er 1941 früh im Alter von nur 32 Jahren.

Der Moschusochsen-Fund von 1936 aus den Mosbach-Sanden gehörte nach Ansicht von Schertz zu den wenigen geologisch ältesten Funden der Gattung *Praeovibos*. Auf Beziehungen zu *Praeovibos* wies die besondere Ausbildung der Hornkerne hin. Allerdings wich der 1908 nach einem Fund aus Frankenhausen (Sachsen-Anhalt) von dem Zoologen Wilhelm Staudinger (1877–1969) aus Darmstadt beschriebene Riesen-Moschusochse *Praeovibos priscus* von dem Schädel aus Mosbach in manchen Punkten ab. Deshalb stellte Schertz 1937 eine neue Art namens *Praeovibos schmidtgeni* auf. Mit dem Artnamen *schmidtgeni* ehrte Schertz den Mainzer Paläontologen Professor Otto Schmidtgen. Dieser hatte in den letzten Jahren durch sorgsame Überwachung von Sandgruben dazu beigetragen, dass neue Tierarten aus den Mosbach-Sanden bei Wiesbaden bekannt wurden.

Otto Schmidtgen wurde als Sohn eines Postsekretärs in Dillenburg geboren und wuchs in Limburg, Frankfurt am Main, Pforzheim und Mainz auf. Nach dem Abitur studierte er ab 1899 Zoologie in Gießen. Von 1903 bis 1908 arbeitete er als Lehrer bzw. Oberlehrer in Darmstadt und Büdingen. 1907 promovierte er. 1908 lud man ihn ein, das Naturhistorische Museum in Mainz neu zu ordnen, worauf er Urlaub vom Lehramt nahm. 1914 ernannte man Schmidtgen – als Nachfolger von Wilhelm von Reichenau – zum Direktor des Naturhistorischen Museum Mainz und 1917 zum Professor.

Heutige Moschusochsen in Verteidigungsstellung.
Foto: National Digital Library of the United States Fish and Wildlife Service (via Wikimedia Commons), Lizenz: gemeinfrei (Public domain)

Als sich Schmidtgen nach dem Ersten Weltkrieg (1914–1918) während der französischen Besetzung gegen Ausschreitungen der Besatzungssoldaten wehrte, verhaftete man ihn und wies ihn nach Darmstadt aus. Doch bald kehrte er nach Mainz zurück und leitete weiterhin als Direktor das Naturhistorische Museum. Schmidtgen war von 1934 bis 1936 Präsident der Paläontologischen Gesellschaft. Er barg Großsäuger-Reste aus dem Eiszeitalter in Mosbach bei Wiesbaden sowie zahlreiche Fossilien aus Rheinhessen (Säugetiere aus dem Ur-Rhein in Eppelsheim, Meerestiere aus dem Oligozän, Tierfährten aus der Rotliegend-Zeit in Nierstein am Rhein und Hinterlassenschaften einer altsteinzeitlichen Jagdstätte in Wallertheim).
Der Moschusochse und das Rentier aus den Mosbach-Sanden gehören zu den sehr seltenen Funden von Säugetieren, die an deutlich kaltzeitliche Bedingungen angepasst waren. Manche Autoren vermuten, der Moschusochse von Mosbach habe nicht im Cromer-Komplex vor etwa 800.000 bis 480.000 Jahren existiert, sondern erst in der Mindel-Kaltzeit (Mindel-Eiszeit) vor etwa 460.000 bis 400.000 Jahren. Fossile Reste von Moschusochsen aus dem Eiszeitalter fand man nicht nur in Mosbach (Hessen), sondern auch in Kärlich (Rheinland-Pfalz), Süßenborn (Thüringen), Bad Frankenhausen (Sachsen-Anhalt) und Mauer bei Heidelberg (Baden-Württemberg). Im Museum Wiesbaden befindet sich der Schädelrest eines Moschusochsen aus einer Grube in Höchst am Main aus der Sammlung des Wiesbadener Präparators und Konservators August Römer (1825–1899). Der heutige Moschusochse *(Ovibos moschatus),* auch Bisamochse oder Schafochse genannt, wurde 1780 von dem Geographen und Biologen Eberhard August Wilhelm

Zimmermann (1743–1815) aus Braunschweig beschrieben, der 1796 in den Reichsadelsstand erhoben wurde.
Männliche Moschusochsen sind bis zu 1,50 Meter hoch und 300 bis 400 Kilogramm schwer. Weibliche Tiere erreichen eine Höhe bis zu 1,30 Meter und ein Gewicht von 200 bis 300 Kilogramm. Moschusochsen leben in der Gegenwart in Grönland, Kanada, Sibirien, Alaska, Norwegen und Schweden. Nur ihr Vorkommen im Norden von Kanada und im Nordosten von Grönland ist natürlichen Ursprungs.
Als Lebensraum bevorzugen Moschusochsen niederschlagsarme Tundren. Sie vertragen große Kälte, sind aber empfindlich gegen anhaltende Feuchtigkeit. Weil ihre Haut keine Talgdrüsen besitzt, können die Haare der Moschusochsen kein Wasser und Regenwasser abweisen. Nässe führt nicht selten zu tödlich endenden Erkältungskrankheiten.
Im Sommer leben Moschusochsen in Herden mit 5 bis 15 Tieren, im Winter in Herden bis zu 100 Tieren. Als einzigartig unter Wiederkäuern gilt, dass sie besonders engen Körperkontakt zueinander pflegen. Sogar während der Flucht galoppieren sie Schulter an Schulter und Flanke an Flanke. Fress- und Ruhepausen von jeweils 100 bis 150 Minuten werden von der ganzen Herde eingehalten. Täglich durchziehen Moschusochsen langsam ihr Revier und legen dabei durchschnittlich 2 Kilometer zurück.
Moschusochsen fressen Blätter von Birken und Weiden, Kräuter, Flechten und Moose. Beide Geschlechter zehren während langer arktischer Winter von ihren Fettreserven, Auffällig sind der im Vergleich zum übrigen Körper große Kopf der Moschusochsen und der Buckel über ihrer Schulter. Ihre Hörner dienen als Waffen gegen Raubtiere.

Literatur
GLIENKE, Sabine: 11) *Ovibos moschatus* ZIMMERMANN, 1780: In: Katalog der im Hessischen Landesmuseum Wiesbaden befindlichen Belegstücke aus den Mosbacher Sanden. Jahrbücher des Nassauischen Vereins für Naturkunde 135: S. 47, Wiesbaden 2014.
KAHLKE, Hans-Dietrich: 47. *Praeovibos schmidtgeni* (SCHERTZ): In: Revision der Säugetierfaunen der klassischen Pleistozän-Fundstellen Süßenborn, Mosbach und Taubach. Geologie – Zeitschrift für das Gesamtgebiet der Geologie und Mineralogie sowie der angewandten Geophysik 10(4/5): S. 510–511, 1961.
NATURHISTORISCHES MUSEUM Mainz: Dr. Eduard Schertz (1909–1941).
https://rlp.museum-digital.de/object/920
SCHERTZ, Eduard: *Praeovibos* aus den Mosbacher Sanden (*Praeovibos schmidtgeni* nov. sp.). In: Jahresberichte und Mitteilungen des Oberrheinischen Geologischen Vereins 26: S. 79–87, Stuttgart 1937.
STAUDINGER, Wilhelm: *Praeovibos priscus*, nov. gen. et nov. sp., ein Vertreter einer *Ovibos* nahestehenden Gattung aus dem Pleistozän Thüringens. In: Centralblatt für Mineralogie 16, 1908.
WIKIPEDIA (Online-Lexikon): Moschusochse.
https://de.wikipedia.org/wiki/Moschusochse
WIKIPEDIA (Online-Lexikon): Otto Schmidtgen (Paläontologe).
https://de.wikipedia.org/wiki/Otto_Schmidtgen_(Paläontologe)

*Mosbach-Pferd (Equus mosbachensis) im Eiszeitalter
vor etwa 600.000 Jahren..
Ausschnitt aus einem Gemälde von Fritz Wendler (1941–1995)
für das Buch „Deutschland in der Urzeit" (1986)
von Ernst Probst*

Größtes Wildpferd

Das Mosbach-Pferd *Equus mosbachensis*

Zu den Funden, die bereits um die Mitte des 19. Jahrhunderts in den Mosbach-Sanden bei Wiesbaden geborgen und im Museum Wiesbaden abgeliefert wurden, gehört ein schätzungsweise 600.000 Jahre alter Pferdeschädel. Er ist das Typus-Exemplar, nach dem 1903 der Mainzer Naturforscher Wilhelm von Reichenau (1847–1925) das große Mosbach-Pferd *(Equus mosbachensis)* erstmals beschrieben hat. Weil die von ihm untersuchten Zähne Merkmale wie das Hauspferd *(Equus caballus)* hatten, bezeichnete Reichenau die ausgestorbene Tierart als *Equus caballus mosbachensis*. Er hielt sie also für eine Unterart von *Equus caballus*. Heute wird das Mosbach-Pferd als eine Art namens *Equus mosbachensis* betrachtet.

Nur der Ordnung halber sei erwähnt, dass ein Artikel über „Mosbachs Pferd" im Online-Lexikon „Wikipedia" falsche Angaben über die Erstbeschreibung enthält. Darin heißt es: „Reichenau beschreibt die Art aus Überresten, darunter zwei ziemlich gut erhaltene Schädel, die in Mosbach im Norden Baden-Württembergs in Deutschland, 80 km nördlich von Stuttgart gefunden wurden". Es ist nicht das einzige Mal, dass man Mosbach in Hessen und Mosbach in Baden-Württemberg verwechselt hat. In der Literatur liest man statt des korrekten Veröffentlichungsdatums 1903 auch 1901 und 1915.

Das große Mosbach-Pferd mit einer geschätzten Widerristhöhe von rund 1,70 Metern sowie einem Gewicht von 610 bis 740 Kilogramm gilt nach der 1999 geäußerten Ansicht der amerikanischen Forscherin Deb Bennet und ihres Kolle-

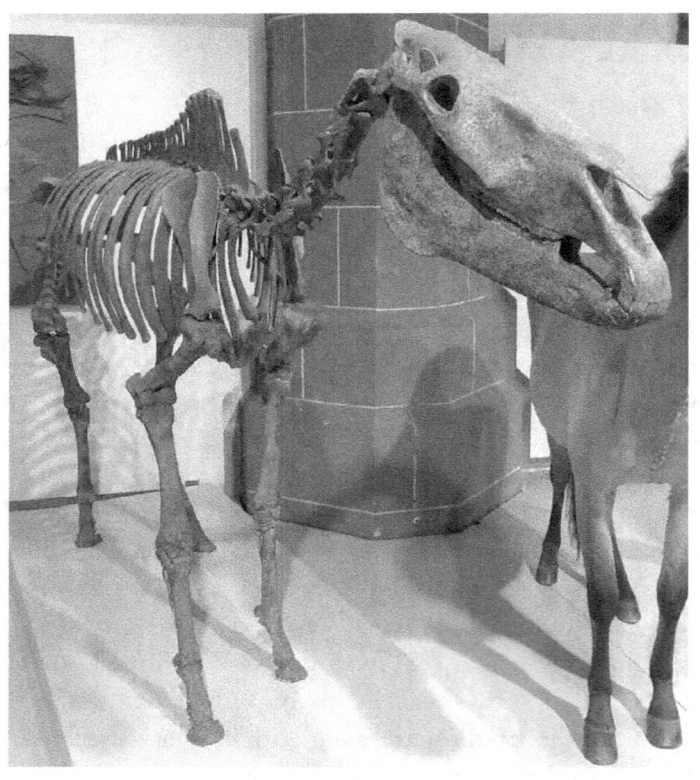

*Skelett eines Mosbach-Pferdes (Equus mosbachensis)
aus den Mosbach-Sanden bei Wiesbaden
im Naturhistorischen Museum Mainz.
Foto: Ghedoghedo CC BY-SA 4.0 (via Wikimedia Commons),
lizensiert unter Creative Commons-Lizenz by-sa-4.0,
https://creativecommons.org/licenses/by-sa/4.0/legalcode*

gen Robert S. Hauffmann als das größte aller Wildpferde. Bennet und Hauffmann beschreiben dieses Tier als ein Pferd aus Mitteleuropa mit einem schmalen und langen Kopf vor allem im Vergleich zum Pferd aus Nordeuropa. Die Stirn sei relativ schmal, das Auge ziemlich hoch angeordnet und das Nasenprofil gerade oder konvex. Der Hals wird als flach und lang, die Beine werden als lang und kräftig beschrieben. Heutige gezähmte Nachkommen des Mosbach-Pferdes tragen im Winter ein langes Fell ohne dicke Unterwolle wie Nordpferde, was eher ein zotteliges Aussehen bewirkt. Die Backenzähne seien klein und die Extremitätenknochen ziemlich schmal, heißt es.
Nach den Funden zu schließen, war das große Mosbach-Pferd von Frankreich bis Russland verbreitet. In Frankreich ist es beispielsweise von folgenden Fundorten bekannt: Igue des Rameaux in Saint-Antonin-Noble-Val (Tarn-et-Garonne), Montoussé (Hautes-Pyrenäen), Caune de l'Arago in Tautavel (Pyrenäen-Orientales), Éppinette oder Garenne in Cagny an der Somme, Artenac (Charente), La Grotte d'Aldene (Herault). Als Varianten des Mosbach-Pferdes gelten laut Online-Lexikon „Wikipedia":
Equus mosbachensis campdepeyri Guadelli und Prat 1995, definiert in Camps-de-Peyre (Sauveterre-la-Lémance, Lot-et-Garonne).
Equus mosbachensis micoquii Langlois 2005, definiert am Standort Micoque (Les Eyzies-de-Tayac, Dordogne).
Equus mosbachensis palustris Bonifay 1980, definiert in Lunel-Viel (Hérault). Einige seiner Besonderheiten können als besondere Anpassung an eine gemäßigte Umgebung und an eine feuchte und sumpfige Zone interpretiert werden. Der Schädel hat auch Ähnlichkeiten mit dem Przewalski-Pferd.

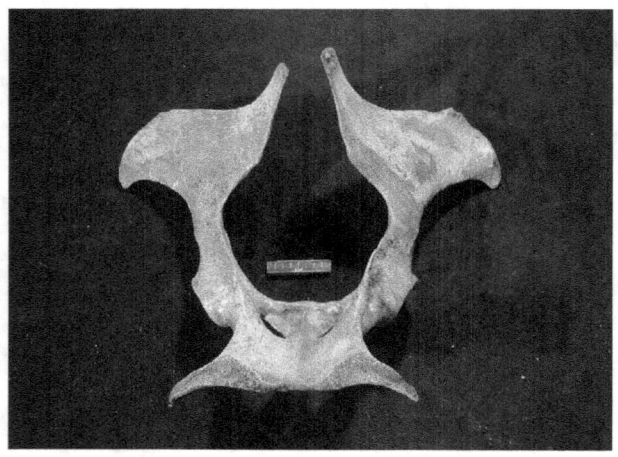

*Becken eines Mosbach-Pferdes (Equus mosbachensis)
aus den Mosbach-Sanden bei Wiesbaden
im Museum Wiesbaden. Inventar-Nummer 921.
Foto: Museum Wiesbaden*

*Linkes Unterkiefer-Fragment eines Mosbach-Pferdes
aus den Mosbach-Sanden bei Wiesbaden im Museum Wiesbaden.
Inventar-Nummer MWNH-PLEIS-275.
Foto: Museum Wiesbaden*

Equus mosbachensis tautavelensis Crégut 1980, definiert an der Caune de l'Arago bei Tautavel. Am Fundort Caune de l'Arago ist die Fundschicht C, in der das Mosbach-Pferd nachgewiesen ist, 300.000 bis 350.000 Jahre alt und mit Tierresten aus einer kalten Zeit verbunden.

In Spanien wies man das große Mosbach-Pferd in Valverde de Calatrava, in Italien in Fontana Ranuccio, in Österreich in Hundsheim bei Deutsch-Altenburg, in Deutschland in Mauer bei Heidelberg, Mosbach bei Wiesbaden und Randersacker bei Würzburg, in Belgien in Belle-Roche (Sprimont), in Tschechien in Koneprusy bei Karlstejn und in Prezletice bei Prag, in Rumänien in Betfia 5 und 7, Feldioara-Cariera und Rotbav-Dealulund sowie in Moldawien unter anderem bei Tiraspol nach.

Das große Mosbach-Pferd gilt als Vorfahre der „echten" Wildpferde. Von diesen hat bis heute nur eine einzige Art überlebt: nämlich das Przewalski-Pferd *(Equus przewalski)*, auch Asiatisches Wildpferd oder Mongolisches Wildpferd genannt. Der Name des Przewalski-Pferdes erinnert an den russischen Expeditions-Reisenden Nikolai Michailowitsch Przewalski (1839–1888). Er brachte 1878 von einer seiner Expeditionen nach Zentralasien die Haut und den Schädel der in der westlichen Welt weitgehend unbekannten Pferdeart nach St. Petersburg mit. Wissenschaftlich erstmals beschrieben und benannt wurde *Equus przewalski* 1881 durch den russischen Zoologen Iwan Semjonowitsch Poljakow (1845–1887). Das Przewalski-Pferd erreicht eine Widerristhöhe von 1,34 bis 1,44 Meter und ein Gewicht von 200 bis 300 Kilogramm. Zum Zeitpunkt der Erstbeschreibung war dieses Wildpferd bereits sehr selten. Nach dem Zweiten Weltkrieg (1939–1945) existierten nur noch

rund 30 dieser Wildpferde in menschlicher Obhut. Das letzte frei lebende Exemplar wurde 1969 gesichtet. Dank engagierter Zuchtprogramme stieg die Zahl der Przewalski-Pferde wieder auf ungefähr 2000 Tiere an und wurde das Überleben erreicht.
Die Funde des großen Mosbach-Pferdes aus den Mosbach-Sanden stammen aus einer gemäßigten Klimaphase vor weniger als 700.000 Jahren. Laut der 1987 von den Paläontologen Wighart von Koenigswald (damals Darmstadt) und Heinz Tobien (Mainz) veröffentlichten Artenliste für die Mosbach-Sande wurde das Mosbach-Pferd nur im Fundkomplex Mosbach 2 nachgewiesen. In Mosbach 1 existierte ein anderes Wildpferd namens *Equus* sp.
Das Mosbach-Pferd *Equus mosbachensis* behauptete sich bis vor ungefähr 300.000 Jahren und wurde vom Steinheim-Pferd *(Equus steinheimensis)* abgelöst. Die erste wissenschaftliche Beschreibung des nur noch 470 Kilogramm schweren Steinheim-Pferdes erfolgte 1915 anhand von Funden aus Steinheim an der Murr in Baden-Württemberg durch Wilhelm von Reichenau.
In der Mosbach-Sammlung des Museums Wiesbaden werden 170 Stücke vom großen Mosbach-Pferd aufbewahrt, im Naturhistorischen Museum Mainz schätzungsweise 2500 Stücke. Wie bereits erwähnt, entfallen im Museum Wiesbaden 15,6 Prozent der insgesamt 1090 Funde aus Mosbach auf das Mosbach-Pferd. Im Naturhistorischen Museum Mainz stammten 1980 16,4 Prozent von rund 15.000 Funden aus Mosbach vom Mosbach-Pferd.
„Insgesamt sind aus den Mosbacher Sanden viele Exemplare der Wildpferde bekannt, was nahelegt, dass diese als Herdentiere die Gegend relativ dicht besiedelt haben",

schrieb 2014 die Wormser Paläontologin Sabine Glienke in der Publikation „Jahrbücher des Nassauischen Vereins für Naturkunde".

Vor dem Zweiten Weltkrieg (1919–1945) war im Naturhistorischen Museum Mainz eine Skelettrekonstruktion des Mosbach-Pferdes zu sehen. Diese wurde in den 1980er Jahren vom Präparator Uwe Hildebrand unter Zuhilfenahme von neuen Funden wieder aufgebaut und aufgestellt.

Das große Mosbach-Pferd mit relativ viel Fleisch diente zeitweise Frühmenschen als Jagdbeute. Ein Jägerlager mit Knochen erlegter Wildpferde und 8 etwa 1,80 bis 2,50 Meter langen Speeren wurde zwischen 1994 und 1998 bei Ausgrabungen im Braunkohlen-Tagebau Schöningen (Kreis Helmstedt) in Niedersachsen unter Leitung des Archäologen Hartmut Thieme gefunden. Die Speere sollen zwischen 337.000 und 300.000 Jahren alt sein. Das ergab 2015 eine Thermolumineszenz-Datierung durch Daniel Richter (Leipzig) und Matthias Krbetschek (Freiberg). Die Schöninger Speere gelten als die ältesten vollständig erhaltenen Jagdwaffen der Welt. Sie werden im Museum „paläon" nahe des Fundortes in Schöningen aufbewahrt. Auch unter den etwa 400.000 Jahre alten Funden vom einstigen Jägerlager Bilzingsleben in Nordthüringen befanden sich Jagdbeutereste vom Wildpferd. Als Entdecker, Ausgräber und Erforscher dieser bedeutenden Fundstelle hat sich der Jenaer Archäologe, Geologe und Paläontologe Dietrich Mania verdient gemacht. Mania entdeckte 1969 in einem aufgelassenen Travertinsteinbruch den Lagerplatz einer Gruppe von Frühmenschen mit Artefakten aus Stein, aufgeschlagenen Tierknochen und 1972 ein Fragment des

Hinterhauptbeins eines Frühmenschen der Art *Homo erectus*, das aber erst später als solches erkannt wurde. Mania hat in 26-jähriger Forschungsarbeit unter oft schwierigen Bedingungen den Fundplatz Bilzingsleben zu seiner Lebensaufgabe gemacht.

Literatur
BENNET, Deb / HAUSMANN, Robert S.: *caballus* Linnaeus 1758, Säugetierart. In: American Society of Mammologists, Nr. 628: S. 1–14, 1999.
BRÜNING, Herbert: Stammbaum des Pferdes. In: Museumsführer Nr. 1, Mainz 1967.
EISENMANN, Vera / CRÉGUT-BONNOURE, Evelyne / MOIGNE, Anne-Marie: *Equus mosbachensis* und die großen Pferde des Arago – Höhle und Lunel: Kraniologie verglichen. In: Bulletin des National Museum of Natural History 7, Abschnitt C: S.: 157–173, 1985.
GLIENKE, Sabine: 7) *Equus mosbachensis* v. REICHENAU, 1903: In: Katalog der im Hessischen Landesmuseum Wiesbaden befindlichen Belegstücke aus den Mosbacher Sanden. Jahrbücher des Nassauischen Vereins für Naturkunde 135: S. 43–44, Wiesbaden 2014.
BURDUKIEWICZ, Jan M. / JUSTUS, Antje / FIEDLER, Lutz / BRÜHL, Enrico / SCHWARZ, Manuela / MELLER, Harald (Herausgeber): Erkenntnisjäger: Kultur und Umwelt des frühen Menschen. Festschrift für Dietrich Maina. Veröffentlichungen des Landesamtes für Archäologie Sachsen-Anhalt - Landesmuseum für Vorgeschichte 57(II). Halle/Saale 2004.
KAHLKE, Hans-Dietrich: 31. *Equus mosbachensis* v. REICHENAU: In: Revision der Säugetierfaunen der klassi-

schen Pleistozän-Fundstellen Süßenborn, Mosbach und Taubach. In: Geologie – Zeitschrift für das Gesamtgebiet der Geologie und Mineralogie sowie der angewandten Geophysik 10(4/5): S. 507, 1961.

LANGLOIS, Anne: Das Pferd des mittleren Pleistozäns von La Micoque (Les Eyzies-de-Tayac, Dordogne): *Equus mosbachensis micoquii* nov. sp. In: Paleo 17: S. 73–110, 2005.

MANIA, Dietrich: Auf den Spuren des Urmenschen. Die Funde von Bilzingsleben. Stuttgart 1990.

REICHENAU, Wilhelm von: Ueber einen Unterkiefer von *Equus Stenois* Cocchi aus dem Pliopleistocän von Mosbach. In: Notizblatt des Vereins für Erdkunde und der Grossherzoglichen geologischen Landesanstalt zu Darmstadt. IV. Folge, H. 24: S. 48–54, Darmstadt 1903.

REICHENAU, Wilhelm von: Beiträge zur näheren Kenntnis fossiler Pferde aus deutschem Pleistozän, insbesondere über die Entwicklung und die Abkaustadien des Gebisses vom Hochterrassenpferd (*Equus Mosbachensis* v. R.). Grossherzoglicher Staatsverlag, Darmstadt 1915.

WIKIPEDIA (Online-Lexikon): Mosbachs Pferd.
https://de.frwiki/wiki/wiki/Cheval_de_Mosbach

WIKIPEDIA (Online-Lexikon): Dietrich Mania.
https://de.wikipedia.org/wiki/Dietrich_Mania

WIKIPEDIA (Online-Lexikon): Schöninger Speere.
https://de.wikipedia.org/wiki/Sch%C3%B6ninger_Speere

*Hundsaffe (Macaca) im Eiszeitalter vor etwa 600.000 Jahren.
Ausschnitt aus einem Gemälde von Fritz Wendler (1941–1995)
für das Buch „Deutschland in der Urzeit" (1986) von Ernst Probst*

Seltener Hundsaffe

Ein Oberkieferfragment von *Macaca*

1961 teilte der damals 37-jährige Weimarer Prähistoriker und Paläontologe Hans-Dietrich Kahlke (1924–2017) in der Zeitschrift „Geologie" sehr Erfreuliches mit. Seine „Revision der Säugetierfaunen der klassischen Pleistozän-Fundstellen Süßenborn, Mosbach und Taubach" erwähnte weitere 4 Arten von Säugetieren aus den Mosbach-Sanden bei Wiesbaden. Die Neulinge waren der Affe *Macaca* sp., die Wölfe *Cuon priscus* und *Cuon dubius stehlini* (heute: *Xenocyon* cf. *lycaonoides*.) sowie der Hirsch *Cervus elaphoides*, den Kahlke 1960 als bisher unbekannte Art erstmals beschrieben hatte. Der seltene Originalfund des Hundsaffen aus Mosbach wird im Frankfurter Senckenberg-Museum aufbewahrt.

Über den erstmals in den Mosbach-Sanden nachgewiesenen Affen *Macaca* sp. schrieb Kahlke folgendes: „Eine Bereicherung der Mosbacher Fauna ergab sich jüngst durch den Fund eines Oberkieferfragmentes, das einer *Macaca*-Art zugeschrieben werden muß. Da Horizontalangaben über das Fossil vorliegen, ist seine Herkunft aus der mittleren Stufe des Komplexes gesichert. Der Nachweis von *Macaca* in den Mosbacher Sanden ist der bisher späteste vor dem Hochstand des Mindel II-(Elster-)Glazials in Mitteleuropa. *Macaca* gehörte danach erst wieder den Faunen des Holstein-Interglazials in diesem Gebiet an." Soweit der Weimarer Wissenschaftler, der sich vor allem mit ausgestorbenen Säugetieren aus dem Eiszeitalter befasste. Er gilt als der Begründer der Weimarer Quartärpaläontologie.

*Französischer Naturforscher
Bernard Lacépède (1756–1825),
Erstbeschreiber der Gattung Macaca von 1799.
Bild: (via Wikimedia Commons)*

*Italienischer Paläontologe und Geologe
Igino Cocchi (1827–1913),
Erstbeschreiber der Art Macaca florentina von 1872.
Foto: (via Wikimedia Commons)*

1987 erwähnten die italienischen Anthropologen Guiseppe Ardito und Alberto Mottura aus Turin in „An Overview of the Geographic and Chronologic Distribution of West European Cercopithecoids" das Oberkieferfragment von *Macaca* sp. aus dem Fundkomplex Mosbach 2. Sie schrieben diesen Fund *Macaca* cf. *sylvanus* zu.

Die Gattung *Macaca* wurde bereits 1799 von dem französischen Naturforscher Bernard Lacépède (1756–1825) beschrieben. Der Gattungsname *Macaca* fußt auf dem einheimischen Namen eines Affen (Macaca) aus dem Kongo. Zu dieser Gattung gehören die 1758 von dem schwedischen Naturforscher Carl von Linné (1707–1778) beschriebene Art *Macaca sylvanus* und die 1872 von dem italienischen Paläontologen und Geologen Igino Cocchi (1827–1913) nach einem Fund aus dem Arnotal bei Florenz (daher der Artname) beschriebene Art *Macaca florentina*.

Die Gattung *Macaca* umfasst zahlreiche anpassungsfähige Arten und gehört zu den Hundsaffen bzw. Hundskopfaffen (Cercopithecinae). Letztere sind eine Unterfamilie der Meerkatzenartigen mit Makaken, Mangaben und Pavianen. Von Makaken hat man in Europa einzelne Zähne, Fragmente vom Oberkiefer, Unterkiefer und Schädel sowie vom Skelett aus dem späten Miozän, dem frühen und späten Pliozän sowie aus dem frühen, mittleren und späten Eiszeitalter (Pleistozän) gefunden. Die meisten Funde gelangen in Westeuropa und im Mittelmeergebiet. Merklich seltener sind Funde aus Mitteleuropa, Osteuropa und Nordwest-Europa.

Aus dem späten Pliozän stammen *Macaca*-Funde von Gundersheim (Rheinhessen) und Wölfersheim (Wetterau). 1936 berichtete der Paläontologe Florian Heller (1905–1978) über einen *Macaca*-Backenzahn aus Gundersheim. Der Nachweis von *Macaca* bei Wölfersheim gelang Anfang 1949 im unter Tage abgebauten Braunkohlenflöz der Grube Römerstraße der HEFRAG.

Macaca-Funde aus dem frühen Eiszeitalter entdeckte man in Voigtstedt (Thüringen), Hohensülzen (Rheinhessen), Untermaßfeld (Thüringen) sowie in Tegelen (Niederlande) und im Stadtteil Steyl von Venlo (Niederlande). Über einen Affenrest aus dem älteren Eiszeitalter von Voigtstedt berichtete 1965 der Wiener Paläontologe Erich Thenius. Einen weiteren Affenfund aus dem älteren Eiszeitalter, nämlich aus dem Schneckenmergel von Hohensülzen, meldete 1973 der Frankfurter Paläontologe Jens Lorenz Franzen (1937–2018). Bei Ausgrabungen der Weimarer Paläontologen Hans-Dietrich Kahlke (1924–2017) und Ralf-Dietrich Kahlke im Flussbett der Ur-Werra bei Untermaßfeld hat man 1979, am 16. August 1984, am 8. Juli 2010 und am 12. Juni 2012 rund 1 Million Jahre alte Fossilien des Makaken (*Macaca sylvanus*) entdeckt.

Der Makake *Macaca* cf. *florentinus* tauchte 1931 erstmals in einer Liste über die Säugetiere von Tegelen auf. Bei diesem Fund handelte sich um den Unterkiefer, teilweise mit Zähnen, eines alten männlichen Makaken. Kurz danach fand man in Tegelen 6 Einzelzähne eines jugendlichen Makaken. An 2 Fundstellen in Deutsch-Altenburg (Niederösterreich) barg man Fingerglieder und ein fragliches Kniescheibenfragment von Makaken (*Macaca sylvanus* ssp. indet.) aus dem frühen Eiszeitalter, die als die ersten Nachweise von fossilen Affen in Österreich gelten. Während der künstlichen Aufschüttung der Hafenerweiterung „Maasvlakte 2" bei Rotterdam in den Niederlanden förderte man 2018 mehrere aus der Nordsee stammende Zähne und ein Unterkieferfragment mit Weisheitszahn von *Macaca sylvanus* aus verschiedenen Warmzeiten des Eiszeitalters zutage. Dem mittleren Eiszeitalter rechnet man die *Macaca*-Funde aus Mauer bei Heidelberg (Baden-Württemberg), Mosbach bei Wiesbaden (Hessen) und der Höhle Heppenloch bei Gutenberg (Baden-Württemberg) zu. In der Sandgrube Grafenrain von Mauer entdeckte der Oberstudiendirektor a. D. und Heimatforscher Manfred Löscher aus Sandhausen im Februar 2008 sowie zwischen August und Oktober 2010 jeweils einen einzelnen Backenzahn des Hundsaffen *Macaca sylvanus*. Die Sandgrube Grafenrain ist der Fundort vom Unterkiefer des Heidelberg-Menschen *(Homo heidelbergensis)*. Jenes ungefähr 600.000 Jahre alte Fossil wurde am 21. Oktober 1907 von dem Tagelöhner Daniel Hartmann (1854–1952) entdeckt. Wie erwähnt, wurde 1961 ein Oberkieferfragment von *Macaca* sp. aus den Mosbach-Sanden bei Wiesbaden bekannt. Im Heppenloch bei Gutenberg kamen bereits in den 1890-er Jahren bei Grabugen des Schwäbischen Höhlenvereins fossile Reste von 3 Makaken zum Vorschein. Der Stuttgarter Paläontologe Karl Dietrich Adam (1921–2012) rechnete sie 1975 in seiner Monographie über die Heppenloch-Funde der Unterart *Macaca sylvana suevica* zu. Die *Macaca*-Funde aus dem Eiszeitalter in Europa stammen allesamt aus Warmzeiten. Deshalb betrachten manche Experten die Makaken als Zeugen für ein warmes Klima. 1978 schrieb der Mainzer Paläontologe Herbert Brüning (1911–1983): „Makaken gelten allgemein als typische Warmzeitindikatoren". Der österreichische Paläontologe Florian Anton Fladerer erklärte 1987, das gemeinsame Vorkommen des Makaken mit dem Flusspferd *Hippopotamus* in der Hauptfauna der Mosbach-Sande belege für das mitteldeutsche Gebiet Temperaturen über den heutigen. 1973 wies der Frankfurter Paläontologe Jens Lorenz Franzen (1937–2018) auf die Vielfalt der Lebensräume der Gattung *Macaca* in der Gegenwart sowie auf die Kälteresistenz mancher Arten hin. 2001 erwähnte der Wiener Paläontologe Helmut Zapfe (1913–1996) in einem Artikel, der nach seinem Tod erschien, die Widerstandsfähigkeit von Makaken gegenüber niedrigen Temperaturen werde oft betont (dichtes Winterfell). Makaken könnten auch unter europäischen Klimabedingungen im Freiland leben. Das Vorkommen von *Macaca* könne lediglich einen wahrscheinlich bewaldeten Biotop und milde, frostarme Winter anzeigen.

Heute behaupten sich noch 25 Arten der Gattung *Macaca* auf der Erde, von denen 24 in Asien heimisch sind. Der einzige nicht in Asien lebende Makake ist der Berberaffe *(Macaca sylvanus)* oder Magot. Dieser existiert in Nordafrika und auf Gibraltar. Die schwanzlosen Berberaffen auf Gibraltar sind die einzigen wilden Affen in Europa. 2020 besetzten etwa 300 Berberaffen in 5 Trupps das Upper Rock-Gebiet des Gibraltar Nature Reserve. Gelegentlich unternehmen sie Streifzüge in die Stadt. Einige Makaken-Arten – wie der Rhesusaffe *(Macaca mulatta)* und Javaneraffe oder Langschwanzmakake *(Macaca fascicularis)* – halten sich in der Nähe des Menschen auf. Unter den Affen haben Makaken das größte Verbreitungsgebiet.

Heutige Makaken erreichen eine Kopf-Rumpf-Länge von 40 bis 76 Zentimeter und ein Gewicht von 2,5 bis 18 Kilogramm. Männliche Tiere sind oft schwerer als weibliche. Der Ceylon-Hutaffe *(Macaca sinica)* gilt als kleinster Makak, der Tibetmakak *(Macaca thibetana)* als größter.

Das Gesicht eines Makaken ist – laut Online-Lexikon „Wikipedia" – meistens haarlos. Die Schnauze ragt nach vorne. Das kräftige Gebiss wirkt raubtierähnlich. Die Kinnlade ist kräftig. In der vorstehenden Nase befinden sich engliegende und kurze Nasenlöcher. Manche Arten tragen auffällige „Kappen" auf dem Kopf oder eine bartähnliche Gesichtsbehaarung. Der Körper eines Makaken ist stämmig, seine Gliedmaßen sind kräftig. Das Fell ist oft graubraun gefärbt, kann aber auch fast schwarz sein. Der Berberaffe besitzt keinen Schwanz. Dagegen haben der Japanmakak oder Rotgesichtsmakak *(Macaca fuscata)* und der Bärenmakak oder Stumpfschwanzmakak *(Macaca arctoides)* einen Stummelschwanz. Beim Javaneraffen ist der Schwarz ebenso lang wie sein Körper.

Makaken sind am Tag aktiv, können gut klettern, halten sich aber zeitweise auf dem Erdboden auf. Sie leben in tropischen Regenwäldern, Monsunwäldern, gemäßigten Waldgebieten ebenso wie im offenen Grasland, in Steppen, Halbwüsten, an Felsenküsten, in Flussgebieten und in Großansiedlungen des Menschen.

Die Hundsaffen leben in Gruppen von 10 bis mehr als 100 Tieren. Weibliche Tiere sind 3- bis 4-mal häufiger als männliche. Es gibt aber auch reine Männergruppen. Innerhalb einer Gruppe bestehen Hierarchien. Junge männliche Tiere verlassen nach dem Beginn ihrer Geschlechtsreife die Gruppe. Dagegen bleiben weibliche Tiere in der Gruppe. Mitunter teilen sich mehrere Gruppen ein Gebiet bei der Nahrungssuche. Zahlreiche Laute und gegenseitige Fellpflege fördern das Zusammenleben.

Makaken sind Allesfresser, verzehren aber gern Früchte, Blätter, Samen und Blüten sowie in kühleren Gegenden

Rinde und Nadeln von Bäumen. Auch tierische Kost wie Insekten, Vogeleier, Krebse und kleine Wirbeltiere verschmähen sie nicht. An Meeresküsten fressen sie den weichen Inhalt von Muscheln, deren Schalen sie mit Steinen öffnen.
Männliche Makaken erkennen die Fruchtbarkeit bei weiblichen, wenn deren Genitalbereiche anschwellen und sich röten. Bei vielen Arten ist die Fruchtbarkeit saisonabhängig und hängt vom Nahrungsangebot ab. Weibliche und männliche Hundsaffen paaren sich mit mehreren Partnern, wobei der gleiche soziale Rang in der Gruppe eine Rolle spielt. Nach einer Tragzeit von 160 bis 170 Tagen bringt das weibliche Tier 1 Jungtier zur Welt. Der Nachwuchs wird ungefähr 1 Jahr lang gesäugt. Weibliche Hundsaffen erreichen die Geschlechtsreife nach 3 bis 4 Jahren, männliche nach 6 bis 7 Jahren. Ein Makake kann rund 15 bis 20 Jahre alt werden, in menschlicher Obhut sogar mehr als 30 Jahre.
Manche Arten der Makaken sind durch die Zerstörung ihres Lebensraumes vom Aussterben bedroht. Dieses traurige Schicksal könnte dem Pagei-Makaken *(Macaca pagensis)* und Siberut-Makaken *(Macaca siberu)* auf den Mentawai-Inseln sowie den auf Sulawesi heimischen Mohrenmakaken oder Schopfmakaken *(Macaca nigra)* widerfahren.
Die Tierrechtsorganisation „People for the Ethical Treatment of Animals", abgekürzt PETA, kämpft dafür, dass Tierversuche mit Makaken beendet werden. Auf ihrer Internetseite www.peta.de/themen/makaken informiert sie über 7 faszinierende Fakten über Makaken:
1. Makaken gehören zum „alten Schlag".
Makaken sind Altweltaffen, die in Afrika und Eurasien leben. Anders als Neuweltaffen können die meisten Altwelt-

Heutiger Makake (Macaca sylvanus) im Upper Rock Nature Reserve auf Gibraltar.
Foto: Red Coat / CC BY-SA 2.5 (via Wikimedia Commons), lizensiert unter Creative Commons-Lizenz by-sa-2.5.
https://creativecommons.org/licenses/by-sa/2.5/legalcode

affen ihren Daumen den anderen Fingern gegenüberstellen. Dafür benutzen sie ihren Schwanz nicht zum Greifen. Auch sind Altweltaffen meist größer als Neuweltaffen.
2. Makaken waschen ihr Essen.
Als manche japanische Makaken anfingen, ihre Nahrung zu waschen, führten andere dieses Ritual in die Gruppe ein und der Rest nahm die Neuerung an. Bald wurde das Waschen in dieser speziellen Gruppe zur kulturellen Norm.
3. Makaken lernen voneinander.
Durch das Waschen der Nahrung hat die Gruppe, die dies praktiziert, bewiesen, dass Makaken einzigartige individuelle und gruppenspezifische Identitäten besitzen und sie wie Menschen ihr Wissen erlernen, improvisieren und weitergeben.
4. Makaken sind intelligent.
Makaken haben enorme intellektuelle Fähigkeiten. Sie können beispielsweise zählen und verstehen Zusammenhänge zwischen Zahlen. Sie nutzen Werkzeuge und benutzen Haare als Zahnseide.
5. Makaken nehmen gerne ein heißes Bad.
Eine auf der japanischen Insel Honshu lebende Gruppe von Makaken badet im Winter in heißen Quellen.
6. Makaken haben komplexe Sozialsysteme.
Makaken besitzen eine enorme soziale Intelligenz. Sie leben in interaktiven Verbänden bis zu 100 Mitgliedern. Dabei führen und erkennen sie komplexe Beziehungen. Ein junger weiblicher Rhesus-Makake bleibt sein ganzes Leben lang bei seiner Mutter und seinen Schwestern. Dabei gliedert sich dieser Affe in eines der engsten und kompliziertesten Sozialsysteme ein, die im Tierreich bekannt sind.

7. Makaken sind wahre Sportler.
Makaken verfügen über herausragende körperliche Fähigkeiten. Einige Arten halten sich in kalten, andere in heißen Gebieten auf. Manche können sehr gut klettern und leben vor allem auf Bäumen, während andere am Boden bleiben. Einige sind tolle Schwimmer.

Literatur
ADAM, Karl Dietrich: Die mittelpleistozäne Säugetier-Fauna aus dem Heppenloch bei Gutenberg (Württemberg). In: Stuttgarter Beiträge zur Naturkunde, B3: S. 1–247, Stuttgart 1972.
ARDITO, Guiseppe / MOTTURA, Alberto: An Overview of the Geographic and Chronologic Distribution of West European Cercopithecoids. In: Human Evolution 2(1): S. 29–43, 1987.
DELSON, Eric: Preliminary review of cercopithecid distribution in the Circum-mediterreanean region. In: Mémoires du Bureau des Recherches Géologiques et Minières (France) 78: S. 131–135, 1974.
FLADERER, Florian Anton: *Macaca* (Cercopithecidae, Primates) im Altpleistozän von Deutsch-Altenburg, Niederösterreich. In: Beiträge zur Paläontologie von Österreich 13: S. 1–24, Wien 1987.
FRANZEN, Jens Lorenz: Ein Primate aus dem altpleistozänen Schneckenmergel von Hohensülzen (Rheinhessen). In: Senckenbergiana lethaea 54(2/4): S. 345–358), Frankfurt am Main 1973.
HELLER, Florian: Eine oberpliozäne Wirbeltierfauna aus Rheinhessen. In: Neues Jahrbuch für Mineralogie, Geologie und Paläontologie, Beilagen-Band 76, Abteilung A: S. 99–160, Stuttgart 1936.

KAHLKE, Hans-Dietrich: 5. *Macaca* sp. In: Revision der Säugetierfaunen der klassischen Pleistozän-Fundstellen Süßenborn, Mosbach und Taubach. In: Geologie – Zeitschrift für das Gesamtgebiet der Geologie und Mineralogie sowie der angewandten Geophysik 10(4/5): S. 503, 1961.
KOENIGSWALD, Wighart von / HEINRICH, Wolf-Dieter: Mittelpleistozäne Säugetierfaunen aus Mitteleuropa – der Versuch einer biostratigraphischen Zuordnung. In: Kaupia – Darmstädter Beiträge zur Naturgeschichte 9: S. 53–112, Darmstadt 1999.
LÖSCHER, Manfred / LÖSCHER, Ortrud: Die Bedeutung der Kleinsäuger für die Datierung der Mauerer Sande. In: Palaeos. Menschen und Zeiten 4: S. 13–20, 2012.
PETA: 7 faszinierende Fakten über Makaken. https://www.peta.de/themen/makaken/
REUMER, Jelle W. F. / KAHLKE, Ralf-Dietrich: New results on cercopithecids from the Early Pleistocene site of Untermassfeld. In: KAHLKE, Ralf-Dietrich (Herausgeber): The Pleistocene of Untermaßfeld near Meiningen (Thüringen, Germany). Monographien des RGZM 40(5): S. 1627–1634, Mainz 2022.
REUMER, Jelle W. F. / MOL, Dick / KAHLKE, Ralf-Dietrich: First finds of Pleistocene *Macaca sylvanus* (Cercopithecidae, Primates) from the North Sea. In: Revue du Palébiologie 37(2): S. 555–560, 2018.
SCHREIBER, H. Dieter / LÖSCHER, Manfred /MAUL, Lutz C. / UNKEL, Ingmar: Die Tierwelt der Mauerer Waldzeit. In: WAGNER, Günter A. / RIEDER, Hermann / ZÖLLER, Ludwig / MICK, Erich (Herausgeber): *Homo*

heidelbergensis. Schlüsselfund der Menschheitsgeschichte. S. 127–159, Stuttgart 2007.

SCHREIBER, H. Dieter / LÖSCHER, Manfred: The second find of an primate from the early Middle Pleistocene locality of Mauer (SW Germany): a molar of *Macaca* (Mammalia, Cercopithecidae). In: Neues Jahrbuch für Geologie und Paläontologie. Abhandlungen 260(3): S. 297–304, Stuttgart, März 2011.

SCHREIBER, H. Dieter / ECK, Kristina / LIEBIG, Volker: Mauer: the locality of Mauer and its virtual collection of Middle Pleistocene mammal fossils: In: BECK, Lothar A. / JOGER, Ulrich (Herausgeber): Paleontological collections of Germany, Austria and Switzerland. The history of life of fossil organisms at museums and universities. S. 347–363, Cham 2018.

SCHREIBER, H. Dieter: Eine kleine Sensation: Backenzahn eines Affen *(Macaca sylvanus)* erweitert die Faunenliste der Fundstelle Mauer. In: Palaeos. Menschen und Zeiten 4: S. 24–26, 2012.

SCHREIBER, H. Dieter: Fossil remains of *Macaca sylvanus* (Mammalia, Cercopithecidae) from the early Middle Pleistocene locality of Mauer (SW Germany). In: Carolinea 786: S. 5–13, Karlsruhe, 29. Januar 2021.

SCHREUDER, Antje: The Tegelen Fauna, with a description of new remains of its rare components *(Leptobos, Archidiskodon meridionalis, Macaca, Sus strozzii)*. In: Archives Néderlandaises de Zoologie. Januar 1946.

THENIUS, Erich: Ein Primatenrest aus dem Altpleistozän von Voigtstedt in Thüringen. In: Paläontologische Abhandlungen, Abt. A 2(2/3): S. 683–689, Berlin 1965.

TOBIEN, Heinz: Die oberpliozäne Säugerfauna von Wöl-

fersheim-Wetterau. In: Zeitschrift der Deutschen Geologischen Gesellschaft 104(1): S. 191, 1952.
WIKIPEDIA (Online-Lexikon): Igino Cocchi.
https://en.wikipedia.org/wiki/Igino_Cocchi
WIKIPEDIA (Online-Lexikon): Bernard Germain Lacépède
https://de.wikipedia.org/wiki/Bernard_Germain_Lac%C3%A9p%C3%A8de
WIKIPEDIA (Online-Lexikon): Makaken.
https://de.wikipedia.org./wiki/Makaken.
ZAPFE, Helmut †: Zähne von *Macaca* aus dem Unterpleistozän von Untermassfeld. In: KAHLKE, Ralf-Dietrich (Herausgeber): Das Pleistozän von Untermassfeld bei Meiningen (Thüringen). Monographien des Römisch-Germanischen Zentralmuseums Mainz 40(3): S. 889–895, Mainz 2001.
https://doi.org/10.11588/propylaeum.560

Malteser Geier (Gyps melitensis) im Eiszeitalter
vor etwa 600.000 Jahren..
Ausschnitt aus einem Gemälde von Fritz Wendler (1941–1995)
für das Buch „Deutschland in der Urzeit" (1986)
von Ernst Probst

Der Malteser Geier

Gyps cf. *melitensis* und andere Vögel

Ein kleiner Knochen im Naturhistorischen Museum Mainz gilt als Beweis dafür, dass im mittleren Eiszeitalter vor ungefähr 600.000 Jahren ein großer Raubvogel in der Gegend von Wiesbaden gelebt hat. Das Beweisstück ist ein 1955 geborgenes, mindestens 35 Millimeter langes und bis zu 9,3 Millimeter breites, unvollständig erhaltenes hinteres Zehenglied. Es stammt von einem ausgestorbenen Altweltgeier, der merklich größer als ein heute lebender Geier war.
Dies fand die französische Paläornithologin Cécile Mourer-Chauviré aus Lyon bei der Untersuchung von in den Mosbach-Sanden bei Wiesbaden gefundenen und im Naturhistorischen Museum Mainz aufbewahrten Vogelfossilien heraus. Darüber berichtete die Expertin 1977 in einem Beitrag mit der Überschrift „Die Vogelreste aus den mittelpleistozänen Mosbacher Sanden bei Wiesbaden (Hessen" im „Mainzer Naturwissenschaftlichen Archiv".
Frau Mourer-Chauviré verwendete für den Geier aus den Mosbach-Sanden den wissenschaftlichen Namen *Gyps* cf. *melitensis* LYDEKKER. Die Gattung *Gyps* wurde 1809 von dem französischen Naturforscher Marie Jules César le Lorgne de Savigny (1777–1851) aus Paris beschrieben. Arten dieser Gattung bezeichnet man manchmal als Gänsegeier. Die Erstbeschreibung der Art *Gyps melitensis* erfolgte 1890 durch den britischen Geologen und Paläontologen Richard Lydekker (1849–1915) anhand von Fossilien aus der Höhle Zebbug Cave auf Malta. Das exakte Alter der Funde aus Malta kennt man nicht. Es ist vom mittleren oder späten

Französische Paläornithologin Cécile Mourer-Chauviré aus Lyon. Sie untersuchte Vogelfossilien aus den Mosbach-Sanden. Foto: Cécile Mourer-Chauviré / CC BY-SA 4.0 (via Wikimedia Commons), lizensiert unter Creative Commons-Lizenz by-sa-4.0, https://creativecommons.org/licenses/by-sa/4.0/legalcode

Britischer Geologe und Paläontologe
Richard Lydekker (1849–1915),
Erstbeschreiber des Malteser Geiers (Gyps melitensis).
Foto: Aufnahme eines unbekannten Fotografen
(via Wikimedia Commons),
Lizenz: gemeinfrei (Public domain)

Eiszeitalter, einer Zeitspanne von etwa 700.000 bis 30.000 Jahren, die Rede.

Der ausgestorbene *Gyps melitensis* soll merklich größer als heute lebende Arten von Geiern gewesen sein. In „Grzimeks Tierleben" heißt es, er sei größer als ein heutiger Kuttengeier. Dieser auch Mönchsgeier *(Vultur monachus)* genannte Raubvogel ist über 1 Meter lang, 7 bis 12 Kilogramm schwer und hat eine Flügelspannweite von 1,50 bis 2,95 Meter. Laut dem Buch „Naturgeschichte der Vögel. Spezielle Vogelkunde" (1962) von Rudolf Bernd (1910–1987) übertraf der Gypsgeier die Maße der jetzigen Mönchsgeier etwa um ein Fünftel.

Der Gypsgeier oder Malteser Geier besaß einen schlanken Kopf, einen langen, schlanken Hals mit Flaumfedern und eine Halskrause, die aus langen Federn bestand. Die großen dunklen Nasenlöcher standen quer zum Schnabel. Gypsgeier hatten 6 oder 7 Flügelfedern, von denen die erste die kürzere und die vierte die längste war.

Fossile Reste von Gypsgeiern fand man auf einigen Mittelmeerinseln, an Fundorten im Flachland und in Höhlen in Europa. Zu diesen Fundstellen zählen: Principe Grimaldi (Monaco), Höhlen Ghar Dalam und Zebbug Cave (Malta), Hundsheim bei Deutsch-Altenburg in Niederösterreich und Repolusthöhle bei Peggau in der Steiermark (Österreich), Kalman Lambrecht-Höhle (Ungarn), Mosbach bei Wiesbaden in Hessen (Deutschland), Höhlen der Harpons und Soulabé (Frankreich), Contrada Fusco und Acquedolci (Sizilien), Coscia und Castiglione 3 (Korsika), Liko und Simonelli (Kreta), Rapaci (Sardinien), Gabasa, auch Cueva de los Moros genannt, und La Cuevona (beide Spanien) sowie Gorham's Cave (Gibraltar).

Von der Gattung *Gyps* behaupten sich in der Gegenwart
noch 8 Arten, 2 sind ausgestorben. Zu den in der Gegenwart noch existierenden Arten gehören:
der Gänsegeier *(Gyps fulvus)*,
der Weißrumpfgeier *(Gyps bengalensis)* aus Indien und
Pakistan,
der Kapgeier oder Fahlgeier *(Gyps coprotheres)* aus Südafrika,
der Indische Geier *(Gyps indicus)* aus Pakistan, Indien und
Nepal,
der Schlankschnabelgeier *(Gyps tenuirostris)* aus Indien,
der Rüppellgeier *(Gyps rueppellii)* aus der Sahelzone in
Afrika, benannt nach dem Frankfurter Naturwissenschaftler
und Afrikaforscher Eduard Rüppell (1794–1884), nach dem
5 Tiergattungen sowie 79 Tier- und Pflanzenarten
bezeichnet sind,
der Weißrückengeier *(Gyps africanus)* aus West – und Ostafrika,
der Himalayageier oder Schneegeier *(Gyps himalayensis)* aus
dem Himalaya. Bereits ausgestorben sind der Gypsgeier
oder Malteser Geier *(Gyps melitensis)* und der erst 2010 beschriebene Geier *Gyps bochenskii* aus Bulgarien.
Cécile Mourer-Chauviré war durch ihren Kollegen François
Poplin auf die fossilen Vogelreste aus den Mosbach-Sanden
im Naturhistorischen Museum Mainz aufmerksam gemacht
worden. Der damalige Museumsdirektor, Professor Dr.
Herbert Brüning (1911–1983), bot ihr die Möglichkeit,
diese Vogelreste zu untersuchen. Dabei identifizierte die
französische Paläornithologin außer dem Malteser Geier
Gyps cf. *melitensis* auch folgende Vogelarten: Singschwan (cf.
Cygnus cygnus), Stockente *(Anas platyrhynchos)* und Spießente
(Anas cf. *acuta)*. Diese in den Mosbach-Sanden nachge-

Gänsegeier (Gyps fulvus).
Bild aus Johann Friedrich Naumann (1780–1857):
„Naturgeschichte der Vögel Mitteleuropas". Gera 1897
(via Wikimedia Commons),
Lizenz: gemeinfrei (Public domain)

wiesenen Vogelarten erlauben zwar keine Aussage über das Klima zu ihren Lebzeiten, entsprechen aber in der Mehrzahl einer Wasser-Sumpf-Gegend. Der Singschwan aus der Gegenwart nistet in der nördlichen Zone, überwintert aber in wärmeren Gebieten. Die heutige Stockente und die jetzige Spießente nisten in klimatisch verschiedene Zonen und sind Zugvögel. Unter den Vogelarten aus den Mosbach-Sanden überwiegen deutlich wassergebundene Formen.

Die Erforscherin der in den Mosbach-Sanden überlieferten Vogelwelt, Cécile Mourer-Chauviré, kam 1939 als zweites von 6 Kindern eines Augenarztes in Lyon zur Welt. Ende 1956 durchlief sie ein Auswahlverfahren, nach dem sie als einzige von 10 Bewerbern einen Studienplatz an der Universität Lyon erhielt. Laut Online-Lexikon „Wikipedia" konzentrierte sie sich auf Naturwissenschaften und erwarb Diplome in Zoologie, Botanik und Geologie. Bereits in den 1980er Jahren befasste sie sich mit Terrorvögeln. Sie studierte auch die Entwicklung der Flugunfähigkeit bei Vögeln. Als Erste beschrieb sie 2003 einen schlechten Flieger *(Namibiavis senutae)* aus Namibia und 2011 zusammen mit anderen einen Terrorvogel *(Lavocatavis africana)* aus Algerien. 2010 beschrieb sie aus Namibia zusammen mit anderen den frühesten Hühnervogel (Galliformes) von Afrika.

Literatur
FRANK, Christa / RABEDER, Gernot: Hundsheim. In: RABEDER, Gernot / TEMMEL, Harald: Repolusthöhle. In: DÖPPES, Doris / RABEDER, Gernot: Pliozäne und pleistozäne Faunen Österreichs. Ein Katalog der wichtigsten Fundstellen und ihrer Faunen (Endbericht des For-

schungsberichtes Nr. 9320 des „Fonds zur Förderung der wissenschaftlichen Forschung") mit Beiträgen von Petra Cech, Doris Döppes, Thomas Einwögerer, Florian A. Fladerer, Christa Frank, Karl Mais, Doris Nagel, Marion Niederhuber, Martina Pacher, Rudolf Pavuza, Gernot Rabeder, Christian Reisinger, Harald Temmel, Gerhard Withalm. Mitteilungen der Kommission für Quartärforschung der Österreichischen Akademie der Wissenschaften, Band 10: S. 270–274, Wien 1997.

GÖHLICH, Ursual B.: Cécile Mourer-Chauviré – Life and Works. In: GÖHLICH, Ursula B. / KROH, Andreas (Herausgeber): Paleornithological Research 2013. Proceedings of the 8th International Meeting of the Society of Avian Paleontology and Evolution. Verlag Naturhistorisches Museum Museum Wien, 2013.

JANOSSY, Dénes: Vogelreste aus den altpleistozänen Ablagerungen von Voigtstedt in Thüringen. In: Paläontologische Abhandlungen, Abt. A, 2: S. 2–5: S. 337–361, Berlin 1965.

JANOSSY, Dénes: Die mittelpleistozäne Vogelfauna von Hundsheim (Niederösterreich): In: Sitzungsberichte der Österreichischen Akademie der Wissenschaften, Mathematisch-Naturwissenschaftliche Klasse Abt. 1, 182: S. 6–8, S. 211–257, Wien 1974.

JANOSSY, Dénes: Geierfunde aus der Repolusthöhle bei Peggau (Steiermark, Österreich). In: Fragmenta Mineralogica et Palaeontologica 14: S. 117–119, Budapest 1989.

LYDEKKER, Richard: On the remains of some large extinct birds from the Cavern-deposits of Malta. In: Proceedings of the Zoological Society of London. S. 403–410, London 1890.

MARCO, Antonio Sanchez: New occurences of the extinct Vulture *Gyps melitensis* (Falconiformes, Aves) and a reappraisal of the paleospecies. In: Journal of Vertebrate Paleontology 27(4): S. 1057– 1061, Dezember 2007.
MOURER-CHAUVIRÉ, Cécile: *Gyps melitensis* LYDEKKER. In: Die Vogelreste aus den mittelpleistozänen Mosbacher Sanden bei Wiesbaden (Hessen). In: Mainzer Naturwissenschaftliches Archiv 16: S. 37–46, Mainz 1977.
RABEDER, Gernot / TEMMEL, Harald: Repolusthöhle. In: DÖPPES, Doris / RABEDER, Gernot: Pliozäne und pleistozäne Faunen Österreichs. Ein Katalog der wichtigsten Fundstellen und ihrer Faunen (Endbericht des Forschungsberichtes Nr. 9320 des „Fonds zur Förderung der wissenschaftlichen Forschung") mit Beiträgen von Petra Cech, Doris Döppes, Thomas Einwögerer, Florian A. Fladerer, Christa Frank, Karl Mais, Doris Nagel, Marion Niederhuber, Martina Pacher, Rudolf Pavuza, Gernot Rabeder, Christian Reisinger, Harald Temmel, Gerhard Withalm. Mitteilungen der Kommission für Quartärforschung der Österreichischen Akademie der Wissenschaften, Band 10: S. 328–334, Wien 1997.
WIKIPEDIA (Online-Lexikon): Gyps.
https://en.wikipedia.org/wiki/Gyps
WIKIPEDIA (Online-Lexikon): Richard Lydekker.
https://de.wikipedia.org/wiki/Richard_Lydekker
WIKIPEDIA (Online-Lexikon): Cécile Mourer-Chauviré.
https://de.wikipedia.org/wiki/Cécile_Mourer-Chauviré

Heutiger Singschwan (Cygnus cygnus) im Flug.
Foto: Bengt Nyman aus Vaxholm, Schweden / CC BY-SA 2.0
(via Wikimedia Commons),
lizensiert unter Creative Commons Lizenz by-sa-2.0,
https://creativecommons.org/licenses/by-sa/2.0/legalcode

Singender Schwan

Der Singschwan cf. *Cygnus cygnus*

Der *Singschwan (Cygnus cygnus)* trägt seinen Namen aufgrund der melodischen Töne, die er im Flug oder bei der Balz von sich gibt. Er wurde 1758 von dem schwedischen Naturforscher Carl von Linné (1707–1778) beschrieben. Im Gegensatz zum Höckerschwan *(Cygnus olor)* besitzt der Singschwan keinen schwarzen Höcker auf dem Schnabel. Außerdem unterscheidet sich der Singschwan vom Höckerschwan durch seinen gerade gehaltenen Hals.
Vom Singschwan lag der französischen Paläornithologin Cécile Mourer-Chauviré bei der Untersuchung von Vogelfossilien aus den Mosbach-Sanden bei Wiesbaden im Naturhistorischen Museum Mainz ein 16,5 Millimeter hoher und 18,7 Millimeter langer Knochen vor. Diesen identifizierte sie als rechten Handwurzelknochen bzw. Flügelknochen. Jener kleine Knochen steht in seiner Form und Größe dem Singschwan sehr nahe.
Wegen des sehr seltenen in Mosbach geborgenen fossilen Restes ist nicht sicher, ob diese Form aus dem mittleren Eiszeitalter der heutigen gleicht. Frau Mourer-Chauviré bezeichnete aus diesem Grund den Fund aus Mosbach als cf. *Cygnus cygnus*. Aus Voigtstedt in Thüringen sind Fossilien eines Schwans bekannt, der wegen seiner Größe mit 2 großen Arten – nämlich dem Singschwan (*Cygnus cygnus*) und dem Höckerschwan *(Cygnus olor)* – verglichen werden kann.
Ein Singschwan-Fund aus dem Eiszeitalter ist aus der Höhle von Ghar Dalam (Malta) bekannt. Zahlreiche

Höckerschwan (Cygnus olor) mit schwarzem Höcker auf dem Schnabel.
Foto: Jörg Hempöel / CC BY-SA 3.0 (via Wikimedia Commons) lizensiert unter Creative Commons-Lizenz by-sa-3.0.
https://creativecommons.org/licenses/by-sa/3.0/de/legalcode

Singschwan-Funde in Europa (England, Irland, Frankreich, Italien, Schweiz, Deutschland, Dänemark, Finnland) stammen aus dem jüngeren Eiszeitalter und der Nach-Eiszeit. Die Singschwan-Funde von Les Ramandils und Gigny-sur-Suran stammen aus der späten Würm-Kaltzeit (Würm-Eiszeit). Dagegen werden die Singschwan-Fossilien von Arcy-sur-Cure, Gourdan, La Madeleine, Massat, Pierre-Châtel, Les Hoteaux und Rond-du-Barry ins Ende der Würm-Kaltzeit datiert. Vermutlich wurden diese Singschwäne teilweise von steinzeitlichen Jägern erlegt.
In der Gegenwart reicht das Verbreitungsgebiet der Singschwäne von Island über Skandinavien bis nach Sibirien. Sie sind Brutvögel der osteuropäischen und sibirischen Taiga. Im Herbst und Winter halten sie sich auch in Mitteleuropa auf. In Küstengebieten und im norddeutschen Tiefland sind sie ein regelmäßiger Wintergast. Der Zug aus den Wintergebieten beginnt im Oktober. Ab März kehren Singschwäne wieder in ihre Brutgebiete zurück. Zunehmend leben und brüten Singschwäne aber auch in Mitteleuropa.
Heutige Singschwäne erreichen eine Größe von maximal 1,50 Meter, eine Flügellänge bis zu 61 Zentimetern, eine Flügelspannweite von fast 2 Metern und ein Gewicht von 7 bis 12 Kilogramm. Weibliche Singschwäne sind merklich kleiner und leichter als männliche.
Singschwäne gelten als sehr ruffreudige Vögel mit umfangreichem Stimmenrepertoire. Typisch für ihren Ruf ist ein tiefer, nasaler Posaunenklang. Beim Rufen sind der Kopf angehoben und der Hals langgestreckt. Laut Online-Lexikon „Wikipedia" erinnern die Begrüßungs- und Triumphschreie mit „gigig" und Flügelschlagen an Laute

von Gänsen. Falls Singschwäne in größeren Gruppen zusammen ruhen, ist permanent ein leises „ang" oder ein kehliges „ga" zu hören. Wenn man Singschwäne stört, ist ein kurzes und raues „uk" oder „aki" vernehmbar. Während des Fluges rufen sie „gra gekt" oder weich „kü kü kü".
Je nach Jahreszeit sind Singschwäne sowohl am Tag als auch in der Nacht aktiv. Außerhalb der Brutzeit vertragen sie sich mit Artgenossen. Ungeachtet ihrer Größe können Singschwäne gut und ausdauernd fliegen. Im Gegensatz zu Höckerschwänen hört man bei Singschwänen im Flug keine sausenden Fluggeräusche.
Als natürlicher Lebensraum des Singschwans gilt die karge Tundra mit niedriger Vegetation. Er lebt an flachen Seen oder langsam fließenden Gewässern mit reicher Ufervegetation und hält sich an Süß-, Salz- und Brackgewässern auf. Wie der Höckerschwan ernährt sich der Singschwan vor allem von Wasserpflanzen. In geringem Maße verzehrt er dabei auch Kleintiere. Auf dem Land frisst er vor allem Gräser und Wurzeln, gerne auch Raps, selten Wintergetreide.
Singschwäne leben paarweise in Dauerehe. Mit 4 Jahren sind sie geschlechtsreif. Im April oder Mai beginnt die Brutsaison, in der das Revier gegen Artgenossen und Feinde verteidigt wird. Das Nest wird vom weiblichen Tier in dichter Ufervegetation errichtet. Das männliche Tier bringt Baumaterial für das Nest herbei. Singschwäne sind Einzelbrüter. Brutpaare nutzen gelegentlich einen Nistplatz mehrere Jahre lang.
Der weibliche Singschwan legt im Abstand von jeweils 2 Tagen 5 bis 6 je 11,3 mal 7,4 Zentimeter große Eier. Nach Ablage des letzten Eies beginnt die Brut, die etwa 5 Wo-

chen dauert. Das weibliche Tier brütet allein, das männliche wacht über das Gelege. Gleich nach dem Schlüpfen folgen die Küken ihrer Mutter. Nach rund 3 Monaten sind Jungschwäne flugfähig, bleiben aber den ganzen Winter über bei ihrer Familie.
In freier Natur können Singschwäne bis zu 8 Jahre alt werden. In Gefangenschaft steigt die Lebenserwartung.

Literatur
BERGMANN, Hans-Heiner / HELB, Hans-Wolfgang / BAUMANN, Sabine: Die Stimmen der Vögel Europas. 474 Vogelporträts mit 914 Rufen und Gesängen auf 2.200 Sonogrammen. Aula-Verlag, Wiebelsheim 2008.
MOURER-CHAUVIRÉ, Cécile: *Cygnus cygnus* (L.) In: Die Vogelreste aus den mittelpleistozänen Mosbacher Sanden bei Wiesbaden (Hessen). In: Mainzer Naturwissenschaftliches Archiv 16: S. 35–36, Mainz 1977.
WIKIPEDIA (Online-Lexikon): Singschwan.
https://de.wikipedia.org/wiki/Singschwan

Stockenten (Anas platyrhynchos) an der Lahn:
oben Erpel, unten weibliches Tier.
Fotos: Andreas Trepte / CC BY-SA 2.5
(via Wikimedia Commons),
lizensiert unter Creative Commons-Lizenz by-sa-2.5,
https://creativecommons.org/licenses/by-sa/2.5/legalcode

Größte Schwimm-Ente

Die Stockente *Anas platyrhynchos*

Drei Fossilien aus den Mosbach-Sanden bei Wiesbaden im Naturhistorischen Museum Mainz konnten von der französischen Paläornithologin Cécile Mourer-Chauviré der Stockente *Anas platyrhynchos* aus dem mittleren Eiszeitalter zugeordnet werden. Dabei handelt es sich um 1 linken, 97,2 Millimeter langen und bis zu 15,7 Millimeter breiten, fast vollständigen Oberarmknochen (Humerus) männlicher Größe, 1 rechten sehr unvollständigen Carpometacarpus männlicher Größe und 1 einen sehr unvollständigen Carpometacarpus weiblicher Größe. Die Maße des Oberarmknochens entsprechen denjenigen heutiger männlicher Stockenten. Der Carpometacarpus ist ein Knochen, der sich in den Flügeln von Vögeln befindet. Dabei handelt es sich um die Verschmelzung des Handwurzel- und Mittelhandknochens und – anders gesagt – um einen einzelnen verschmolzenen Knochen zwischen dem Handgelenk und den Fingerknöcheln.
Stockenten aus dem Eiszeitalter oder eine ihnen nahestehende Form fand man in Stránská Skalá (Tschechien), Voigtstedt in Thüringen (Deutschland), Vértesszölös (Ungarn), Tor-ralba (Spanien), Saint-Estève-Janson. Lunel-Viel, La Fage, Orgnac 3, l'Arago, Le Lazaret, La Chaise-Grotte Suard und Nestier (Frankreich).
Die 1758 von dem schwedischen Naturforscher Carl von Linné beschriebene Stockente gilt heute als größte und am häufigsten vorkommende Schwimm-Ente in Europa und als Stammform der Hausente. In der Gegenwart kommen

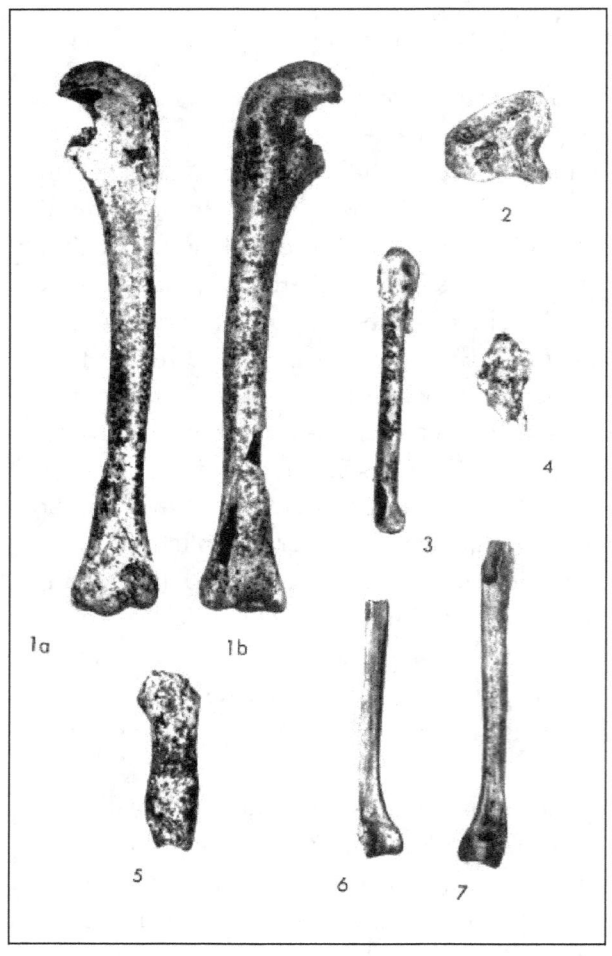

Abbildung aus Cécile Mourer-Chauviré: „Die Vogelreste aus den mittelpleistozänen Mosbacher Sanden bei Wiesbaden (Hessen)". In: Mainzer Naturwissenschaftliches Archiv 16: Mainz 1977. Fotos 1a und 1b: Stockente, 2: Singschwan, 3 und 4: Stockente, 5 Malteser Geier, 6 und 7: Spießente

Stockenten im größten Teil von Europa und Asien, im äußersten Norden von Afrika sowie in weiten Teilen von Nordamerika vor. In Neuseeland und Australien sind sie als Brutvogel eingeführt worden. Ihre Häufigkeit wird damit erklärt, dass sie bei der Wahl ihrer Brutplätze und Aufenthaltsorte wenig anspruchsvoll sind.
Früher hat man Stockenten als Märzenten bezeichnet. Dieser Begriff beruht auf der Paarungszeit der Stockenten im März. Der heutige Name Stockente erinnert – laut Online-Lexikon „Wikipedia" – an die Brutplätze, zu denen auf Stock gesetzte Weiden, Weidengebüsche oder auch Reisighaufen gehören. Lange Zeit war auch der Name Wildente üblich. Der wissenschaftliche Artname *platyrhynchos* bedeutet Breitschnabel.
Jetzige Stockenten werden bis zu 58 Zentimeter lang und haben eine Flügelspannweite bis zu 95 Zentimetern. Zwischen Juli und August wechseln Erpel zunächst ihr Schwingengefieder und sind dann 3 bis 5 Wochen flugunfähig. Unterdessen erfolgt der Wechsel des übrigen Gefieders. Erst im Dezenber ist die anschließende Entwicklung des Prachtkleides abgeschlossen. Bei weiblichen Tieren findet die Schwingenmauser im September und der Kleingefiederwechsel im Brutkleid im Oktober und November statt. Prächtig wirkt im Frühherbst das Balzkleid des Erpels mit grünmetallischem Kopf, gelbem Schnabel und weißem Halsring. Am Hinterrand der Flügel befindet sich ein metallisch blaues, weiß gesäumtes Band, der Flügelspiegel. Hellbraune weibliche Stockenten mit orangefarbenem Schnabel sehen unscheinbar aus.
Durch etwa 10.000 Daunen und Federn werden Stockenten vor Nässe und Kälte geschützt. Weil sie dieses Federkleid

immer wieder mit Fett aus der Bürzeldrüse an der Schwanzwurzel einfetten, dringt kein Wasser durch das Gefieder. Die Ente nimmt das Fett mit dem Schnabel auf und streicht es ins Gefieder. Auf dem Wasser wird die Ente von einem Luftpolster getragen.

Stockenten gelten als sehr ruffreudige Enten. Für Erpel ist ein gedämpftes „räb" typisch, das sie gelegentlich als „räb-räb-räb-räb" mit abfallender Tonhöhe und Lautstärke hören lassen. Bei weiblichen Tieren gibt es ähnliche Rufreihen, die eher nach „wak wak wak" oder „wäk wäk wäk" klingen.

Über Stockenten heißt es, sie würden alles fressen, was sie verdauen und ohne großen Aufwand erreichen können. Stockenten verzehren Samen, Früchte, Wasser-, Ufer- und Landpflanzen, teilweise auch Weichtiere, Larven, kleine Krebse, Kaulquappen, Laich, kleine Fische, Frösche, Würmer und Schnecken. Zeitweise suchen Stockenten auch auf Feldern nach Nahrung. Sie fressen noch nicht ausgereifte Getreidekörner oder Kartoffeln.

Die alljährliche Partnersuche (Balz oder Reihzeit genannt) erfolgt im Januar bis Anfang Februar. Der Begriff Reihzeit beruht darauf, dass sich mehrere Erpel hinter wenigen weiblichen Tieren schwimmend einreihen. Häufig gibt es auch Reihenflüge, bei denen mehrere männliche Stockenten einer weiblichen Stockente folgen.

Das Nest von Stockenten ist eine flache Mulde, die mit groben Halmen ausgepolstert wird. Weibliche Stockenten legen ab März täglich jeweils 1 Ei ins Nest und brüten einmal im Jahr 25 bis 28 Tage lang ein Gelege von 7 bis 16 Eiern aus. Nach dem Nestbau und dem Beginn der Brut verlässt der Erpel die Ente. Bereits 6 bis 12 Stunden nach dem Schlüpfen verlassen Küken das Nest und können schon schwimmen. Bei Gefahr stürzen Küken instinktiv in das nächste Loch. In den ersten Lebensstunden laufen sie demjenigen nach, den sie zuerst erblicken. Nach 8 Wochen können die Jungenten fliegen. Ungefähr 50 bis 60 Tage lang bleibt das Muttertier mit den flüggen Küken in einer Enten-Gelegefamilie zusammen.

Literatur
MOURER-CHAUVIRÉ, Cécile: *Anas platyrhynchos* L. In: Die Vogelreste aus den mittelpleistozänen Mosbacher Sanden bei Wiesbaden (Hessen). In: Mainzer Naturwissenschaftliches Archiv 16: S. 36–37, Mainz 1977.
WIKIPEDIA (Online-Lexikon): Stockente.
https://de.wikipedia.org/wiki/Stockente
WOELFLE, Elisabeth: Vergleichend morphologische Untersuchungen an Einzelknochen des postcranialen Skelettes in Mitteleuropa vorkommender Enten, Halbgänse und Säger. In: Inaugural-Dissertation zur Erlangung der tiermedizinischen Doktorwürde der Tierärztlichen Fakultät der Ludwig-Maximilians-Universität München, Institut für Paläanatomie, Domestikationsforschung und Geschichte der Tiermedizin. München 1967.

Heutiges Spießenten-Paar Anas acuta.
Foto: J. M. Garg / CC BY-SA 3.0 (via Wikimedia Commons),
lizensiert unter Creative Commons-Lizenz by-sa-3.0,
https://creativecommons.org/licenses/by-sa/3.0/legalcode

Unsichere Spießente

Die Spießente *Anas* cf. *acuta*

Bei der Untersuchung von fossilen Vogelresten des mittleren Eiszeitalters aus den Mosbach-Sanden bei Wiesbaden im Naturhistorischem Museum Mainz schrieb die französische Paläornithologin Cécile Mourer-Chauvoiré der Spießente *Anas* cf. *acuta* 2 unvollständige Knochenfunde zu. Diese erkannte sie als 1 linken Unterschenkelknochen (Tibiotarsus) und 1 rechten Unterschenkelknochen. Der Tibiotarsus ist aber kein sehr charakteristischer Vogelknochen. Deshalb ist die Bestimmung der beiden Unterschenkelknochen als Spießente nicht ganz sicher. Eine den Spießenten nahestehende Form ist aus dem mittleren Eiszeitalter von Stránská Skalá in Tschechien bekannt. Weitere Funde barg man in Ubeidya (Israel) und vielleicht aus der Höhle von Ghar Dalam (Malta).
Spießenten sind heute im Norden von Europa, Asien und Amerika weit verbreitet. In Mitteleuropa brütet diese Art nur unregelmäßig und verhältnismäßig selten. Hier sind Spießenten überwiegend Durchzügler und Wintergast und halten sich von September bis April vor allem im Tiefland und in den Küstenregionen auf.
Die Spießente *(Anas acuta)* wurde 1758 von dem schwedischen Naturforscher Carl von Linné in seiner „Systema naturae" eingeordnet. Ihr populärer Name beruht darauf, dass zum Prachtkleid des Erpels ein langer und spitz ausgezogener Schwanz gehört. Während *anas* die lateinische Bezeichnung für Ente ist, leitet sich *acuta* vom lateinischen *acuere* für „spitzen" ab.

Heutige Spießenten erreichen eine Körperlänge von 59 bis 76 Zentimetern, eine Flügellänge von ca. 27,5 Zentimetern und ein Gewicht von 550 bis 1300 Gramm. Das Durchschnittsgewicht beträgt etwa 850 Gramm. Weibliche Spießenten sind mit einer Körperlänge von 51 bis 64 Zentimetern, einer Flügellänge von 26 Zentimetern und einem durchschnittlichen Gewicht von 735 Gramm etwas kleiner und leichter.

In der Gegenwart ernähren sich Spießenten vor allem von Wasserpflanzen, die sie im flachen Wasser gründelnd aufnehmen. Bei der Nahrungssuche überwiegend am Abend und in der Nacht stehen sie oft mit dem Kopf nach unten im Wasser und halten durch leichte Beinbewegungen das Gleichgewicht. Ihr langer Hals versetzt sie in die Lage, auch Nahrung aufzunehmen, die sich 30 Zentimeter unterhalb der Wasseroberfläche befindet. Manchmal suchen Spießenten auch an Land nach Wurzeln, Samen und Getreidekörnern.

Ab etwa Juni tragen Spießenten ein Ruhekleid, mit dem Erpel dem weiblichen Tier mit hellbraunem Federkleid ähneln. Die Umfärbung ins Prachtkleid beginnt beim Erpel im Dezember und ist meist im Januar bis Februar abgeschlossen. Im Prachtkleid sind Erpel an Kehle, vorderem Unterhals und an den Kopfseiten dunkelbraun gefärbt. Der Oberkopf ist noch dunkler. In der Nackenmitte verläuft ein schwarzes Längsband. Der Schnabel ist blaugrau. Ein schmaler, weißer und deutlich abgegrenzter Keil reicht an den hinteren Kopfseiten bis etwa zur Schnabelhöhe.

Die sehr schlank wirkenden Spießenten können an Land flink laufen. Im Wasser liegen sie relativ hoch, weswegen der größte Teil des Körpers und der Schwanz sichtbar sind.

Die langen Steuerfedern weisen bei schwimmenden Erpeln leicht schräg nach oben. Beim Auffliegen vom Wasser starten Spießenten ohne Laufphase relativ steil. Beim Landen strecken sie ihre Füße weit nach vorne.
Spießenten bauen ihr Nest am Boden und ernähren sich vor allem von Wasserpflanzen, die sie gründelnd aufnehmen. Außerhalb der Brutzeit zwischen April und Juni bilden sie oft große Schwärme. Im Wolgadelta bestehen Schwärme gelegentlich aus 150.000 bis 300.000 Spießenten. Weltweit gilt die Art als nicht bedroht.
Das flache, aus Pflanzenmaterial bestehende und mit Daunen ausgepolsterte Nest für die Ablage von Eiern wird nur von weiblichen Spießenten am Boden angelegt. Die Weibchen legen pro Tag ein 55 mal 28 Millimeter großes Ei mit einem Gewicht von 45 Gramm. Ein Gelege umfasst 8 bis 12 hellgrüne Eier.
Brut und Aufzucht erfolgen nur durch weibliche Spießenten. Nach einer Brutzeit von 22 bis 24 Tagen schlüpfen die Küken aus den Eiern. Danach führt die Entenmutter die frisch geschlüpften Küken zum nächsten Gewässer. Dort verzehrt der Nachwuchs in den ersten Wochen allerlei Insekten, die sie von der Wasseroberfläche abpicken. Nach maximal 47 Tagen sind die Küken flügge. Sie bleiben noch beim Muttervogel, bis dieser die Mauser vollständig durchzogen hat.
Von den geschlüpften Küken überlebt oft nur die Hälfte die ersten 2 Lebenswochen. Nur jedes 4. Küken wird flügge. Die durchschnittliche Lebenserwartung einer Spieß-ente beträgt schätzungsweise 2 Jahre. Das maximale Lebensalter, das für eine Spießente beobachtet wurde, lag bei 27 Jahren und 5 Monaten.

Literatur
BEZZEL, Einhard: Vögel. BLV Verlagsgesellschaft, München 1996.
MOURER-CHAUVIRÉ, Cécile: *Anas* cf. *acuta* L. In: Die Vogelreste aus den mittelpleistozänen Mosbacher Sanden bei Wiesbaden (Hessen). In: Mainzer Naturwissenschaftliches Archiv 16: S. 37, Mainz 1977.
LINNAEUS, Carolus: Systema naturae per regna tria naturae, secundum classes, ordines, genera, species, cum characteribus, differentiis, synonymis, locis. Tomus I. Editio decima, reformata. Holmiae. (Laurentii Salvii). 1758, S. 126: A. cauda acuminata elongata subtus nigra, occipite utrinque linea alba.
WIKIPEDIA (Online-Lexikon): Spießente.
https://de.wikipedia.org/wiki/Spie%C3%9Fente

Frühmenschen im Eiszeitalter vor etwa 600.000 Jahren. Bild: Gemälde von Fritz Wendler (1941–1995) für das Buch „Deutschland in der Urzeit" (1986) von Ernst Probst

*August Römer (1825–1899),
von 1886 bis 1899 Präparator und Konservator
für das Museum Wiesbaden.
Foto: Museum Wiesbaden,
Naturwissenschaftliche Sammlung*

Mosbach-Mensch?

Umstrittene Funde aus den Mosbach-Sanden

In Wiesbaden und Mainz gab es immer wieder Menschen, die glaubten, sie hätten in den Mosbach-Sanden bei Wiesbaden eindeutige Beweise für die Anwesenheit von Frühmenschen gefunden. Einer davon war August Römer (1825–1899), der 1839 „in die Lehre und in den Dienst" des Nassauischen Vereins für Naturkunde in Wiesbaden trat und „Unterricht im Zubereiten und der Aufstellung der Naturalien" erhielt. Seine weitere Ausbildung erfolgte im Naturhistorischen Museum Leiden in den Niederlanden. 1853 wurde er in den Staatsdienst aufgenommen. Weitere wissenschaftliche Ausbildung erhielt er an der Wiesbadener Landwirtschaftlichen Lehranstalt.

Für den Geologen, Paläontologen und Mineralogen Fridolin Sandberger (1826–1898), Direktor (Inspektor) des Wiesbadener Naturhistorischen Museums von 1851 bis 1855, sammelte Römer eifrig Fossilien aus den Mosbach-Sanden. Römer trug eine wertvolle, später vom Museum angekaufte Sammlung zusammen. Sandberger wurde bereits 1846 als 19-Jähriger in Gießen promoviert und war ab 1855 Professor für Mineralogie am Polytechnikum in Karlsruhe sowie von 1863 bis 1896 außerordentlicher Professor für die gleichen Fächer in Würzburg. .

August Römer arbeitete von 1886 bis 1899 als Präparator und Konservator für das Museum Wiesbaden. Sein Leben und Wirken wurde 2003 von dem Wiesbadener Paläontologen Thomas Keller in „Jahrbücher des Nassauischen Vereins für Naturkunde" geschildert.

Vermeintliche Knochenwerkzeuge aus etwa 600.000 Jahre alten Ablagerungen der Mosbach-Sande bei Mainz-Amöneburg (Hessen) im Naturhistorischen Museum Mainz.
Rechts ein ca. 20 Zentimeter langer dolchförmiger Pferdeknochen. Abgüsse der im Zweiten Weltkrieg zerstörten Originale im Naturhistorischen Museum Mainz.
Foto: Naturhistorisches Museum Mainz / Landessammlung für Naturkunde Rheinland-Pfalz

Römer sammelte oder kaufte 1874/1875 kleine und unscheinbare Knochenfragmente eines Hirsches *(Cervus acoronatus)* und eines Elches *(Alces latifrons)* aus den Mosbach-Sanden, von denen er vermutete, eiszeitliche Menschen hätten diese bearbeitet. Fundorte dieser Knochenfragmente waren Sandgruben an der rechten und linken Seite der von Wiesbaden nach Mosbach führenden Chaussee. Auf von Römer beschrifteten Etiketten ist von durch Menschenhand bearbeiteten (gespaltenen) und zugespitzten Knochen die Rede. In einer Publikation von 1875 erwähnte Sandberger kurz, die Gattung *Homo* sei in den Mosbach-Sanden „nur durch einen gespaltenen Knochen nachgewiesen". Aus heutiger Sicht ist klar, dass für die Fragmentierung der von Römer gesammelten oder gekauften Hirsch- und Elchfossilien keine Menschen in Frage kommen, sondern Raubtiere aus dem Eiszeitalter.
Sehr umstritten sind auffällig geformte Knochen von Wildpferd, Wisent und Elefant, die 1929, 1931 und 1936 in mehr als 600.000 Jahre alten Ablagerungen der Mosbach-Sande bei Mainz-Amöneburg (heute: Stadtkreis Wiesbaden) gefunden wurden. Der Mainzer Paläontologe Otto Schmidtgen (1879–1938) glaubte, die von ihm entdeckten auffälligen Knochen seien durch Abschlagen und Abschleifen von Teilen zu Artefakten umgearbeitet worden. Er deutete diese umstrittenen Funde als Dolch, Messer, Glätter, Stichel, Bohrer und Schaber. Schmidtgen war von 1914 bis 1938 Museums Mainz und wurde 1917 zum Professor ernannt.
1929 und 1931 berichtete Schmidtgen in „Jahrbücher des Nassauischen Vereins für Naturkunde" sowie 1930 in einer Festschrift über Knochenartefakte aus dem Mosbacher

*Paläontologe Otto Schmidtgen (1879–1938),
Direktor des Naturhistorischen Museums Mainz
von 1914 bis 1938.
Foto: Naturhistorisches Museum Mainz /
Landessammlung für Naturkunde Rheinland-Pfalz*

Sand. 1931 schrieb er, schon immer sei die Annahme berechtigt gewesen, dass der *Homo heidelbergensis* auch „bei uns" (gemeint sind die Mosbach-Sande bei Wiesbaden) gelebt habe. Die Entfernung der beiden Fundstellen (nämlich Mosbach-Sande und Mauerer Sande) sei nicht sehr groß. Der Wildreichtum am Taunusabhang und im breiten Rheintal sei, wie die Funde zeigten, wohl größer als dort, wo der Unterkiefer des Heidelberg-Menschen 1907 zum Vorschein gekommen war. Es wäre geradezu ein Wunder, wenn die Jäger ihre Jagdzüge nicht auch bis hierher ausgedehnt hätten.

Die Originalfunde der im Naturhistorischen Museum Mainz aufbewahrten mutmaßlichen Knochenwerkzeuge wurden im Zweiten Weltkrieg (1939–1945) zerstört. Aber es sind noch Abgüsse davon vorhanden. Im Buch „Deutschland in der Urzeit" (1986) des Wiesbadener Wissenschaftsautors Ernst Probst sind 2 dieser Abgüsse abgebildet. Der größere davon ist ein etwa 20 Zentimeter langer Wildpferdknochen mit dem Aussehen eines Dolches.

Der Mainzer Paläontologe Otto Schmidtgen war nicht der Einzige, der nach Hinterlassenschaften von Frühmenschen in der Gegend von Wiesbaden intensiv Ausschau hielt. Zwischen 1949 und 1954 überließ der Wiesbadener Privatsammler Otto R. Schweitzer (1878–1954) der „Sammlung Nassauischer Altertümer" Hunderte von vermeintlichen Artefakten aus der Altsteinzeit, die er in der Umgebung seines Wohnortes geborgen hatte. Eifrig suchte und sammelte er vor allem in der Dyckerhoff-Grube „Am Hambusch", in der Ziegelei Hessemer an der Frankfurter Straße, am quarzreichen Hainerberg, in den Walddistrikten „Himmelsöhr" und „Rabengrund" sowie in Baugruben. Die von

ihm für altsteinzeitliche Werkzeuge gehaltenen Funde bestehen aus einheimischen Steinarten, vor allem aus Quarzit. Auffällig ist der hohe Anteil an Typen, die wie Faustkeile wirken.
Der Prähistoriker Karl Josef Narr (1921–2009) aus Münster/Westfalen verglich 1954 die Funde von Schweitzer nach einer ersten Untersuchung mit Typen aus den Kulturstufen Acheuléen und Moustérien. Die Diskussion über diese umstrittenen Artefakte wurde 1969 durch den Wiesbadener Archäologen Heinz-Eberhard Mandera (1922–1995) bei der 13. Tagung der Hugo-Obermaier-Gesellschaft in Bad Kreuznach neu entfacht. Am Ende waren die Zweifler an der Echtheit der Artefakte in der Überzahl. Doch im Tagungsbericht hieß es, dieser Fundkomplex könne nicht einfach als Fälschung abgetan werden. Letzte Klarheit könnten nur Grabungen an den von Schweitzer bevorzugten Fundplätzen bringen.
Der Prähistoriker und Direktor des ehemaligen Landesmuseums Nassauischer Altertümer in Wiesbaden, Ferdinand Kutsch (1889–1972), hat 1955 in den „Nassauischen Annalen" einen anerkennenden Nachruf über Schweitzer veröffentlicht: „Er war einer unserer lebendigsten und eifrigsten Freunde und hat sich um die Sammlung Nassauischer Altertümer und die vorgeschichtliche Forschung verdient gemacht. Ihm allein verdanken wir die Kenntnis des Paläolithikums von Wiesbaden. ... Mit seltenem Scharfblick las er die paläolithischen Geräte aus den frisch durchfurchten oder vom Regen ausgewaschenen Feldern auf und trug in uneigenster Weise ein großes Material aus dieser bisher uns hier unbekannten, wenn auch lange gesuchten Kulturperiode zusammen ..."

Hinweise dafür, dass sich vor etlichen hunderttausend Jahren im Wiesbadener Nachbarort Mainz bereits Frühmenschen aufgehalten haben, gab der Mainzer Arzt und engagierte Hobby-Prähistoriker Dr. med. Christian Humburg. Er berichtete über Artefakte aus Quarzit und Kalkstein, die bei umfangreichen Baumaßnahmen zwischen 1982 und 1993 in kaltzeitlichen Flussschottern von Mainz-Weisenau zum Vorschein gekommen waren. Besonders bemerkenswert war ein Quarzitgerät mit gepickten Grübchen. Manche der Artefakte könnten so alt wie die Mosbach-Sande sein, glaubt Humburg, der vermutet, in Weisenau sei ein mehrzeitig belegter Siedlungsplatz des Frühmenschen *Homo erectus* entdeckt worden. Als das Vorkommen dieser Artefakte der zuständigen archäologischen Denkmalpflege bekannt gegeben wurde, verwies man dies in den Bereich der „unmaßgeblichen Phantasie des Entdeckers".
2019 berichteten Lutz Fiedler, Christian Humburg, Horst Klingelhöfer, Sebastian Stoll und Manfred Stoll in „Humanities" über „Einige altpaläolithische Fundstellen entlang des Rheingrabens, datiert von 1,3 bis 0,6 Millionen Jahre". Dabei erwähnten sie einen „zweifellos retuschierten Schaber" und „einen Schnitt im versteinerten Mittelfußknochen eines Pferdes" aus der Einheit Mosbach III (Fauna Mosbach 2, Hauptfauna, Graues Mosbach). Der Schnitt deute auf eine Trennung von Gelenken oder Entnahme von Sehnen hin. Fiedler war bis zu seiner Emeritierung Leiter der Archäologischen Abteilung des Landesamtes für Denkmalpflege Hessen in Marburg sowie zunächst Lehrbeauftragter, dann Honorarprofessor für die Archäologie der Steinzeit an der Philipps-Universität Marburg.

*Tagelöhner Daniel Hartmann (1854–1952),
Entdecker des Unterkiefers
des Heidelberg-Menschen (Homo heidelbergensis)
am 21. Oktober 1907 in Mauer bei Heidelberg.
Foto: (via Wikimedia Commons),
Lizenz: gemeinfrei (Public domain)*

Die nach dem Unterkiefer-Fund von Mauer bei Heidelberg benannten Heidelberg-Menschen lebten in der Zeit vor ungefähr 600.000 bis 300.000 Jahren. Ihre Stirn war breiter als bei den später auftretenden Neandertalern und ihr Gehirnvolumen geringfügig kleiner als das der Neandertaler und Jetztmenschen. Wegen des breiten Nasenrückens waren die Augenhöhlen weit voneinander entfernt. Nase und Unterkiefer traten – einer Schnauze gleich – im Verhältnis zu den Wangenknochen hervor. Als typisch gelten ein mächtiger Ober- und Unterkiefer. Männliche Heidelberg-Menschen erreichten eine Körpergröße von weniger als 1,70 Meter und ein Gewicht zwischen 60 und 80 Kilogramm.

Heidelberg-Menschen stellten Steinwerkzeuge her und benutzten sie zum Zerlegen von Fleisch, zum Bearbeiten von Tierhäuten und Holz. Kratzer im Zahnschmelz der oberen und unteren Schneidezähne verraten, dass der Heidelberg-Mensch manche Gegenstände mit den Zähnen festhielt und dann mit Steinwerkzeugen durchtrennte. Weil die meisten Kratzer auf den Zahnoberflächen von links oben nach rechts unten verlaufen, wird vermutet, dass die meisten Heidelberg-Menschen Rechtshänder waren. Die Nahrung bestand bis zu mindestens 80 Prozent aus Pflanzen. Irgendwann in der Zeit vor etwa 400.000 bis 270.000 Jahren verfügten Heidelberg-Menschen über Speere als Waffen. Die ältesten in Europa entdeckten Feuerstellen stammen aus der Zeit der Heidelberg-Menschen vor rund 400.000 Jahren. Schmuck, Kunst und Gräber kannten diese Frühmenschen noch nicht.

Entdecker des weltberühmten Unterkiefers des Heidelberg-Menschen war der Tagelöhner Daniel Hartmann (1854–

An der Küste bei Happisburgh unweit der Stadt Cromer in Norfolk (Ostengland) spülte im Mai 2013 eine Sturmflut eine Schicht frei, in der im Eiszeitalter vor etwa 800.000 Jahren eine kleine Gruppe von Frühmenschen ihre Fußabdrücke hinterlassen hatte.
Foto: Martin Bates / CC BY-SA 4.0 / https://journals.plos.org/plosone/article?id=10.1371/journal.pone.0088329 (via Wikimedia Commons), lizensiert unter Creative Commons-Lizenz by-sa-4.0, https://creativecommons.org/licenses/by/4.0/legalcode

1952). Er bemerkte am 21. Oktober 1907 in der Sandgrube am Grafenrain bei Mauer bei Heidelberg auf seiner Schaufel einen Knochen, der beim Herunterfallen in 2 Teile zerbrach. Abends zeigte er in einer Gastwirtschaft den Unterkiefer und erklärte: „Heit haw ich de Adam g'fune" („Heute habe ich den Adam gefunden"). Der wissenschaftlich wertvolle Fund wurde 1908 von dem Heidelberger Paläontologen Otto Schoetensack (1850–1912) beschrieben und *„Homo Heidelbergensis"* genannt.

Was man unter günstigen Umständen am ehemaligen Ufer eines Flusses aus dem Eiszeitalter entdecken kann, zeigte sich im Mai 2013 an der Küste bei Happisburgh unweit der Stadt Cromer in Norfolk (Ostengland). Dort spülte eine Sturmflut eine Schicht frei, in der vor etwa 800.000 Jahren eine kleine Gruppe von Frühmenschen ihre Fußabdrücke hinterlassen hatte. Leider trugen die Gezeiten die alte Erdoberfläche mit den Fußabdrücken bald vollständig ab. Vielleicht entdeckt irgendwann jemand zufällig oder geplant, einen Schädel, Zähne, Skelettreste oder Fußspuren eines Frühmenschen in ungefähr 600.000 Jahre alten Flussablagerungen der Mosbach-Sande bei Wiesbaden? Man könnte einen solchen Sensationsfund guten Gewissens einem Mosbach-Menschen, Wiesbaden-Menschen, Ur-Main-Menschen oder Ur-Rhein-Menschen zuordnen.

Literatur
ARCHÄOLOGIE-ONLINE: 800.000 Jahre alte menschliche Fußabdrücke in Norfolk entdeckt.
https://www.archaeologie-online.de/nachrichten/800000-jahre-alte-menschliche-fussabdruecke-in-norfolk-entdeckt-2463/

FIEDLER, Lutz / HUMBURG, Christian / KLINGEL-HÖFER, Horst / STOLL, Sebastian / STOLL, Manfred: Einige altpaläolithische Fundstellen entlang des Rheingrabens, datiert von 1,3 bis 0,6 Millionen Jahre. In: Humanities 8(3): S. 129, 2019.
KELLER, Thomas: Früheste Werkzeuge des Menschen oder Nahrungsreste knochenfressender Raubtiere? In: Denkmalpflege in Hessen 4: S. 17–23, Wiesbaden 1992.
KELLER. Thomas: August Römer (1825–1899) und in der Naturwissenschaftlichen Sammlung des Wiesbadener Museums erhaltene bisher unbekannte Belege früher Rückschlüsse auf das Wirken des eiszeitlichen Menschen. In: Jahrbücher des Nassauischen Vereins für Naturkunde 124: S. 79–90, Wiesbaden 2003.
KUTSCH, Ferdinand: Otto R. Schweitzer 1878–1954. In: Nassauische Annalen – Jahrbuch des Vereins für nassauische Altertumskunde und Geschichtsforschung 66: S. 348, Wiesbaden 1955.
PREISS, Norbert: Daniel Hartmann 5. November 1854 – 21. Januar 1952. Der Finder des Unterkiefers von Mauer. In: WAGNER, Günther A. / BEINHAUER, Karl W. (Herausgeber): *Homo heidelbergensis* von Mauer. Das Auftreten des Menschen in Europa. S. 71–78, Heidelberg 1997.
SANDBERGER, Fridolin: Die Land- und Süßwasserconchylien der Vorwelt. Wiesbaden 1870–1875.
SCHMIDTGEN, Otto: Knochenarteakte? aus den Mosbacher Sanden. In: Jahrbücher des Nassauischen Vereins für Naturkunde 80: S. 1–6, Wiesbaden 1929.
SCHMIDTGEN, Otto: Weitere Knochenartefakte aus dem Mosbacher Sand. In: Jahrbücher des Nassauischen Vereins für Naturkunde 81: S. 123–127, Wiesbaden 1931.

SCHOETENSACK, Otto: Der Unterkiefer des *Homo Heidelbergensis* aus den Sanden von Mauer bei Heidelberg. Ein Beitrag zur Paläontologie des Menschen. Leipzig 1908.
SCHOETENSACK, Wolfgang / SCHOETENSACK, Jürgen: Das Leben von Prof. Dr. Otto Schoetensack 12. Juli 1850 bis 23. Dezember 1911. In: WAGNER, Günther A. / BEINHAUER, Karl W. (Herausgeber): *Homo heidelbergensis* von Mauer. Das Auftreten des Menschen in Europa. S. 62–70, Heidelberg 1997.
WBG: Professor Dr. Lutz Fiedler.
https://www.wbg-wissenverbindet.de/autoren/prof.-dr.-lutz-fiedler/
WIKIPEDIA (Online-Lexikon): Fridolin von Sandberger.
https://de.wikipedia.org/wiki/Fridolin_von_Sandberger
WIKIPEDIA (Online-Lexikon): *Homo heidelbergensis*.
https://de.wikipedia.org/wiki/Homo_heidelbergensis
WIKIPEDIA (Online-Lexikon): Heinz-Eberhard Mandera.
https://de.wikipedia.org/wiki/Heinz-Eberhard_Mandera
WIKIPEDIA (Online-Lexikon): Otto Schmidtgen (Paläontologe).
https://de.wikipedia.org/wiki/Otto_Schmidtgen_(Pal%C3%A4ontologe)

Autor Ernst Probst.
Foto: Klaus Benzu Fotograf, Mainz-Laubenheim

Der Autor

Ernst Probst, geboren am 20. Januar 1946 in Neunburg vorm Wald im bayerischen Regierungsbezirk Oberpfalz, ist Journalist und Wissenschaftsautor. Er arbeitete von 1968 bis 1971 bei den „Nürnberger Nachrichten", von 1971 bis 1973 in der Zentralredaktion des „Ring Nordbayerischer Tageszeitungen" in Bayreuth und von 1973 bis 2001 bei der „Allgemeinen Zeitung", Mainz. In seiner Freizeit schrieb er Artikel für die „Frankfurter Allgemeine Zeitung", „Süddeutsche Zeitung", „Die Welt", „Frankfurter Rundschau", „Neue Zürcher Zeitung", „Tages-Anzeiger", Zürich, „Salzburger Nachrichten", „Die Zeit", „Rheinischer Merkur", „Deutsches Allgemeines Sonntagsblatt", „bild der wissenschaft", „kosmos", „Deutsche Presse-Agentur" (dpa), „Associated Press" (AP) und den „Deutschen Forschungsdienst" (df). Aus seiner Feder stammen die Bücher „Deutschland in der Urzeit" (1986), „Deutschland in der Steinzeit" (1991), „Rekorde der Urzeit" (1992), „Dinosaurier in Deutschland" (1993 zusammen mit Raymund Windolf) und „Deutschland in der Bronzezeit" (1996). Von 2001 bis 2006 betätigte sich Ernst Probst als Buchverleger sowie zeitweise als internationaler Fossilienhändler und Antiquitätenhändler. Insgesamt veröffentlichte er mehr als 450 Bücher, Taschenbücher, Broschüren und über 450 E-Books.

Literatur
Ernst Probst: Ein Journalistenleben. Vom Wunschberuf zum Albtraum. Leipzig 2015.

Dank

Für Auskünfte, kritische Durchsicht von Texten (Anmerkung: etwaige Fehler gehen zu Lasten des Verfassers), mancherlei Anregung, Diskussion und andere Arten der Hilfe danke ich:

Dr. Bernd Herkner,
Direktor Naturhistorisches Museum Mainz

Dr. Christian Hoselmann,
Hessisches Landesamt für Naturschutz, Umwelt und Geologie, Wiesbaden

Fritz Geller-Grimm,
Leiter der Naturhistorischen Sammlungen des Museums Wiesbaden,
Kurator (Diplom-Biologe)

Dr. Eric Otto Walliser,
Kurator für die Paläontologie am Museum Wiesbaden

Thomas Engel,
ehemaliger geologischer Präparator,
Naturhistorisches Museum Mainz /
Landessammlung für Naturkunde Rheinland-Pfalz

Professor emer. Dr. Helmut Hemmer, Mainz,
ehemals Institut für Zoologie
der Johannes-Gutenberg-Universität Mainz

Professor Dr. rer. nat. habil. Ralf-Dietrich Kahlke,
ehemaliger Leiter der Forschungsstation
für Quartärpaläontologie der Senckenbergischen
Naturforschenden Gesellschaft, Weimar

Dr. Lutz Christian Maul,
ehemals Forschungsstation für Quartärpaläontologie der
Senckenbergischen Naturforschenden Gesellschaft, Weimar

Dr. Thomas Keller,
ehemals Leitung Paläontologische Denkmalpflege,
Landesamt für Denkmalpflege Hessen, Wiesbaden

Dr. Jan Bohatý,
Leitung Paläontologische Denkmalpflege
und UNESCO-Weltnaturerbe,
Landesamt für Denkmalpflege Hessen, Wiesbaden

Ulrich H. J. Heidtke,
Niederkirchen (Pfalz)

Dick Mol, Mammut-Experte,
Hoofddorp bei Amsterdam, Niederlande

Professor Dr. Andreas Hoppe
und Dr. Dorothee Hoppe, Geologen-Archiv,
Universitätsbibliothek, Freiburg im Breisgau
https://www.dggv.de/ueber-uns/geologenarchiv/

Prof. Dr. Thomas Martin,
Steinmann-Institut für Geologie, Mineralogie und
Paläontologie, Bereich Paläontologie, Universität Bonn

Dr. Jens Lorenz Franzen (1937–2018),
Paläontologe, Titisee-Neustadt, langjähriger Mitarbeiter
am Forschungsinstitut Senckenberg in Frankfurt am Main

Dr. Gerald Mayr,
Sektionsleiter Ornithologie,
Senckenberg, Forschungsinstitut und Naturmuseum,
Frankfurt am Main

Dr. Marion Stein
Deutsches Adelsarchiv, Marburg

Dr. Wolfram Freudenberg,
Stuttgart, Urenkel des Paläontologen
Professor Dr. Wilhelm Freudenberg (1881–1960)

Professor emer. Dr. Wighart von Koenigswald,
Steinmann Institut für Geologie, Mineralogie und
Paläontologie, Bereich Paläontologie,
Institut für Paläontologie der Universität Bonn

Professor emer. Dr. Hans-Jürg Kuhn,
Georg-August-Universität Göttingen,
Universitätsmedizin Göttingen, Zentrum Anatomie

Verschönerungs- und Verkehrsverein Biebrich
am Rhein e. V. / Heimatmuseum Biebrich

Stadtarchiv Wiesbaden

Bücher von Ernst Probst
(Auswahl)

Meteoriten. Die wichtigsten Funde und Krater
Große Kometen. Schweifsterne in Wort und Bild
Als Mainz im Meer lag
Als Mainz noch nicht am Rhein lag
Archaeopteryx. Die Urvögel in Bayern
Christl-Marie Schultes. Die erste Fliegerin in Bayern (zusammen mit Theo Lederer)
Wiesbaden vor 600.000 Jahren. Die Fossilien der Mosbach-Sande
Der Europäische Jaguar
Der Mosbacher Löwe. Die riesige Raubkatze aus Wiesbaden
Der Rhein-Elefant. Das Schreckenstier von Eppelsheim
Der Schwarze Peter. Ein Räuber im Hunsrück und Odenwald
Der Ur-Rhein. Rheinhessen vor zehn Millionen Jahren
Deutschland im Eiszeitalter
Deutschland in der Frühbronzezeit
Deutschland in der Mittelbronzezeit
Deutschland in der Spätbronzezeit
Die Aunjetitzer Kultur in Deutschland
Die Straubinger Kultur in Deutschland
Die Singener Gruppe
Die Arbon-Kultur in Deutschland
Die Ries-Gruppe und die Neckar-Gruppe
Die Adlerberg-Kultur
Der Sögel-Wohlde-Kreis

Die nordische Bronzezeit in Deutschland
Die Hügelgräber-Kultur in Deutschland
Die ältere Bronzezeit in Nordrhein-Westfalen
Die Bronzezeit in der Lüneburger Heide
Die Stader Gruppe
Die Oldenburg-emsländische Gruppe
Die Urnenfelder-Kultur in Deutschland
Die ältere Niederrheinische Grabhügel-Kultur
Die Unstrut-Gruppe
Die Helmsdorfer Gruppe
Die Saalemündungs-Gruppe
Die Lausitzer Kultur in Deutschland
Die Dolchzahnkatze Megantereon
Die Dolchzahnkatze Smilodon
Die Säbelzahnkatze Homotherium
Die Säbelzahnkatze Machairodus
Die Schweiz in der Frühbronzezeit
Die Rhône-Kultur in der Westschweiz
Die Arbon-Kultur in der Schweiz
Die Schweiz in der Mittelbronzezeit
Die Schweiz in der Spätbronzezeit
Dinosaurier von A bis K. Von Abelisaurus bis zu Kritosaurus
Dinosaurier von L bis Z. Von Labocania bis zu Zupaysaurus
Der rätselhafte Spinosaurus. Leben und Werk des Forschers Ernst Stromer von Reichenbach
Eiszeitliche Geparde in Deutschland
Eiszeitliche Leoparden in Deutschland
Frauen im Weltall
Hildegard von Bingen. Die deutsche Prophetin

Höhlenlöwen. Raubkatzen im Eiszeitalter
Julchen Blasius. Die Räuberbraut des Schinderhannes
Johann Jakob Kaup. Der große Naturforscher aus Darmstadt
Königinnen der Lüfte
Königinnen der Lüfte in Deutschland
Königinnen der Lüfte in Europa
Königinnen der Lüfte in Frankreich
Königinnen der Lüfte in England und Australien
Königinnen der Lüfte in Amerika
Königinnen der Lüfte von A bis Z
Königinnen des Tanzes
Malende Superfrauen
Meine Worte sind wie die Sterne Die Entstehung der Rede des Häuptlings Seattle (zusammen mit Sonja Probst, verheiratete Werner)
Monstern auf der Spur. Wie die Sagen über Drachen, Riesen
und Einhörner entstanden
Neues vom Ur-Rhein. Interview mit dem Geologen und Paläontologen Dr. Jens Sommer
Österreich in der Frühbronzezeit
Österreich in der Mittelbronzezeit
Österreich in der Spätbronzezeit
Pompadour und Dubarry. Die Mätressen von Louis XV.
Raub-Dinosaurier von A bis Z. Mit Zeichnungen von Dmitry Bogdanov und Nobu Tamura
Rekorde der Urmenschen. Erfindungen, Kunst und Religion
Rekorde der Urzeit. Landschaften, Pflanzen und Tiere
Säbelzahnkatzen. Von Machairodus bis zu Smilodon

Säbelzahntiger am Ur-Rhein. Machairodus und Paramachairodus
Superfrauen aus dem Wilden Westen
Superfrauen 1 – Geschichte
Superfrauen 2 – Religion
Superfrauen 3 – Politik
Superfrauen 4 – Wirtschaft und Verkehr
Superfrauen 5 – Wissenschaft
Superfrauen 6 – Medizin
Superfrauen 7 – Film und Theater
Superfrauen 8 – Literatur
Superfrauen 9 – Malerei und Fotografie
Superfrauen 10 – Musik und Tanz
Superfrauen 11 – Feminismus und Familie
Superfrauen 12 – Sport
Superfrauen 13 – Mode und Kosmetik
Superfrauen 14 – Medien und Astrologie
Tony und Bruno Werntgen. Zwei Leben für die Luftfahrt (zusammen mit Paul Wirtz)
Was ist ein Menhir? Interview mit dem Mainzer Archäologen Dr. Detert Zylmann
Wer ist der kleinste Dinosaurier? Interviews mit dem Wissenschaftsautor Ernst Probst
Wer war der Stammvater der Insekten? Interview mit dem Stuttgarter Biologen und Paläontologen Dr. Günther Bechly
6000 Jahre Kastel. Von der Steinzeit bis zum 21. Jahrhundert
5000 Jahre Kostheim. Von der Steinzeit bis zum 21. Jahrhundert
Kastel in der Vorzeit. Von der Jungsteinzeit bis Christi Geburt

Kostheim in der Vorzeit. Von der Jungsteinzeit bis Christi Geburt
Wiesbaden in der Steinzeit
Anno 1.000.000. Deutschland in der älteren Altsteinzeit
Das Protoacheuléen. Eine Kulturstufe der Altsteinzeit vor etwa 1,2 Millionen bis 600.000 Jahren
Das Altacheuléen. Eine Kulturstufe der Altsteinzeit vor etwa 600.000 bis 350.000 Jahren
Das Jungacheuléen. Eine Kulturstufe der Altsteinzeit vor etwa 350.000 bis 150.000 Jahren
Das Spätacheuléen. Eine Kulturstufe der Altsteinzeit vor etwa 150.000 bis 100.000 Jahren
Das Moustérien. Die große Zeit der Neanderthaler
Das Aurignacien. Eine Kulturstufe der Altsteinzeit vor etwa 40.000 bis 31.000 Jahren
Das Gravettien. Eine Kulturstufe der Altsteinzeit vor etwa 35.000 bis 24.000 Jahren
Das Magdalénien. Eine Kulturstufe der Altsteinzeit vor etwa 18.000 bis 12.000 Jahren
Die Hamburger Kultur. Eine Kulturstufe der Altsteinzeit vor etwa 15.700 bis 14.200 Jahren
Die Federmesser-Gruppe. Eine Kulturstufe der Altsteinzeit vor etwa 14.000 bis 12.800 Jahren
Die Altsteinzeit in Österreich. Jäger und Sammler vor 250.000 bis 10.000 Jahren
Das Jungacheuléen in Österreich
Das Moustérien in Österreich
Das Aurignacien in Österreich
Das Gravettien in Österreich
Das Magdalénien in Österreich
Die Schweiz in der Altsteinzeit

Das Magdalénien in der Schweiz
Die Mittelsteinzeit
Deutschland in der Mittelsteinzeit
Die Mittelsteinzeit in Baden-Württemberg
Die Mittelsteinzeit in Bayern
Die Mittelsteinzeit in Rheinland-Pfalz
Die Mittelsteinzeit in Hessen
Die Mittelsteinzeit in Nordrhein-Westfalen
Die Mittelsteinzeit in Niedersachsen
Die Mittelsteinzeit in Thüringen, Sachsen-Anhalt, Sachsen und im südlichen Brandenburg
Die Mittelsteinzeit in Schleswig-Holstein, Mecklenburg und im nördlichen Brandenburg
Die Jungsteinzeit. Eine Periode der Steinzeit vor etwa 5.500 bis 2.300 v. Chr.
Die ersten Bauern in Deutschland. Die Linienbandkeramische Kultur (5.500 bis 4.900 v. Chr.)
Die Ertebölle-Ellerbek-Kultur. Eine Kultur der Jungsteinzeit vor etwa 5.000 bis 4.300 v. Chr.
Die Stichbandkeramische Kultur Eine Kultur der Jungsteinzeit vor etwa 4.900 bis 4.500 v. Chr.
Die Oberlauterbacher Gruppe. Eine Kulturstufe der Jungsteinzeit vor etwa 4.900 bis 4.500 v. Chr.
Die Hinkelstein-Gruppe. Eine Kulturstufe der Jungsteinzeit vor etwa 4.900 bis 4.800 v. Chr.
Die Rössener Kultur. Eine Kultur der Jungsteinzeit vor etwa 4.600 bis 4.300 v. Chr.
Die Kupferzeit. Wie die ersten Metalle in Mitteleuropa bekannt wurden
Die Michelsberger Kultur. Eine Kultur der Jungsteinzeit vor etwa 4.300 bis 3.500 v. Chr.

Das Rätsel der Großsteingräber. Die nordwestdeutsche Trichterbecher-Kultur vor etwa 4.300 bis 3.000 v. Chr.
Die Baalberger Kultur. Eine Kultur der Jungsteinzeit vor etwa 4.300 bis 3.700 v. Chr.
Pfahlbauten in Süddeutschland. Dörfer der Jungsteinzeit und Bronzezeit an Seen, Mooren und Flüssen
Die Altheimer Kultur / Die Pollinger Gruppe. Zwei Kulturen der Jungsteinzeit vor etwa 3.900 bis 3.500 v. Chr.
Die Salzmünder Kultur. Eine Kultur der Jungsteinzeit vor etwa 3.700 bis 3.200 v. Chr.
Die Chamer Gruppe. Eine Kulturstufe der Jungsteinzeit vor etwa 3.500 bis 2.800 v. Chr.
Die Wartberg-Kultur. Eine Kultur der Jungsteinzeit vor etwa 3.500 bis 2.800 v. Chr.
Die Walternienburg-Bernburger Kultur. Eine Kultur der Jungsteinzeit vor etwa 3.200 bis 2.800 v. Chr.
Die Kugelamphoren-Kultur. Eine Kultur der Jungsteinzeit vor etwa 3.100 bis 2.700 v. Chr.
Die Schnurkeramischen Kulturen. Kulturen der Jungsteinzeit von etwa 2.800 bis 2.400 v. Chr.
Die Einzelgrab-Kultur. Eine Kultur der Jungsteinzeit vor etwa 2.800 bis 2.300 v. Chr.
Die Schönfelder Kultur. Eine Kultur der Jungsteinzeit vor etwa 2.800 bis 2.200 v. Chr.
Die Glockenbecher-Kultur. Eine Kultur der Jungsteinzeit vor etwa 2.500 bis 2.200 v. Chr.
Die ersten Bauern in Österreich. Die Linienbandkeramische Kultur vor etwa 5.500 bis 4.900 v. Chr.
Die Lengyel-Kultur in Österreich. Eine Kultur der Jungsteinzeit vor etwa 4.900 bis 4.400 v. Chr.

Die Mondsee-Gruppe. Eine Kulturstufe der Jungsteinzeit vor etwa 3.700 bis 2.900 v. Chr.
Die Badener Kultur in Österreich. Eine Kultur der Jungsteinzeit vor etwa 3.600 bis 2.900 v. Chr.
Die ersten Pfahlbauten in der Schweiz. Die Anfänge der Pfahlbauforschung und die Egolzwiler Kultur
Die Cortaillod-Kultur. Eine Kultur der Jungsteinzeit vor etwa 4.000 bis 3.500 v. Chr.
Die Pfyner Kultur in der Schweiz. Eine Kultur der Jungsteinzeit vor etwa 4.000 bis 3.500 v. Chr.
Die Horgener Kultur in der Schweiz. Eine Kultur der Jungsteinzeit vor etwa 3.500 bis 2.800 v. Chr.
Die Schnurkeramiker in der Schweiz. Eine Kultur der Jungsteinzeit vor etwa 2.800 bis 2.400 v. Chr.

www.ingramcontent.com/pod-product-compliance
Lightning Source LLC
Chambersburg PA
CBHW071347210526
45465CB00001B/4